FUZHUANG FUSI

服装·服饰史话

赵翰生　邢声远　编著

化学工业出版社
·北京·

中国是举世闻名的文明古国，历史悠久，创造了独具特色的服装文化和服饰文化。本书以历史为根据，从科学性、知识性、趣味性、实用性和可操作性出发，深入浅出、图文并茂地对服装起源、服装面料、服装辅料、古今服饰、特殊服装五个方面做了简要的阐述，并有重点地介绍了一些有代表性的服装服饰的前世今生。

本书可为从事服装行业人员、纺织服装院校师生以及服装贸易从业人员和广大服装爱好者提供一些服装服饰知识，也可作为设计、使用时的参考。

图书在版编目（CIP）数据

服装·服饰史话/赵翰生，邢声远编著. —北京：化学工业出版社，2018.4

ISBN 978-7-122-31649-3

Ⅰ. ①服… Ⅱ. ①赵… ②邢… Ⅲ. ①服饰-历史-中国 Ⅳ. ①TS941.742

中国版本图书馆 CIP 数据核字（2018）第 041299 号

责任编辑：李晓红　　文字编辑：王　琪
责任校对：宋　玮　　装帧设计：王晓宇

出版发行：化学工业出版社（北京市东城区青年湖南街 13 号　邮政编码 100011）
印　　装：大厂聚鑫印刷有限责任公司
710mm×1000mm　1/16　印张 16¾　字数 335 千字　2018 年 5 月北京第 1 版第 1 次印刷

购书咨询：010-64518888（传真：010-64519686）　售后服务：010-64518899
网　　址：http://www.cip.com.cn
凡购买本书，如有缺损质量问题，本社销售中心负责调换。

定　　价：68.00 元

前言

服装是指穿于人体而起保护和装饰作用的制品，又称衣裳。广义的服装还包括帽、围巾、领带、手套、手帕、鞋、袜、服饰件等，是人们每时每刻都离不开的生活必需品。它不仅起着遮体、护体、御寒、防暑等作用，而且还起着美化人们生活的作用。它是反映民族和时代的政治、经济、科学、文化、教育水平的重要标志，也是一个国家是否繁荣昌盛的晴雨表。

中国服装服饰文化如同中国其他文化一样，是各民族相互渗透及相互影响而形成的。自汉唐以来，特别是步入近代后，大量吸纳与融合了世界各民族外来文化的优秀精华与结晶，才逐渐演化成整体的以汉民族为主体的中国服装服饰文化。

服装服饰是人类特有的劳动成果，它既是物质文明的结晶，又具有精神文明的丰富内涵。回顾历史，我们的祖先在与猿猴相揖别后，身披树叶与兽皮，在风雨飘摇中徘徊了难以计数的日日夜夜，在与自然界的搏斗中，终于艰难地迈进了文明时代的门槛，懂得了遮身暖体，并创造出了一个物质文明的世界。服饰的作用不仅仅限于遮身暖体，而更具有美饰的功能。从服饰出现的那天起，人们就将其生活习俗、审美情趣、色彩爱好以及种种文化心态、宗教观念都沉淀于服饰之中，构筑成了服饰文化的精神文明丰富内涵。

每当我们漫游在服装服饰世界里，温故它们的前世今生，常常为此动容，心情难以平静，不由自主地产生许多思绪，于是常常写些小文章来赞叹与自我欣赏，但是又常想这是不够的，驱使我们系统地把它写出来，供有兴趣的人士共同分享中国服装服饰文化的精彩与魅力，这也是我们为中国服装服饰文化尽一点微不足道的责任吧！

本书中的部分插图由张嘉秋、梁绘影绘制，在编写过程中，还得到王红、刘培、田方、马雅芳、邢宇新、邢宇东、耿小刚、耿铭源、殷娜、殷长生、张娟、撖增祺、马雅琳、郭凤芝、史丽敏、曾燕、曹小红、周硕、董奎勇、杨萍、袁大幸、赵永霞等的大力帮助，他们还提出了不少有益的建议。在编写过程中，辑录和参考了一些文献资料的内容，在此，对这些文献资料的作者表示衷心的感谢和敬意。

由于本书涉及的内容广泛、时间跨度大、资料来源有限，加上作者的水平和经验有限，难免有疏漏和不足之处，恳请业内各位专家、学者和读者批评指正。

编著者

2018 年 1 月

目录

漫议篇 001

面料篇 031

特殊服装篇 235

漫议篇

中国是世界闻名的古国之一。我们的祖先在长期的劳动实践中创造了璀璨的中国文化。服装文化和服饰文化是中华文化的重要组成部分，是华夏大地各民族相互渗透及相互影响而形成的，它既是物质文明的结晶，又具有精神文明的丰富内涵。回顾历史，先人们从采用兽皮、草茎、树叶等系缚、悬挂、围裹身体，到形成遮风挡雨、护身暖体的服装，经历了难以计数的日日夜夜，终于艰难地迈进了文明时代的门槛，并由此创造出了一个物质文明的世界。爱美之心，人皆有之，爱美成为人的天性，犹如金装于佛，服饰的作用不仅仅限于遮身暖体，而更具有美饰的功能。于是，从服饰起源的那天起，人们就将其生活习俗、审美情趣、色彩爱好以及种种文化心态、宗教观念都沉淀于服饰之中，构筑成了服饰文化的精神文明内涵。

1 众说纷纭的服饰起源学说

众所周知，是否使用服饰是人与动物的显著区别之一，也就是说，穿着服饰是人类区别于动物的特有行为。那么，服饰起源于何时?是怎么产生的?一直是国内外众多学者感兴趣的问题。他们从不同的角度进行了卓有成效的追寻和研究，提出了许多不同的看法，综合起来有以下几种说法。

身体保护说认为服饰是人们为了保持体温、保护机体不受自然环境及外物损伤和起到防晒作用。这是目前国内呼声最高、影响最大的一种观点。

遮羞说，认为自人类出现以后，由于其区别于其他动物，对裸体产生羞耻感，出于对自己身体隐私部分避免外露的需要。

装饰说认为是出于对身体装饰的需要。

图腾说是说原始社会的人认为与本氏族有血缘关系的某种动物或自然物，将其作为氏族的标志，为了显示这种标志，将其表现于身体之上，这是一种信仰。

巫术说是说将服饰作为咒符穿在身上。

纽衣说是说为便于携带物品，把披挂于身体的饰物连接起来，以防止脱落。

标识说是说向别人显示自己的优越性以及身份和地位。

共性说是说想与他人共有。

伦理说认为服饰是作为区分氏族氏系的标志。

上述9种假说，各有各的道理。其中，“身体保护说”“装饰说”“纽衣说”“特殊说”和“共性说”是从服饰的实效性、外在性进行考虑的；而“图腾说”“巫术说”“遮羞说”和“伦理说”则是从人类初期的精神需要进行考虑的。从有关远古历史的文献资料和考古发掘的情况来看，是有一定道理的，因为服饰确实有助于人们当时精神的需要。但是如果仅从以上9种学说中的任何一种出发进行定论，来说明服饰的真正起源都是困难的、片面的，很难有充足的说服力，很难真实又准确地反映历史的真相，而只能作为一种推测和假说，均带有一定的主观臆测性。

根据目前的考古发现，约在旧石器时代的后期开始有了人类最原始的服饰，亦即出现在 距今约3万年至1万年。在欧洲、非洲以及东方的许多岩洞的壁画和小型雕塑中，在男女形象的下身都有遮挡物的痕迹。在我国的古籍中也有这样的记载：古人田渔而食，以皮遮体，先知遮前，后知遮后。不少学者都认为后世服饰的“芾”（韨）是由古时遮于身体前部的蔽膝而来，是古时遮膝的象征，并认为服饰是由遮膝发展而来的。那么，这些文物除了说明最早的服饰是遮于身体前下部这个事实之外，还会说明什么呢？根据史料记载，在人类历史的同一阶段，在不同的纬度和地理环境下，竟然出现极其相似的饰品，人类出现这一行为的动机又是什么呢？不难推测，这很可能是由人类思想精神发展所致，而并非是由人类生活的自然环境所迫，说明此时人类的思想精神正以遮体的形式表现出来，人类这种隐蔽器官的行为，或许正是人类对性认识的一种反映。

2 我国服饰面料简史

衣、食、住、行是人们生活的四大要素，衣占有重要地位，因为人的一生不能离开纺织品。自古以来，除了裘、革之外，几乎所有的衣料都是纺织品。在人们的生活领域里，纺织品用途甚广，除了供御寒遮体的衣着之外，也供观赏、包装等用。在现代，还用于家庭装饰、工农业生产、医疗、国防等方面。

我国是世界文明古国，也是世界上最早生产纺织品的国家之一。纺织业在我国古代文化发展中做出了重要贡献。早在原始社会，人们已经开始采集野生的葛、麻、蚕丝等，并且利用猎获的鸟兽毛羽，搓、绩、编、织成粗陋的衣服，用以取代遮体的草叶和兽皮。

在原始社会后期，随着农、牧业的发展，人们逐步学会了种麻索缕、养羊取毛和育蚕抽丝等人工生产纺织原料的方法，并且利用了较多的简单纺织工具，使劳动生产率有了较大的提高。那时的纺织品已出现花纹，并施以色彩。

夏代后期直到春秋战国时期，纺织生产无论在数量上还是在质量上都有了很大的发展。纺织工具经过长期改进演变成原始的缫车、纺车、织机等手工纺织机器。有一部分纺织生产者逐渐专业化，手艺日益精湛，缫、纺、织、染工艺逐步配套，而且产品的规格也逐步有了从粗陋到细致的标准。商、周两代，丝织技术发展迅速。到了春秋战国时，丝织品已经十分精美，多样化的织纹加上丰富的色彩，使丝织品成为高贵的衣料，其品种已有绡（采用桑蚕丝为原料，以平纹或变化平纹织成的轻薄透明的丝织物）、纱（全部或部分采用由经纱扭绞形成均匀分布孔眼的纱组织的丝织物）、纺（质地轻薄坚韧、表面细洁的平纹丝织物，又称纺绸）、縠（古称，指质地轻薄纤细透亮、表面起绉纹的平纹丝织物。《周礼》疏记载“轻者为纱，绉者为縠”）、缟（古称本色精细生坯织物为缟。据《汉书》颜师古注解释，缟就是本色的缯。清代任大椿所著《释缯》中有：“熟帛曰练，生帛曰缟”）、纨（古称精细有光、单色丝织物为纨。据《释名》解释，纨就是焕然有光泽的意思。《说文》记载“纨，素也”）、罗（全部或部分采用条形绞经罗组织的丝织物）、绮（古称平纹地、起斜纹花的单色丝织物为绮。据《说文》解释，绮就是有花纹的缯）、锦（中国传统高级多彩提花丝织物。古代有“织采为文”“其价如金”之说）等，有的还加上刺绣。西周初期，已能生产精细彩色的毛织品。在这些纺织品中，锦和绣已经达到非常精美的程度，从此，“锦绣”便成为美好事物的形容词。

在春秋战国时期，缫车、纺车、脚踏斜织机等手工机器和腰机挑花以及多综提花等织花方法均已出现。丝、麻的脱胶与精练以及矿物、植物染料染色也已出现，并产生了涂染、揉染、浸染和媒染等不同的染色方法，色谱齐全，还用五色雉的羽毛作为染色的色泽标准。布（用手工把半脱胶的苎麻撕劈成细丝状，再头尾捻绩成纱，然后织成狭幅的苎麻布）、葛（质地比较厚实并有明显横菱纹的丝织物。采用平纹、经重平或急斜纹组织织造。经丝细而纬丝粗，经丝密度高而纬丝密度低）、帛（在战国以前称丝织物为帛。《说文》记载“帛，缯也”秦汉以后，又称缯）从周代起已规定标准幅宽 2.2 尺，合今 0.5m，匹长 4 丈，合今 9m。这是世界上最早的纺织标准。

秦汉时期，我国的丝、麻、毛纺织技术都达到了很高的水平。缫车、纺车、络纱、整经工具以及脚踏斜织机等手工纺织机器已被广泛采用。多综多蹑（踏板）织机已相当完善，束综提花机已诞生并能织出大型花纹织物，且已出现多色套版印花。从隋唐到宋代，织物组织由变化斜纹演变出缎纹，使“三原组织（平纹、斜纹、缎纹）”趋向完整。束综提花方法和多综多蹑机相结合，逐步推广，纬线显花的织物大量涌现。

在南宋后期，棉花的种植技术有了突破，棉花逐渐普及，促进了棉纺织生产的飞速发展。到了明代，棉纺织超过麻纺织而居于主导地位。当时，还出现了适用于工场手工业的麻纺大纺车和水转大纺车。工艺美术织物，如南宋的缂丝、元代的织金锦、明代的绒织物等，精品层出不穷。其中，缂丝是以生丝作经线，用各色熟丝作纬线，用通经回纬方法织造的中国传统工艺美术品。缂是指缂丝采用平纹组织，先把图稿描绘在经线上，再用多把小梭子按图案色彩分别挖织。这种特殊的织法使得产品的花纹与素地、色与色之间呈现一些断痕和小孔，有“承空观之，如雕镂之象”的效果。织金锦是织有彩色花纹的缎子，即一种织有图画且像刺绣似的丝织品，有彩色的，也有单色的。绒织物是采用桑蚕丝织造的起绒丝织物，丝绒表面有耸立或平排的紧密绒毛或绒圈，色泽鲜艳光亮，外观类似天鹅绒毛，因此也称天鹅绒，是一种高级的丝织品。

由于受到欧洲工业革命的影响，我国的手工纺织业逐渐被机器纺织工业所代替。我国的机器纺织工业始于 1873 年广东侨商陈启源在广东南海创办的继昌隆缫丝厂。1876 年，清朝陕甘总督左宗棠在兰州创办了甘肃织呢总局。1890 年，洋务派重要代表人物李鸿章在上海开办机器织布局，这是中国第一个棉纺织工厂，全厂分为纺纱和织布两部分，有纺纱机 3.5 万锭，织布机 530 台。1893 年 9 月，因清花车间起火，全厂被焚。李鸿章指派盛宣怀等人筹资于 1894 年重建，改称华盛纺织总厂，有纺纱机 6.5 万锭，织布机 750 台。在此期间，全国相继办起的棉纺织厂有两湖总督张之洞在武汉办的湖北织布官局，以及上海候补道唐松岩等创办的上海华新、裕源、裕晋、大纯等纺织厂。到 1895 年年底，全国共有纺纱机 17.5 万锭，织布机 1800 台。直到中华人民共和国成立前夕，由于帝国主义的掠夺，我国的纺织工业发展十分缓慢。

1949 年中华人民共和国成立后，在中国共产党的领导下，人民政府改造了官僚资本纺织企业，使它成为全民所有制企业。随之，对具有半封建半殖民地经济特点的旧中国纺织工业，进行了广泛而深刻的民主改革和生产改革；接着，又稳步地对民族资本纺织企业和手工纺织业进行了社会主义改造。在此基础上，迅速地展开了大规模的生产建设，有力地促进纺织工业的发展。各类纺织品在产量大幅度增长的同时，产品质量不断提高，中高档产品的比例逐步增大，品种花色日益丰富多彩，不仅满足了国内人民衣着的需要，而且还可供大量出口，发展对外贸易。

目前，随着科学技术的飞速发展，现代纺织品种类繁多，用途十分广泛。现在，纺织品不但用作外护人们肢体，而且还可以内补脏腑（人工血管、人工肾脏），既能上飞重霄（宇航服），又能下铺地面（路基布）。有的薄如蝉翼（乔其纱），有的轻如鸿毛（丙纶织物）。坚者超过铁石（碳纤维制品），柔者胜似橡胶（氨纶制品）。可以面壁饰墙（挂毯），不怕赴汤蹈火（石棉布、消防布）。可还翁妪以童颜（演员化妆面纱），可为战士添羽翼（降落伞），可护火箭之头（芳纶织物），可作防弹之衣。足以滤毒（功能纤维织物），何惧电击（带电作业服用的均压绸）。美有锦、绣，奇有缂丝。由此可见，纺织品在现代生活中的重要作用，实难一言以蔽之。

3　我国服装简史

我国服装历史悠久，款式面料绚丽多彩，是我国民族文化艺术宝库的珍品之一。根据史料和出土文物，真正意义上的服装产生距今至少有 6000 年以上的历史了。但从距今已有十万余年的北京周口店猿人洞穴中发现有比较精细的骨针实物，完全可以合乎情理地认为那时已有了缝纫。于是，服装的历史又可追溯到十多万年前。在我国甘肃新店出土的一个新石器时期的彩陶上，出现了当时人穿的服装式样——类似长袍束腰带。一般来说，如同其他任何事物的诞生一样，服装的产生也是从无到有、由简单到繁杂的不断完善与精细的过程。从人类发展的历史看，通常是经历古猿人的树叶兽皮御寒、蔽体遮身阶段，然后是早期的氏族公社时期用骨针简单缝纫，初具服装轮廓，最后到了距今六七千年前的新石器时代，在繁荣的氏族社会中，河姆渡人和大汶口人都已广泛开始种麻、养蚕，男耕女织的纺织、缝纫初兴，衣裳初步形成。比较原始的服装是无袖、无领、无裤、无袋的裙衣式。

随着社会的向前发展，以及纺织品和手工艺的不断发展，我国逐步形成各有特色的各个朝代的服装。出现了开始讲究的商代服装、服饰齐全的战国服装、分类定名的汉代服装、工艺精湛的唐代服装、品目繁多的宋元服装、等级严明的明清服装、品种齐全且绚丽多彩的现代服装等。

商代服装从面料上看，已有组织、穿线（穿丝）、提线（提花）等图案，并有织帛、制裘、缝纫的甲骨文记载。奴隶主贵族的服装上有花纹、装饰、镶边，衣服有袖、有襟、有束腰带，而且在领口、袖口、下摆、衣带上已有菱形等复杂花纹的装饰。

随着纺织、缝纫等手工业逐步发展，春秋后期，人们已开始使用铁针缝制衣服，战国时，服装已发展到衣着齐全，有冠、带、衣、履四种大类服饰，故有“冠带衣履天下”之称，亦即人从头到脚都穿戴上了纺织品。当时的时兴款式为长、大、宽，即王侯贵族都穿长大袖、大下摆直到拖地的长袍，武将们也穿上了铠甲服，普通平民百姓的穿着虽然简陋，但也较之前有了很大的进步。

随着纺织业和刺绣业的空前发展，有力地推动了汉代服装的发展，开始从质朴发展到华丽，各种服装面料名称已基本齐全。当时，贵族们“衣必锦绣，锦必珠玉”的奢侈风气甚为浓厚。汉代，由于养蚕、织帛、缝衣等手工业十分发达，已开始使用提花机织制衣料。从西汉马王堆出土的文物中可以清楚地看出，丝织品的锦、绣、绢、纱等衣料非常精细，不但可以织制出薄如蝉翼、重量不足 50g 的禅衣，而且贵族还把金缕玉衣等高级服装作为殉葬品。宫廷中还专门设立“服官”，负责制造衮龙纹绣等礼服。中上等人家的服装也较考究，如《孔雀东南飞》中所说：“著我绣夹裙，事事四五通。足下蹑丝履，头上玳瑁光。腰若流纨素，耳著明月珰。”那时，一般的服装也有了固定的名称，如袍、衫、襦、裙等。当时的妇女喜欢穿长裙，而上襦则逐渐变短，配之以梳妆好的高髻，更加突出了妇女的苗条和美丽。现在朝鲜族妇女穿的裙子便是汉代服装流传下来的一种款式。

唐代是我国封建统治最兴盛的时代，当时的政治、经济、文化、艺术等都很发达。同时，与外国艺术的交流极为频繁。因此，唐代是我国服饰发展的一个高峰，中式服装在唐代日趋完善，于是唐装就成为中式服装的别称。唐代服装不仅品种繁多，而且工艺精湛，尤其是宫廷服饰更为考究，有朝服、公服（官吏服）、章服（有服饰等级标志的官服）、皇后服等。盛唐时期安乐公主的一条裙子，采用百鸟羽毛织成，色彩各异，裙饰百鸟飞翔图，栩栩如生，形象逼真，正、反、昼、夜看去，光彩各异，华贵绚丽，充分显示了我国唐代服装的高超技艺。唐代服装成为我国服装业兴旺发达的重要标志之一。

宋代服装在唐代的基础上又有了进一步的发展，特别是丝织纹样发展更为迅速，仅绵的品种就多达一百余种。当时的女装很讲究衣边上的装饰和刺绣花纹，类别众多，分为公服、礼服和常服三种。所谓公服是指有公职使命的妇女穿着的服装，上至皇后、贵妃，下至各级命妇。而礼服则是一般人穿着的服装，款式较庄重，常为节日和遇大事时所穿。它又可分为吉服和凶服（丧服）两种。常服就是平常的服装，品种繁多，适用的范围也较广泛，没有统一规定的款式，常因人而异，自由变化。

元代服装的主要特点是服饰名目繁多而细。如男服有深衣、袄子、罗衫、毡衫等；女服名目不仅多，而且还有南北之分，如南有霞帔、大衣、长裙、背子、袄子，北有团衫、大击腰、长袄儿、鹤袖袄儿、裤裙等。

明代服装恢复了汉代、唐代、宋代的式样。当时妇女普遍穿着长衫百褶裙，腰系宽带，半宽袖，开始使用扣子。出现了僧、道服装，其式样与现代的僧、道服饰基本相似，只是在色泽上有所区别，一般僧主穿枣红袍白边，僧仆穿黑袍白边，而道穿蓝袍白边留发。

清代服装有两个最大特点：一是完全用纽扣代替了带子；二是服装等级严明。按照冠服制度的规定，皇帝服用端罩、朝服、龙袍、常服褂、行褂等；戎服用胄甲；皇后服用朝褂、朝袍、龙袍、龙褂、朝裙等；皇子、亲王、贝勒和妃、嫔、福晋等皇亲国戚的服饰均各不相同；群臣服用端罩、补服、朝服、蟒袍等也显示着等级。而且在袍服上的“补子”，以中间的飞禽走兽图案来划分严明的等级，通常是文官服绣飞禽，武官服绣走兽，使人一目了然。士兵穿对襟小袄、绒扣，前后身有圆谱子，中间有“勇”或“兵”字。在上袄的外面穿有四方开衩的长褂。而庶民改穿长袍、短褂、氅衣、马褂、旗袍等。同时，背心、坎肩、短袄、钗裙广为流行。

现代服装是指从清末的鸦片战争开始到现在的服装。在这一百多年的历史中，由于社会变革大，因此服装的变化也大，主要特点是向短装发展。清代传统服装逐渐没落，现代中式服装逐步兴起，同时，西式服装也开始在中国出现，形成了中、西式服装相应并列的局面。在这一时期中，又可以分为三个阶段。第一个阶段是自 1840 年鸦片战争开始到 1919 年“五四”运动前夕，这一阶段清代服装仍占主要地位，但自 1911 年帝制被推翻，西式服装和现代化的中式服装逐步兴起。

第二个阶段是自1919年“五四”运动至1949年中华人民共和国成立前夕，这是现代化中式服装和西式服装同时并列的阶段。第三个阶段是自中华人民共和国成立到现在，这一阶段随着社会制度和经济结构，特别是经济体制改革后，服装发生了巨大的变化，已创造并形成了许多具有中国特色的、中西结合的、丰富多彩的服装式样，人们的服饰焕然一新，形成了中国服装史上的一次大变革。虽然传统的中式服装已从主要服装式样退居到了次要的和点缀的地位，但是我国民族固有的服装形式，仍一直流行不衰，如特点显著的便服、单褂、夹袄、棉袄等。其中便服上衣可以缝制得十分得体，穿起来既方便又舒适。中式裤子可以两面穿，不会集中磨损膝部和臀部，作为内衣或外套，清洗十分方便。妇女穿的旗袍，不仅可以突出女性的姿态美，而且对衣料又绝无苛求，即便是土布，也可同样取得美观、大方、朴素、文静、典雅的效果。这些都是西式服装所不及的。

总之，中国服装的式样并非是一朝一夕所形成的，它是随着社会生产力的不断发展、社会分工的不断明确、社会成员的生活水平不断提高而逐步发展起来的。当然，随着对外开放的逐步深入，对服装的发展也起到了一定的影响作用。作为具有较高工艺性的人民生活必需品的服装，不仅反映了人们的精神面貌，而且也反映了一个国家的政治、经济、科学、文化和教育水平。因此，服装在社会主义物质文明和精神文明建设方面起着重要的作用。

4　浅议服装的构成、功用及发展趋势

服装通常由部件、色彩、材料、款式等组合而成。

部件，也称结构部件，指构成服装的零件。如上衣的前后衣片、领、袖、襟等，裤子的裤腰、裤管等。此外，还包括衬里、衬垫物等。

色彩，是造成服装颜色感觉的重要原因。服装一般是通过色彩给人以色觉印象，从而形成美感。

材料是构成服装的素材，是服装的物质成分。

款式，即服装的式样。它是服装的存在形式，也是区别服装品种的主要标识。服装款式追求的是实用性、多样性、艺术性和前卫性，只有不断创作出新颖别致的新款式，才能吸引消费者的眼球，满足消费者的需求，提高人们的衣着水平。

服装的主要功用有以下几种。

保护性，主要是指对人体皮肤的保洁、防污杂、防护身体免遭机械损伤和有害化学药物、热辐射烧伤等的护体功能。从保护人体的角度来说，服装是人类的

“外壳护甲”。

美饰性，主要是指构成服装的款式、面料、花型、颜色、缝制加工五个方面，形成服装的美感。就广义而言，还应包括服装穿着者本人。因此，服装的美饰性是通过款式、面料、花型、颜色、缝制加工质量等，再配合人们的合理选用和科学穿着而显现出来的，即人与服装恰到好处地和谐，才能给人以美感。

遮盖性，表现不尽相同，如有的遮掩严实，有的大面积敞开暴露。它与人类的审美观念、道德伦理、社会风俗等密切相关，现代服装还注重遮羞功能与美化装饰功能巧妙融合，以达到相辅相成的境界。

调节性，是指通过服装来保持人体热湿恒定的特性。服装的温度调节性是由服装材料的保湿性、导热性、抗热辐射性、透气性、含气性决定的。

舒适性，主要是指日常穿用的便服、工作服、运动服、礼服等对人体活动的舒适程度。实际上，服装的舒适性常常表现为服装的重量和适应体型变化的伸缩性。

标志性，是指通过服装的颜色、材料、款式以及装饰件来表明穿着者的身份、地位或所从事的职业。从事于军队、法院、工商、税务、医务、铁路、邮政、航空、饮食卫生、银行等行业的人员，都穿用标识明显的职业服。

目前，服装发展的几大趋势：成衣化，服装由单件来料加工的方式逐步转变为以批量生产成衣为主的方式；时装化，日常生活服装的造型和装饰将更加突出艺术性和时代风貌，以充分显示人们衣着追求时装美的生活情趣和审美理念；多样化，服装的造型、品种、款式、质量和档次将向多样化方向发展；针织化，随着针织科技的发展、生活简约化的需求以及人们对穿着舒适性的追求，针织服装的比重将越来越大；生态化，随着人们环保意识的不断加强，由环保材料加工制成的服装，将会受到人们的喜爱。

5 浅述服装面料最主要的两大类型——机织物和针织物

服装面料最主要的、使用面最广的是机织物和针织物（当然，也有少量是皮革和人造革）。一般而言，机织物坚牢耐穿，外观挺括，广泛用作各类服装面料，特别适用于外衣和衬衣。针织物富于弹性，松软适体，穿着舒适，过去多用作内衣和运动衣，现也逐步用作外衣和衬衣料。

服装面料应根据季节、气候变化和内衣、外衣不同要求，确定织物所用原料、织物组织、纱线粗细、经纬密度等技术条件。内衣因直接与人体接触，一般要求具有吸湿、透气、柔软、舒适、对皮肤无刺激等性能，原料大多为棉或棉与其他化学纤维混纺纱线。外衣因气候的不同而不同。冬季外衣面料要求具有质地较厚、平挺不皱和保暖、保形、耐磨等性能。一般用中、粗特（21～30tex 和 32tex 及以上）纱线作经纬，以原组织或变化组织和较高密度织制。原料多用棉、毛、丝、麻、化学纤维或各种混纺纱线，如华达呢、平绒、卡其、哔叽、灯芯绒、仿毛中长纤维织物（快巴）、丝绸、花呢等。这类织物也适宜缝制春秋季外衣。夏季外衣一般要求轻薄、滑爽、透气、吸湿、快干，大多用细特纱或特细特纱（11～20tex 或 10tex 及以下）作经纬，以平纹及其变化组织和适宜的经纬密度织制成轻薄织物，原料多用棉、麻、丝及其与化学纤维的混纺纱线或化纤长丝，如细纺麻纱、巴厘纱、纱罗、凡立丁、派力司、丝绸、烂花布、的确良、纬长丝织物等。

随着人们生活水平的不断提高，服装的款式和花式变换频繁，功能更趋完备，装饰性日益突出，品种更加丰富多彩，质量更加提高。用于特殊环境和气候条件下的专用服装材料，如航天服、登山服、南北极寒衣、消防服、炼钢服、热带服、潜水服、屏蔽服、防腐服等所用的面料，必须具备防水、阻燃、隔热、保湿、耐压等各种特殊功能，以保护人体的安全和健康。

机织物是指相互垂直配置的经纱与纬纱按织物组织相交织而成的织物。根据机织物采用的组织不同，可以分为平素织物、提花织物、纱罗织物、多层织物等；根据所用原料的不同，可以分为天然纤维（棉、毛、丝、麻）织物、化学纤维（再生纤维、合成纤维）织物、无机纤维（石棉纤维、金属纤维）织物以及它们的混纺和交织织物；根据织造方法的不同，可分为有梭织机生产的织物和无梭织机（喷水、喷气、剑杆或片梭织机）生产的织物；根据织造设备和使用的原料不同，可分为棉织物、毛织物、丝织物、麻织物和化纤织物。随着针织、非织造生产科学技术的发展，部分机织物的应用领域已被针织物和非织造布所取代，三者产量的比重形成鼎足之势。当然，机织物本身也有其自身独有的许多优点，如织物的强度、风格、手感、挺括性、悬垂性、耐磨性等，不可能被针织物和非织造布全部取代。

我国机织物的生产历史悠久，并形成了举世闻名的“丝绸之路”和“中国服饰文化”。从出土文物反映出在史前文化时期即出现了不少纺织物的遗存。在陕西西安半坡出土的新石器时代的文物陶器底部已有织物的印痕。在浙江河姆渡地区已发现有公元前 4900 年的纺轮、打纬刀、绕线棒等原始纺织工具，还有苘麻纺织品和编织的竹排等。江苏草鞋山发现有留存的公元前 4000 年的葛纤维织物。浙江吴兴钱山漾出土的绢片丝带和苎麻布距今已有 4700 年以上。随后，在我国生产发展的大量丝、棉、麻、毛织物大多为机织物。在现代，特别是改革开放以来，我国机织物已在服装用、家居用和产业用等方面取得了举世瞩目的发展，我国在机织物和服装方面已成为世界上生产和出口大国。

机织物经过染整加工可成为漂白布、色布、印花布，还可采用轧花、涂层、阻燃、防缩、防水、防污、烂花等各种特殊整理而具有各种特殊功能；采用有色纱线可织造具有组织和色彩相互衬托、花纹图案富有立体感的色织布。构成机织物的组织结构有原组织、变化组织、联合组织、复杂组织、提花组织五大类。原组织包括平纹、斜纹和缎纹三种组织，也称“三原组织”，是最基本的织物组织，其他许多织物组织可从原组织变化而来。平纹组织的织物中经纬纱交织点最多，使织物结构紧密，布面平滑，如各种平布、细纺、府绸、真丝绡、华春纺、涤纤绸、凡立丁、派力司、纯苎麻细布、麻毛涤混纺布等。斜纹组织经纬纱交织点较平纹组织少，所织织物质地厚实，布面呈左向或右向斜纹，如各种斜纹布、卡其、涤棉绒布、毛麻黏大衣呢、海力蒙、羊绒花呢等。缎纹组织经纬纱组织点最少，织物质地柔软，布面平滑，富于光泽，如各种横贡缎、直贡呢等。变化组织是改变原组织参数而成，如麻纱（一种布面纵向呈现宽狭不等细直条纹的轻薄棉织物）采用的变化方平组织。联合组织是由两种或两种以上原组织或变化组织联合而成，采用这类组织织制的织物表面具有一定的小花纹效应，如用绉组织织制的绉纹呢（布面呈现凹凸不平，起绉状似胡桃外壳的棉织物）。复杂组织是由两个或两个以上系统的经纱与纬纱交织的组织，圆筒织物、灯芯绒等都是属于这类组织的织物。提花组织是独立设计的图案花纹，以供织制所需要图样的织物。大提花织物用提花织机织制，小提花织物可用多臂织机织制。因此，机织物花色品种多样，可细薄如纱，可华丽如锦，也可织制厚重紧密的呢绒。

针织物是指用织针等成圈机件使纱线形成线圈，并将纱圈依次圈套而成的织物。线圈是该织物的基本结构单元，为一空间曲线。也是该织物有别于其他织物的标志。针织物质地疏松，手感较为柔软，具有较大的延伸性和弹性，良好的透气性和抗皱性，但有脱散性，尺寸难控制（经编织物除外），易勾丝，纬平针织物还有明显的卷边现象。

针织物适纺原料几乎涉及各种纤维。针织物用纱的捻度一般略小于机织物用纱。纱线的线密度随针织物的厚薄及针织机的“机号”而变化，通常细薄针织物采用低线密度纱线，在高机号针织机上编织；粗厚针织物采用高线密度纱线，在低机号针织机上编织。针织物中线圈沿横向相互连成一列称为线圈横列，沿纵向首尾相接串套而成的直行称为线圈纵行。线圈由曲线部段和直线部段组成。曲线部段称为圈弧（针编弧和沉降弧），直线部段称为圈柱（经编织物中的直线部段还有延展线，处于织物的反面）。

根据生产方式和编织工艺的不同，针织物可分为纬编针织物和经编针织物两大类。纬编针织物的一根纱线编织一个横列线圈，而经编针织物的一根纱线在一个横列中仅形成一个或两个线圈，因此，经编针织物的一个横列由很多根纱线编织而成。纬编针织物的弹性、延伸性大于经编针织物，而经编针织物的尺寸稳定性好于纬编针织物。按照编织时所使用的针床数，针织物可分为“单面针织物”和“双面针织物”，单面针织物在一个针床上编织而成，双面针织物在两个针床上编织而成。

针织物组织根据线圈结构及其相互间排列的不同可分为基本组织、变化组织和花色组织。基本组织是所有针织物的基础，其线圈以最简单的方式组合，如纬编平针、罗纹、双反面、经编编链、经平、经缎等。变化组织是由一个基本组织的相邻线圈纵行之间配置另一个或几个基本组织的线圈纵行组合而成，如纬编变化平针、双罗纹、经编的经绒和经斜组织等。花色组织是以基本组织和变化组织为基础，利用线圈结构的改变或者编入辅助纱线或其他纺织原料而成，例如提花、集圈、纱罗、衬垫、毛圈、添纱、波纹、衬经衬纬、长毛绒等组织以及由基本组织、变化组织和花色组织组合而成的复合组织等，这些组织都具有显著的花色效应和不同的物理机械性能。

纬编针织物是由一根或几根纱线沿针织物的纬向顺序地弯曲成圈，并由线圈依次串套而成的针织物。通常线圈在织物中呈直立状态。各线圈之间沿横向由沉降弧连接起来。织物质地疏松，手感柔软，具有较大的延伸性和回弹性，良好的透气性和保暖性，很大的变形能力，尺寸稳定性较差，易于起毛、起球和勾丝。纬编针织物所用原料种类广泛，有棉、毛、丝、麻等各种天然纤维及涤纶、腈纶、维纶、丙纶、氨纶、大豆蛋白纤维、牛奶蛋白纤维、莫代尔等化学纤维，也有各种混纺纱，如涤棉、涤麻、棉腈、毛腈等。纱线的线密度分别与机号相适应。纱线的捻度根据织物的服用要求而定，如汗布要求滑爽、硬挺、棉毛布要求柔软，故棉毛布的用纱捻度小于汗布用纱。纬编针织物有单面和双面之分。单面针织物的一面显露的圈柱覆盖圈弧的正面线圈，另一面显露的是圈弧覆盖圈柱的反面线圈，在单针床（筒）纬编针织机上编织，织针只需一组；双面针织物的两面均有正面线圈分布，在双针床（筒）纬编针织机上编织，织针至少需要两组。织物组织有纬平针、罗纹、双反面等基本组织和双罗纹、变化平针等变化组织以及提花、集圈、毛圈、长毛绒、波纹、衬经衬纬等花色组织，还有由上述组织复合而成的复合组织。花色组织和复合组织的线圈结构与组成形式的变化，使织物表面形成了不同的花色效应及物理机械性能。纬编针织坯布经漂染、整理、裁剪、缝制成各种针织品，也可通过收针和放针直接编织成全成形或部分成形的产品，如手套、袜子、羊毛衫等。纬编针织物除可用于内衣、紧身衣、运动服装与外衣之外，还可用于制作家庭中的生活用品与装饰用品以及工农业、医疗卫生用品等。

经编针织物是由一组或几组平行排列的纱线同时沿织物经向顺序成圈并相互串套形成的针织物。在经编针织物上，同组经纱的每一根纱线在一个横列中只形成一个（或两个）线圈；在下一横列中，该纱线在另一纵行处成圈，从而使各纵行联系成一片织物。同一根经纱所形成的线圈在针织物上的分布规律不同而形成各种经编组织。经编针织物具有横向弹性和延伸性好、纵向尺寸稳定、表面平整、质地柔软、脱散性小、透气性好等特点。

经编针织物使用的纱线种类广泛，以化纤长丝居多，有涤纶、锦纶、维纶、丙纶等，线密度在 500～800tex（1.25～2 公支）之间，较粗厚的织物也有采有短纤纱的，如棉、毛、丝、麻、纤维及其混纺纱。此外，还可以通过衬纬将一些特殊纱线（如高弹性的氨纶、高强度的玻璃纤维等）衬入经编织物，以改变织物的性能。经编针织物也有单、双面之分。单面经编针织物一面显露线圈圈干，另一面显露延展线；双面经编针织物的两面均显露线圈圈干，部分双面经编针织物还可沿中间割开成两片单面绒织物。经编针织物可以是单梳织物，也可以是多梳织物。单梳织物只用一组纱线，每个线圈由一根纱线构成，因存在严重缺陷而使用不多；多梳织物采用两组以上而最多可达 200 多组的纱线，来构成图案复杂的花边织物。普通的经编针织物通常采用 2～4 组纱线，以编链组织、经平组织、经缎组织或经斜组织编织而成。花式经编针织物的种类繁多，有网眼织物、纵向绣纹织物、褶裥织物、单面无圈织物、双面无圈织物、长毛绒织物、局部衬纬的花纬织物、全幅衬纬织物、衬经衬纬织物和多轴向织物等。

经编针织物品种繁多，在服用、家用（装饰用）和产业用三大领域中都有广泛的应用。尺寸稳定性好的经编织物可制作外衣，轻薄而富有花纹的经编织物可制作内衣，衬氨纶的经编织物可制作游泳衣等紧身服。双针床经编织物可制作成形的无缝袜子，毛圈经编织物可制作毛巾衫、浴巾，局部衬纬经编织物可制作花边、窗帘、台布和家具布，起绒经编织物可制作沙发套、汽车坐垫和门帘，网类经编织物可制作蚊帐、渔网、养殖网和网兜，多轴向经编织物可制作高强度的工业用布，圆筒形衬氨纶的经编织物可制作医用弹力绷带等。

6　浅论服饰的属性

在衣、食、住、行四项中，衣被列为首位，它除起着护体御寒作用外，更重要的是它的色彩、纹样、款式具有鲜明的标识性、流行性、时代性和地域性等属性。下面以丝绸服饰为例浅论之。

丝绸服饰的标识性，表现为一代又一代沿袭的冠服制度。

古代的冠服制度出现在商周时期，据传是辅佐成王的周公姬旦为巩固西周政权而定。这是一套较为完整的阶梯式宗法等级制度，以明示官员上朝、公卿外出、后嫔燕居等的上衣下裳各有差等，并对衣冕的形式、质地、色彩、纹样、佩饰等做了详细的明文规定。贾谊《新书·服疑》所云："贵贱有级，服位有等……天下见其服而知贵贱。"《后汉书·舆服制》所云："非其人不得服其服。"皆是说不同阶层的人应服用符合他身份的服装，绝不能服用超越身份的服装，否则就是僭越，大逆不道。史载，公元前541年春，楚国令尹公子围在虢（郑地，今河南郑州市北）与几个诸侯国盟会时，擅用"立二小臣执戈立于前"的诸侯相会仪式，而且服饰完全模仿楚王。鲁国的叔孙穆子实在看不惯公子围的做派，就讥讽他说："楚公子美极了，不像大夫了，简直就像国君了。"卫国的文子在公元前542年见了公子围的威仪后，也曾对卫襄公说："楚国的令尹象国君，一定会篡权夺位。不过却不能善终。"在穆子和文子说出这些话不久，公子围就弑了郏敖，自立为君，就是楚灵王。后来，历朝都把服饰"以下僭上"看作严重的犯禁行为，一直严惩不贷。如元朝律令规定，职官倘若服饰僭上，罚停职一年，一年后降级使用；平民如果僭越，罚打五十大板，没收违制的服饰。

冠服制度最核心的内容是表贵贱、辨等级的十二章纹和正色、间色的色彩观。

据说，十二章纹是"古帝虞舜汇集昔人所作之服饰，而制为定典者也"。这组纹样组合了各有其特殊象征意义的日、月、星辰、山、龙、华虫、宗彝、藻、火、粉米、黼、黻十二种造物。日、月、星辰，取其照临光明，如三光之耀；山，取其稳重，象征王者镇重安定四方；龙，取其变化，象征人君的随机应变；华虫（雉属），取其文采，表示王者有文章之德；宗彝（祭祀礼器，上有虎、蜼之形），取其勇猛智慧，以示王者有深浅之知；藻，取其洁净，象征冰清玉洁之意；火，取其光明；粉米，取其滋养；黼，绣黑白为斧形，取其决断；黻，绣青与黑两弓相背之形，取其明辨。前六章绘于衣，后六章绣于裳。凡天子之服，十二章全备。日、月、星辰，虽公爵亦不得用。山、龙，侯伯禁用。丁男以下，则依次递减。十二章纹几乎汇集了中华民族全部的文化价值观，如龙的神圣观、粉米的生存观、黼黻的政治观等，它自西周开始出现起，一直到清代，含义始终一贯，是重要的礼仪标志。

除十二章纹外，在中国古代的服饰制度中，最能反映封建等级制度的，还有明清时代的补服。所谓补服是一种饰有品级徽识的官服，或称"补袍"或"补褂"。因其前胸及后背缀有用金线和彩丝绣成的补子，故称。比照两朝的官补，两者都是以方补的形式出现，文官都是绣飞禽，武官都是绣走兽，制作方法有织锦、刺绣和缂丝三种。明代的补子尺寸较清代稍大，以素色为多，底子大多为红色；清代补子以青、黑、深红等深色为底，五彩织绣，色彩非常艳丽。

古人将色彩分为正色和间色。何谓正色？青、赤、黄、白、黑为“五方正色”。何谓间色？正色之间调配出的绿、红、碧、紫、骝黄（硫黄）为“五方间色”。《考工记》“画缋”条说：画缋之事，杂五色。东方谓之青，南方谓之赤，西方谓之白，北方谓之黑，天谓之玄，地谓之黄。布彩次序是青与白相次，赤与黑相次，玄与黄相次。青与赤相间的纹饰叫做文；赤与白相间的纹饰叫做章；白与黑相间的纹饰叫做黼；黑与青相间的纹饰叫做黻。五彩齐备谓之绣。画土用黄色，用方形作象征，画天随时变而施以不同的色彩。画火以圜，画山以章，画水以龙。娴熟地调配四时五色使色彩鲜明，谓之巧。凡画缋之事，必须先上色彩，然后再以白彩勾勒衬托。孔颖达解释五色为：“五色，五行之色也。木色青，火色赤，土色黄，金色白，水色黑也。木生柯叶则青，金被磨砺则白，土黄，水黑，则本质也。”可见，古人四时五色的色彩观的形成，无疑是受天四时、四方、五行说的影响。而且不同季节皆配其色，分别是：春青、夏赤、秋白、冬黑、季夏黄。布五色的次序按尊卑而定，先东方之青，后西方之白；先南方之赤，后北方之黑；先天之玄，后地之黄。这种以色彩昭示礼仪，彰显教化的功能，在西周时曾被严格执行。春秋期间，孔子有感于当时礼崩乐坏，特别强调：“君子不以绀（泛红光的深紫色）、緅（绛黑色）饰，红紫不以为亵服。”拿现代的话说就是绀、緅、红紫都是间色，君子不以之为祭服和朝服的颜色。对当时齐桓公好服紫，一国尽服紫的现象，孔子有“恶紫之夺朱”的攻击，孟子有“正涂壅底，仁义荒怠，佞伪驰骋，红紫乱朱”的议论。

丝绸服饰的流行性，表现为在人文世态大潮中的文化取向和时尚风气。

流行性的核心是观念，而观念一旦形成虽有相应的稳定性与延续性，但它依赖于特定的社会氛围，因此它又是动态的、发展的。观念的形成大多可找到源头，一些丝绸服饰就是经过了某些特殊途径，而引起人们注意的，进而绝大多数的人开始关注它、了解它、使用它。春秋时，齐国一度流行紫衣，起因是齐桓公。《韩非子》记载了这样一个故事：齐桓公好服紫，导致一国尽服紫，风头最盛的时候，五件素衣都换不来一件紫衣。当齐君发现不妥予以制止，几乎不起作用。直到管仲进谏，劝齐君自己不再穿紫衣，而且对穿紫衣入朝的臣僚说“吾甚恶紫衣之臭”，令他们退到后面。齐桓公采用这条计策后，紫衣的流行势头才被遏制。汉代时，妇女流行穿带褶的裙子，起因是赵飞燕。相传赵飞燕被立为皇后以后，十分喜爱穿裙子。有一次，她穿了条云英紫裙，与汉成帝游太液池。鼓乐声中，飞燕翩翩起舞，裙裾飘飘。恰在这时大风突起，她像轻盈的燕子似的被风吹了起来。成帝忙命侍从将她拉住，没想到惊慌之中却拽住了裙子。皇后得救了，而裙子上却被弄出了不少褶皱。说来也怪，起了皱的裙子却比先前没有褶皱的更好看了。从此，宫女们竞相效仿，这便是古代著名的“留仙裙”。这两个故事说明了一个道理，文化倾向和时尚风气决定服饰社会效应的去向和水准，然后自然而然地贯穿到人们的着装意识和行为中，从而作为一种社会现象成为服饰流行性的内因。服饰的变化直接反映出流行于那个时代的文化思潮和当时人们的处世哲学。在追随文化倾向和时尚风气时，服饰总是走在最前面。

丝绸服饰的时代性和地域性，表现为不同时代、不同社会文化背景左右的服饰特征。

商周时期，服饰是上衣下裳，束发右衽。这一时期服饰的具体写照，在河南安阳出土的一尊石雕像上得到显示。该石雕刻画了一名奴隶主，他头戴扁帽，身穿右衽交领衣，下着裙，腰束大带，扎裹腿，穿翘尖鞋。春秋战国时期，频繁的战争促使赵武灵王实行了“胡服骑射”的军事改革。改革的中心内容是穿胡人的服装，学习胡人骑马射箭的作战方法。其服上褶下绔，有貂蝉为饰的武冠，金钩为饰的具带，足上穿靴，便于骑射。这是中国历史上第一次服装改革，改变了长久以来汉族宽衣博带、长裙长袍的服装样式，胡服从此盛行。秦汉两代的服饰，随着染织、刺绣工艺的进步，色彩愈加庄重鲜明，出现了穿黑色衣服必配紫色丝织饰物的风气。魏晋南北朝时期，由于大量少数民族进入中原，胡服成为社会上司空见惯的装束，胡服中窄袖紧身、圆领、开衩等标志性要素，更是被深深地融入老百姓各款服装中。盛唐时期，由于政治、经济的稳定和繁荣，兼之大量异域文化的进入，使得唐代汉族服饰呈现出交流融合的多民族性特色。这一时期妇女服饰之奢华、款式之开放都是空前的。永泰公主墓东壁壁画中，梳高髻、半露酥胸、肩披红帛，上着黄色窄袖短衫、下着绿色曳地长裙、腰垂红色腰带的唐代妇女形象，真实形象地还原了“粉胸半掩疑暗雪”“坐时衣带萦纤草，行即裙裾扫落梅”等唐诗美句的意境。宋代的服饰受程朱理学的影响，比较拘谨保守，色彩也不及以前鲜艳，给人以质朴、洁净、淡雅之感。元代服饰特点是缕金织物大量应用，纱、罗、绫、縠无不加金。元人把金光闪闪的织金锦叫做“纳石失”，意即波斯金锦。《元史·舆服志》记载，天子冬服分十一等，用纳石失作衣帽的就有好几种，百官冬服分九等，也有很多用纳石失缝制。皇帝每年大庆，都要给12000名大臣颁赐金袍。说明元代织金锦的产量惊人。明代流行一种特殊式样的帔子，这种帔子宽三寸二分，长五尺七寸，由于其形美如彩霞，故得名“霞帔”。服用时将帔子绕过脖颈，披挂在胸前，由于下端垂有金或玉石的坠子，可使服用的女子显得挺拔高贵。在清代早期，满汉妇女服饰泾渭分明，满族妇女以长袍为主，汉族妇女则仍以上衣下裙为时尚。在清代中期，满汉各有仿效。至后期，满族效仿汉族的风气颇盛，史书甚至有“大半旗装改汉装，宫袍截作短衣裳”之记载。而汉族仿效满族服饰的风气，也于此时在达官贵妇中流行。

对衣着服饰的时代特征，有学者将其归纳为四点：一是社会物质生活影响下社会风俗时尚的掠影；二是社会生产力和社会生产关系所形成的社会结构下的社会心理观念的物化；三是社会物质文化和精神文化的写照；四是既反映着各个不同时代的社会人文风貌，又代表着各自时代的政治经济状况和文明进化水平，是不具文字的文化表征。这个归纳颇为准确和中肯。

丝绸服饰的地域性和民族性，表现为不同地域、不同民族各自不同的文化心理、观念信仰、风俗习惯等人文特征。

服饰作为一种文化，经过不同历史阶段演变，形成地域性、民族性差异。造成这种差异的因素众多，其中文化差异是最重要的因素之一。《墨子·公孟》记载："昔者齐桓公高冠博带，金剑木盾，以治其国，其国治；昔者晋文公大布之衣，羊之裘，韦以带剑，以治其国，其国治；昔者楚庄王鲜冠组缨，绛衣博袍，以治其国，其国治；昔者越王勾践剪发文身，以治其国，其国治。"表明当时列国风俗，从发式到冠帽，从服装到佩饰，都有明显的区别，而这种区别的形成就在于各地文化的差异。此外，地理环境和生活方式的差异也是不容忽视的因素之一。地理环境和生活方式不仅决定着服饰面料的选择，而且还潜移默化地影响了民族服饰特点的形成与发展。以蒙古族和藏族为例，蒙古族的直领长袍与软地皮靴，色彩鲜明，宽松自然，尽显草原游牧民族风情；藏族的肥大皮袍，呢面毛边，腰缠宽带，正是高原变化无常气候条件的创造。透过他们个性鲜明的服饰，我们不仅可以对其所属民族做出大致判断，而且能够程度不同地感受到蒙古族粗犷豪放、藏族坚忍执着的民族性格和文化品格。可见服饰的地域性、民族性特征，是一个地区或一个民族区别于其他地区或民族最显著的外部特征，常常成为地域性的或民族性的文化标志。

7　漫议服饰与文学

文学起源于人类的生产劳动，是一种将语言文字用于表达社会生活和心理活动的艺术，是文化的重要表现形式。它以诗、辞、歌、赋、小说、散文等不同的形式，再现一定时期、一定地域纷繁复杂的社会生活以及当时当地人们喜怒哀乐的内心情感。既具有外在的、实用的、功利的价值，还拥有内在的、看似无用的、超越功利的精神性价值。文学的产生、存在和发展，是一种社会意识形态，是社会生活的产物。

服饰生产是古代最重要的社会生产活动，与人们生活密切相关，文人墨客将他们所看到的各种服饰作为题材写入他们的文学作品，以鲜活的形象反映服饰多姿多彩的画面，亦是很自然的。从中国第一部诗歌总集《诗经》开始，到唐诗、宋词、元曲和明清小说，这些古代文学作品中涉及服饰内容的篇幅甚为繁多，而且从服饰原料生产到纺纱织布，从纺车到织机，从染色到后整理，从织品到纹样，应有尽有，不可枚举。故此，我们仅谈一谈与服饰有关的文字，再谈一谈一本虽不以文学性著称，但却是中国古代一部非常有影响的科学著作——《天工开物》。

文学是社会发展的产物，而文学又是由语言文字组构而成。服饰生产对中华民族物质生活和精神生活影响之大，从与它有关的文字在汉语词汇中出现的次数可以看出梗概。在文字形成时期，文字往往与生产实践密切相关，并随着生产实践的进步而增加。以丝质服饰为例，在已发现的甲骨文中，以“糸”为偏旁的字有一百多个。在汉代《说文解字》中以“糸”为偏旁的字有二百六十七个，以“巾”为偏旁的字有七十五个，以“衣”为偏旁的字有一百二十多个。在南北朝《玉篇》中，收录与“糸”相关的糸、丝、素、索等七部，共计四百余字。而到宋本《玉篇》中，则收“糸”部计四百五十九字，“巾”部一百七十二字，“衣”部二百九十四字。至清代《康熙字典》中，仅“糸”部就收有约八百三十字，又较宋代增加了很多。实际上长期的服饰生产实践，不但产生了这些繁多的“糸”“巾”“衣”旁文字，还衍生出大量与之有关的词汇和成语，例如，形容好上加好的“锦上添花”，比喻前途光辉灿烂的“锦绣前程”，形容王公显贵华丽服饰的“黼衣方领”，比喻所穿服装非常庄重和漂亮的“峨冠博带”与“衣冠楚楚”，形容贫妇装束的“青裙缟袂”等。

《天工开物》是一本全面论述中国明末以前农、副业和手工业生产技术的百科全书式著作。作者宋应星，字长庚，江西奉新人。万历四十三年（1615 年）考取举人，崇祯七年（1634 年）任江西分宜教官，崇祯十一年为福建汀州推官，十四年为安徽亳州知州。明亡后弃官归里，终老于乡。

《天工开物》全书分为上中下三篇 18 卷，并附有 123 幅插图。其中“乃服”篇和“彰施”篇是讲与服饰生产相关的技术，提到的具体服饰面料生产技术的有龙袍、倭缎、布衣、枲著、夏服、裘、褐、毡等。里面的文字虽不以文学性著称，但其字里行间，特别是序言语句，文采飞扬，佳句迭出，彰显出的文化底蕴，表达的思想意境，丝毫不逊于任何文学作品。

如宋应星在总序中写道：“世有聪明博物者，稠人（众人）推焉。乃枣梨之花未赏，而臆度‘楚萍’；釜鬵之范鲜经，而侈谈‘莒鼎’。画工好图鬼魅而恶犬马，即郑侨、晋华，岂足为烈哉？”译成白话文是：世上有些聪明博学者，颇受众人推崇。可是如果他们连枣花和梨花都分辨不清，却主观推测“楚萍”；连铸锅的型范都很少接触，却侈谈“莒鼎”；正如画家喜欢画没人见过的鬼怪，而怕画常见的犬马一样。这等人即使有郑侨（郑国的子产）和晋华（晋代张华）那样“博物”的名声，又有什么值得效法呢？在这短短几十个字中几处用典，其中“楚萍”，典出自《孔子家语•致思篇》，据说楚昭王乘船渡江，见到江中一个像斗一样大的又红又圆的东西，不知为何物。于是派人捞起拿到鲁国问孔子。孔子见后说，此乃萍草的果实，可以剖开来吃，只有霸主才能得到。“莒鼎”，出自《左传•昭公七年》，据史书载：晋侯曾经“赐子产莒之二方鼎”，即莒国（今山东莒县）生产的煮食器。此物在明代时早已不存。“画工好图鬼魅而恶犬马”，出自《韩非子•外储说左上》里的一个寓言。大意是，齐王问画师：“什么最难画？什么最好画？”画师答曰：“画狗、画马最难，画鬼怪最易。”因为狗和马是人们天天都可以看见的东西，画不好易为人知；而鬼怪是不存在的，随便怎么画都可以。郑侨，春秋时期郑国大夫，姓公孙，名侨，字子产。相传他知晓古今上下、山川四时的许多掌故，被人称为“博物君子”。晋华，即西晋的张华，字茂先，著《博物志》。

再如乃服篇序：人为万物之灵，五官百体，赅而存焉。贵者垂衣裳，煌煌山龙，以治天下。贱者短褐、枲裳，冬以御寒，夏以蔽体，以自别于禽兽。是故其质则造物之所具也。属草木者为枲、麻、苘、葛，属禽兽与昆虫者为裘褐、丝绵。各载其半，而裳服充焉矣。天孙机杼，传巧人间。从本质而见花，因绣濯而得锦。乃杼柚遍天下，而得见花机之巧者，能几人哉？“治乱”“经纶”字义，学者童而习之，而终身不见其形象，岂非缺憾也！先列饲蚕之法，以知丝源之所自。盖人物相丽，贵贱有章，天实为之矣。译成白话文是：人为万物之灵长，五官和全身肢体都长得很齐备。尊贵的帝王穿着堂皇富丽的龙袍而统治天下，穷苦的百姓穿着粗制的短衫和毛布，冬天用来御寒，夏天借以遮掩身体，因此而与禽兽相区别。因此，人们所穿着的衣服的原料是自然界所提供的。其中属于植物的有棉、麻、苘、葛，属于禽兽昆虫的有皮、毛、丝、绵。二者各占一半，于是衣服充足了。巧妙如同天上的织女那样的纺织技术，已经传遍了人间。人们把原料纺出带有花纹的布匹，又经过刺绣、染色而造就华美的锦缎。尽管人间织机普及天下，但是真正见识过花机巧妙的又能有多少呢？像“治乱”“经纶”这些词的原意，文人学士们自小就学习过，但他们终其一生都没有见过它的实际形象，对此难道人们不感到遗憾吗？现在我先来讲讲养蚕的方法，让大家明白丝是从何而来的。大概是人和衣服相互映衬，其中的贵与贱自然分明，这实在是上天的安排吧！全文以精练的文字将服饰的渊源、所用原料种类、生产技术以及服饰制度做了言简意赅的概述。叙述语言运用形象，用典恰当，结构精巧，既不虚构又不夸张地对大量材料进行巧妙的提炼汇总，其表现出的文学性是不言而喻的。

8 简述服饰的形美、色美、意美

随着社会的进步和人民生活水平的不断提高，人们对服装的要求不再是只求穿衣遮体、保暖御寒，而且要求美观大方、新颖时髦，还要求透气透湿、免烫、不易沾污等服用性能。一句话，人们对服装总的要求就是穿着舒适卫生、有益健康和美观典雅，这不仅是制作技巧和款式变化等的掌握问题，而且还涉及美学、纤维材料学、物理学、生理学、心理学、卫生学和社会学等诸多方面的科学知识。为此，世界各国有不少科研人员和艺术家在不断地探索服装工艺技术如何更好地与艺术结合起来，使服装在满足服用性能的基础上成为艺术品，在服装美学的基础上获得更大的发展，更上一个台阶。

服装美的内涵很丰富，涉及的面很广，它包括形美、色美和意美三方面的内容。

形美就是形式美、造型美。它要求服装的款式要符合艺术规律、艺术标准和时代特征与时代气息。这意味着服装穿在身上既要比例得当、色彩动人、风格和谐，又要与穿着者的年龄、职业相称。这就要求服装明朗、和谐、整洁和大方，而不能刻意单纯追求花哨和奇特。这是因为人的服饰打扮属于人的外观，与其他的客观事物和艺术品的外部形态一样，是首先为人的眼睛所感受的。无数事实表明，人的服饰打扮首先要遵守形式美的规律，简单地说，使人看了愉快悦目，感觉到美。正如古希腊毕达哥拉斯提出“美是和谐与比例”，中世纪哲学家圣·托马斯·阿奎那说“鲜明和比例组成美的事物”。就服装而言，凡是穿在身上显现出美的，总是比例得当、色彩鲜明、风格和谐、款式新颖；反之，举凡风格杂乱、色彩混浊、比例失调、款式陈旧的，就显得丑、不美丽。当然，服饰作为一种形式美，还与人们的思想观念有关。黑格尔曾说：“人的一切装饰打扮的动机……刻下了自己内心生活的烙印。”郭沫若则讲得更为明确：“衣裳是文化的象征，衣裳是思想的形象。”当然，评价一个人服饰打扮得美不美，不能简单地用政治伦理观点去套，但也不能认为它与思想观点完全无关。例如，在西方“嬉皮士”们的那种奇装异服，加上披发蓄须的形象，实质上反映了某些青年颓废、绝望的情绪和玩世不恭的态度。我们生活在这样一个朝气蓬勃、生机盎然的新时代，服饰打扮应该与时代合拍，坚持个性化和多样化。不过总的要求应当是明朗、和谐、典雅、脱俗、整洁、大方，反映我们热爱生活、崇尚自然、精神文明、健康向上、积极乐观的精神面貌。

色美，是指服装的色泽要因时、因地和因人而异，不能千篇一律，要有个性化和差异，既具有清新的感染力，又合乎时代的潮流。服装色彩的选择，一般受消费者心理状态的影响，也会受到从众心理的影响。人们在选择服装颜色时，实际上也是在设计自己在社会中的色彩。服装色彩是人们精神生活的一个组成部分。它和人们的情感有着相当密切的联系，能触发不同的感情和心情。为什么你喜欢红而她喜爱绿呢?原来，颜色和人一样，也有着它的"性格"。当你和某一种颜色的"性格"相同或相近时，就会情不自禁地喜欢它、爱上它。不同的色彩隐喻着不同"性格"。

红色，一般多表示热情、兴奋、好动、豪放、热烈、希望、胜利、吉祥；也有表示权势、焦躁、恐惧、警戒等。

橙色，一般多表示兴奋、喜欢、活泼、快乐、高兴、天真；也有表示怀疑、疑惑等。

黄色，一般多表示快活、温暖、和平、稳重、欢乐、热情、乐观、明快、光明、希望；也有表示猜疑、警戒等。

绿色，一般多表示友好、舒适、温柔、文雅、文静、爽快、舒畅、青春、和平、安详、生命；也有表示不祥等。

蓝色，一般多表示庄重、严肃、和平、安静、沉着；也有表示冷淡、神秘、阴郁等。

紫色，一般多表示高贵、权势、富裕、华丽、含蓄、优雅等。

白色，一般多表示纯洁、坦荡、活力、神圣、宁静；也有表示肃穆、悲哀等。

褐色，一般多表示严肃、浑厚、坚实、老成、淳厚等。

灰色，一般多表示深沉、平静、淳朴、稳重；也有表示平淡、中庸等。

黑色，一般多表示寂静、严肃、深沉、庄重、古老、肃穆、神秘、深远等；也有表示悲哀、恐怖等。

金色，一般多表示富丽、高雅、华贵、辉煌、荣耀等。

银色，一般多表示光明、柔和、富丽、高雅等。

要问哪种色彩最美?回答是："天下无不美的色彩，只有不美的搭配。"搭配得好，就和谐，和谐就是美，这是古典美学家们在许多年前就定下了的"祖训"。例如，大衣与裤子的配色，一般是选用同类色相配效果较好。黑、灰、蓝色的大衣，应与黑、灰、蓝色的裤子交叉搭配；穿咖啡、米、驼色的大衣也是如此。但方格、色条及花大衣，应选其中最暗色颜色的裤子。如穿红黑灰大方格的上衣，就应选用黑色的裤子，才能更加显露出方格的风貌。色美，还要考虑到穿着的季节性。春夏季宜淡，秋冬季宜深。夏季的服装，可采用配加辅料点缀的方法。如上衣是白色带小蓝点的，就可在领边或胸前、袖边镶上一条蓝色小边或牙子，黄色上衣可加上咖啡色的边修饰，只要是同属于一个颜色的过渡色都可相配；还可以用浅色的上衣配上鲜艳的裙子，使之鲜明、生动、活泼。在百花凋谢时节，冬装的颜色就会趋向于单一。此时，男装不妨用同色而略见深浅的衣料拼裁，也可以在深色的外衣里露出浅色内衣的领子，以求调和之美。女士则可在饰物上大做文章，除了发梳、发卡、发结、项链、胸饰、别针之外，一条围巾、一副手套、一只挎包、一把小伞乃至一册图书，都可用来点缀服色。在深色的冬装上，这些小佩饰都应力求鲜艳夺目，酷似 “野径云俱黑，江船火独明”，在深冷的底色上，点点热色会起到“万绿丛中一点红”的效果。当然，服色还要兼顾肤色。例如，皮肤白皙的人，如果选择深一点的衣色，便能衬托肤色。肤色偏黑的人，宜选用灰调子的色彩，如选用黄灰的柠檬色、青灰的橄榄色、红灰的茶褐色等。

意美，即意境美。如何才能做到意美呢?首先，要求穿着者使自己的服饰与自己的内在气质相得益彰，当然，我们反对故意猎奇、不伦不类。其实，服装本身是一种艺术，是工艺美术的一种，无论是块、面的布局或是线条的刻意变化，都必须遵循固有的艺术规律，不应违反基本的美的要求，既要力求健康庄重，又要求协调均衡，比例、疏密、秩序感以及色彩的对比和谐。只有它们的恰当组织与配合，才能美化人的体型。此外，现代人对形体的要求越来越高，优秀的服装设计力图体现人体的美。这些就是意美的内涵。

只有真正做到服装的形美、色美和意美，才能体现人体的美，而要做到形美、色美和意美，这就要求消费者在选择服装时应具有一定的美学知识和审美能力。

9 浅议衣服、服装、时装和服饰的区别

在人类文明史上，衣与人的关系非常紧密，它既是人类为了生存而创造的必不可少的物质条件，又是人类在社会性生存活动中所依赖的、重要的精神表现要素，并与人的身心形成一体，成为人的“第二皮肤”。从历史进程来看，人类的这个“第二皮肤”，是随着社会的演进和社会生产力的发展而演变发展的，是沿着由低级向高级发展的轨迹进行的，是与社会制度、意识形态和科学技术发展水平密切相连的。迄今，“衣”在中国服饰文化中衍生出了一系列基本概念，出现了衣服、服装、时装和服饰等名词。有些人对这些概念性名词缺乏足够的了解，甚至出现一些误解，有必要进行一些简单的说明。

衣服本意是指穿在身上遮蔽身体的御寒的东西，今泛指身上穿的各种衣裳服饰。在古代，称上为衣，下为裳。因上衣下裳为中国最早的服装形制之一，故衣

服又称衣裳。近代又有“成衣”一词出现，这是指按一定规格和型号成批量生产的成品服装，它是相对于在裁缝店里定做的衣服和自己家里自行制作的衣服而出现的一个概念。因其是工业化生产的产品，成本较量身定做的衣服低很多。

服装是衣服鞋帽的总称，狭义的是指人们穿着的各种衣服；广义的是指衣服、鞋、帽，有时也包括各种装饰物。其内涵可从以下两方面来理解。一是等同于衣服、成衣。因现在人们接触的衣着用品都是成品，与其他衣物的专业词汇相比，服装一词在我国使用广泛和频繁，被普通老百姓所接受和使用。在很多人的头脑里，服装就是衣服，是衣服的现代名称。二是从美学角度看，服装是一种状态美，衣服美是一种物的美。“服装”的美包含着装者这个重要因素，它是指着装者与服装之间、与环境之间的一种精神上的交流与统一，由这种和谐的统一体所体现出来的状态美，俗话所说“佛靠金装，人靠衣装”就是这个意思。因此，服装是一种带有工艺性的生活必需品，而且在一定程度上反映了国家、民族和时代的政治、经济、科学、文化、教育水平以及社会风尚面貌。我国改革开放以来所取得的伟大成就，一般都从衣、食、住、行等方面进行展示，有力地说明“衣着”在社会生活和文化中占有重要的位置。服装的文化表现正如郭沫若所说“衣裳是文化的表征，衣裳是思想的形象”。

什么是时装呢？并非是专指架在模特身上的服装。它是专指在某一时期和范围内人们喜欢穿着的新式服装，是指采用合适的面料、合适的颜色和合适的图案制成合适的款式且符合当时当地政治、经济、文化艺术发展趋势的服装，再配上合适的配件，如纽扣、花边、拉链等，让穿者合适、舒服，观者悦目。时装是我国目前使用最广泛、最为流行的一个概念，也可以理解为时兴的、时髦的、富有时代感和生活气息的服装，它是相对于历史服装和已定型于生活中的衣装形式而言的。一般而言，时装最具时代感，有发生、发展和消失的过程，这一过程有长有短，普通服装可能在十年八年或更长的时间后又成为时装，中国旗袍就是一例。它常常通过款式、色彩、纹样、面料以及配套服饰的组合和变化，形成一种风格各异、丰富多彩的新潮时装。时装的最大特点是具有鲜明的时间性和多变性，有的时装还带有示范性，如模特表演时穿着的时装，可用来引导时装的发展潮流，其艺术性远大于实用性。最具实用性的时装，在流行过程中可逐步形成风格相对稳定的传统服装。

由此可见，时装可分成三种。一是高级时装。一般是指高级时装店里专门的设计师设计的、由专门雇佣的裁缝师在设计师监督指导下制作的、带有一定尝试性的、流行的先驱作品，其特点是审美性大于实用性，针对个人设计，不考虑成本。模特表演服大多属于此种。二是流行时装，是指成衣厂商从高级时装中选择认为能代表时代精神，能引起流行的款式，或是根据这种趋向进行再设计，进行批量生产，面对大众，具有审美性和实用性。流行时装是主流，还包括能引起流行的高级成衣。三是普通时装，它是流行时装经过一个时期的流行后，就以一定的形式固定下来的普及定型的成衣。因此，时装成为服装行业的窗口，是社会经济、文化生活的产物，反映社会审美意识，体现人的素质、风度、仪表和风貌，可起到美化生活、引导消费的作用，是人类衣着最为活跃、最为敏感的组成部分。

服饰则是装饰人体的物品总称。它包含的内容十分广泛，主要包括三方面：其一是用于修饰人体的全部手段，如服装、发型、化妆、佩戴的饰物等；其二是在整体装扮中与服装合用的饰物，如鞋、帽、手套、围巾、领带、领花、腰带、手包、雨伞等；其三是服装上的饰物，如纽扣、胸花、光片、标志等。实际上服饰是一个文化表现，包含着许多的科学道理和美学知识，是国家繁荣昌盛的标志，是时代发展的信息，是人们心灵的窗口，是社会物质文明和精神文明的象征。

10　浅议服装流行色

流行色是一个外来名词，它的英文名称为 fashion colour，意即合乎时代风尚的、时髦的、时兴的色彩，也有称为 fresh living colour 的，意即新鲜的生活用色。它是在一定时期和地区内，产品中特别受到消费者普遍欢迎的几种或几组色彩和色相，成为风靡一时的主销色。它存在于纺织、轻工、食品、家具、城市建筑、室内装饰等各方面的产品中。但是，反应最为敏感的则首推纺织产品和服装，它们的流行周期最短暂，变化也最快。流行色的出现是与常用色相对而言的。各个国家和各个民族，由于种种原因，都有自己爱好的传统色彩，长时间相对稳定不变。但这些常用色有时也会转变，上升为流行色。而某些流行色经人们使用后，在一定时期内也有可能变为常用色、习惯色。从人的视觉生理和心理的角度来看，长期重复地看单一色彩，会使人产生“腻烦、厌倦”的情绪，只有不断地变换与更新色彩，才能达到心理上的愉悦。

1963 年，由英国、奥地利、比利时、保加利亚、法国、匈牙利、波兰、罗马尼亚、瑞士、捷克、荷兰、西班牙、德国、日本等十多个国家联合成立了国际流行色委员会，总部设在法国巴黎。该组织每年举行两次会议，确定第二年的春夏季和秋冬季的流行色。然后，各国根据本国的情况采用、修订、发布本国的流行色。欧美有些国家的色彩研究机构、时装研究机构、染化料生产集团还联合起来，共同发布流行色，染化料厂商根据流行色谱生产染料，时装设计师根据流行色设计新款时装，同时通过媒体广泛宣传推广，介绍给消费者。1982 年，中国流行色协会成立并加入该组织。

流行色具有许多特点，其中最主要的特点是时间性、空间性、规律性和局限性。

时间性包括两方面的内容。一是指“大时间”，即时代性。不同的时代，人们有着不同的精神面貌，对色彩有着不同的追求。色彩同其他艺术一样，是时代的一面镜子，能照出时代的特点。流行性有国际性、国家性、地区性和民族性，在国际间可以流行的色彩，代表着国际的一个时代，在一个国家、一个地区、一个民族范围内可以流行的色彩，则代表着一个国家、一个地区、一个民族的一个时代，因此，流行色是时代的产物。二是指“小时间”，即季节性。每年发布的流行色预测，是以春夏季和秋冬季区分的。这是从色彩的科学性、心理联系及自然景色等因素考虑的。春季，大地回春，万物复苏，常流行浅而活泼的色调。夏季，气候炎热，人们希望凉爽，常流行白、浅色调。秋季，天高气爽，一片金黄，常流行沉着的暖色调。冬季，气候变冷，人们希望有暖感，常流行深色调。

空间性也包括两方面。一是指地区性，这与环境有关。如北京建筑雄伟、华丽，气候寒冷，街道宽敞、干净，常流行较为庄重的色彩并比较统一。而上海建筑参差不齐，街道拥挤，流行色华贵而复杂。又如北欧气候较寒冷，喜黄色，南欧的意大利阳光偏于黄橙，喜红砖色。二是指民族性，不同的国家和民族，由于历史传统、经济基础、文化素质、生活条件和地区环境的不同，对色彩的理解和要求也有所不同。如西欧传统的喜好色被形象地理解为“牛奶加咖啡”，包括乳白、本白、浅米黄、奶黄、黄灰以及不同深浅的棕、褐、黄绿、藏青，这些色彩同西欧的发色、肤色接近，又同该地区的建筑色彩及室内装饰色彩调和。

规律性是指随时间、地区、民族等条件变化。其规律一般要经过萌芽、盛行、衰落三个阶段。流行色循环的大致规律是：明色调—暗色调—明色调，暖色调—冷色调—暖色调。

局限性则是因为流行色变化的时间跨度太小，仅适用于一些使用寿命短、相对比较便宜的服饰，如T恤衫、花布裙等服饰。而对于一些比较贵重、使用寿命比较长的，如裘皮大衣、高档西装、羊绒服装等之类的服装服饰，则没有必要考虑流行色，在服装设计时也很少考虑采用流行色，一般以服饰的基本色为主。由于人的衣着由多件构成，其色彩也可由基本色和流行色共同组成，以流行色的服饰来点缀基本色的服饰，采用流行色作为整个着装的点缀色，以取得画龙点睛、相得益彰的奇妙效果。

流行色都有一定的流行周期，而这个周期是一个复杂的问题，一般在7年左右。研究表明，蓝色与红色常常同时流行，蓝色与红色搭配容易取得悦目的效果。蓝的补色为橙，红的补色为绿，当蓝和红流行时，绿、橙就不流行，反之亦然。

橙、绿为一个波度，一个波度约3年半，合起来为一个周期约7年，这就是常说的流行周期。所以，一种流行色的萌芽、成熟、衰退是具有延续性的。衰退只是势头减弱，不再成为时髦色而被其他色所代替。当绿、橙流行后，红、蓝也仍有一定的地位，只是不时髦了。色彩会新陈代谢，周而复始。

消费者既是流行色的流，又是源。因此，流行色款式设计、色彩搭配及选材不仅彰显在新时代潮流服装和服饰上，具有独特的气质和品位，更要以潮流、创新及多元化为前提，将简约、个性、绚丽多彩融合为一体。缤纷华丽、简约经典，善于把握每季的流行色，引领时尚潮流。

服装对流行色具有特别敏感的作用，人们在选购服装时，首先注意的是面料的色彩，其次是款式、质地与花式恰如其分地结合。流行色在服装上的应用，应该从整体着眼，服装和领带、头巾、鞋帽以及其他附属的装饰品一起构成统一的色彩效果。在服装的整体设计中，最引人注目的还是色彩的搭配和变化，因为色彩对人们的视觉影响和心理感受具有首要的地位，服装可以由色彩去形成一定的意境，引起人们的回味和联想。近年来，服装流行色的运用侧重于对大自然色彩的追求，反映了现代人向往大自然的返璞归真的心理，如沉静透明的“海洋色”、富有生气的“野生花卉植物色”、甜美明丽的“水果色”等，都表现出不同的现代人情调。现代服装还十分重视时代感，而流行色恰是体现时代感的重要因素，流行色在服装上的应用，一定要抓住色彩的情调，充分体现它的个性、感情与气氛。特别是现代服装，趋向单纯、简练，常以明快的轮廓和流畅的线条代替烦琐的装饰，使美的因素被融合到实用中去，这无疑给流行色的运用提供了方便。

11 服装是一个国家是否繁荣昌盛的晴雨表

服装是一种以遮覆人体为目的穿着物的总称。它不仅包括覆盖身体（包括四肢、头部等）的物品，而且也包括穿着服装时所需要的附属品、装饰品等，亦即既包括“服”，也包括“饰”。因此，衣、裤、鞋、袜、帽、手套、围巾等及其饰物，均属服装的范畴。狭义的服装，通常主要是指上衣与裤子。

衣、食、住、行是人类生存的基本要素，尤其是衣，它是人们一时一刻也离不开的，从呱呱落地来到人间的婴儿到寿终正寝的老人都离不开衣。然而，服装又与一个国家的政治、经济、文化和风俗习惯紧密地联系在一起，古今中外都是如此。一个国家的科学技术水平和经济繁荣程度都表现在人民的服饰上，在世界上一些文明古国或是经济发达的现代化强国，人们在生活上较多地注意打扮自己、美化自己。

因为生活富裕了，有经济能力为自己去打扮，用不着为吃饱肚子而发愁或东奔西跑去谋生，于是一些时髦的服装充塞了大街小巷，人们的精神文明也得到了发扬光大。美国、英国、法国、德国、日本等经济发达国家人民的服饰都五彩缤纷，品种款式不断翻新，每人每年的纤维消费量是发展中国家人民的几倍甚至十多倍。

中国是一个文明古国，也是历史上服饰文化的发祥地之一。纵观中国历史的长河，也充分说明了服饰是反映各个历史时期经济发展状况的晴雨表。如公元 618 年李渊建立了唐王朝，从此使中国的封建社会进入了鼎盛时期，出现了“贞观之治”“开元盛世”，全国上下呈现一片繁荣昌盛的景象。在服饰方面，更是繁花似锦，特别是女装出现了“袒胸、露臂”式的衣服，这不能不说是对中国流传数千年的传统服装的一大突破，也可说是世界上最早出现的时髦装之一。据后唐天福五年至开运二年间刘昫监修的《旧唐书·舆服志》中称“半袖襦裙”就是短袖衣服露半臂，穿于衬襦之外。由于这种服饰原为宫中女官服，能充分展示女子肌肤之美，所以深受年轻女性的欢迎与钟爱，于是一些诗人也纷纷赋诗题咏，如“粉胸半掩疑暗雪”“长留白雪占胸前”等赞赏诗句，这是对此服装审美观感的绝好写照与精湛概括。当时，皇宫、贵族大力倡导“胡舞”，这也对“袒胸、露臂”式服装起到了推波助澜的作用，加之唐玄宗、杨贵妃和朝臣时常举办宴舞，也为这种服装的流行推广起到了示范和推动作用，使之成为当时女性争相仿效的时髦装。后来，由于帝王将相的昏庸腐败，国力不断下降，平民百姓过着民不聊生的生活，唐装不仅没有得到流行普及，而且还被扼杀在摇篮中。直至中华人民共和国成立前夕，尽管达官贵人西装革履地穿上了“洋装”，而广大劳动人民还是衣不遮体地进行辛勤的劳作。中华人民共和国成立后，人民当家作了主人，生活水平有了很大的提高，过着安居乐业的幸福生活，但是在很长时间内人民的衣着还仅限于蓝色、灰色、黑色的棉制品。改革开放三十余年来，国民经济得到高速发展，人民生活水平大大提高，纺织品的花色品种大量增加。反映在衣着上，各种时装、高档服装随处可见，服装颜色应有尽有，真是五彩缤纷、绚丽夺目。与此相对应的是我国国力大大增强，国富民强，人民生活水平得到了空前的提高，因而在服饰方面追求时髦化、高档化、休闲化已成为时尚，与发达国家相比，差距越来越小。

12 服装标签上“号”与“型”的含义

我国人口众多，人的高矮、胖瘦都不一样，满足人们对穿着舒适、美观大方的要求具有重要意义。国家有关部门组织专门人员对全国各地区、各民族、各年龄段的人群进行调查研究、测量统计工作，并按照中老年人体型规律制定了中老年人服装规格系列，便于一般体型的人和具有特殊体型的中老年人都能购买到合身且称心如意的服装。服装的规格体系分为一般体型的服装号型系列、少年儿童的服装号型系列和中老年人的服装号型系列。

一般体型的服装号型系列是以我国正常人体的主要部位尺寸为依据，对我国人体体型规律进行科学的研究分析，经过数年实践后所制定的国家标准。根据该标准，只要知道身高和胸围的尺寸就可买到一件合身贴体的上衣，只要知道身高和腰围的尺寸就可买到一条合体的裤子。因此，只要记住身高、胸围和腰围三个尺寸，一般体型的人都能买到合身的服装。

什么是服装的号型呢?所谓“号”就是服装的长短，而“型”就是服装的肥瘦。“号”是按人的总体高来计算的，而“型”是按人的胸围和腰围来计算的。一般而言，在人体各主要部位中，身高、胸围、腰围三个部位最有代表性，有了身高与胸围尺寸，大体上就有了上衣的长短和肥瘦的尺寸；而有了身高与腰围尺寸，大体上就有了裤子或裙子的长短和肥瘦尺寸。例如，某人身高为1.65m，胸围85cm，腰围72cm，则他的上衣号型为165号85型，下装号型为165号72型。为了便于表示，号与型在服装上用一斜线隔开，上述上衣号型标为“165/85”，下装号型标为“165/72”。

为了使服装与体型能较好地符合，要求测量结果准确，亦即要求测量方法符合标准要求。测量时，被测者应以端正姿势站立，测量以下部位：总体高（号）从头顶量到脚跟；胸围（型）在被测人衬衣外，从腋下最丰满处用皮尺水平量一周（垫一个手指，皮尺不宜过紧或过松，贴在身上容易转动即可），要求被测者呼吸正常，两臂垂直；腰围（型）在被测人单裤外，放松裤带，从腰围最细处水平量一周（垫一个手指）。

有时，身体的实际尺寸与号型档次并非相合。例如，男上衣一般“号”每隔5cm为一挡，从150cm起分为8挡；“型”每隔4cm为一挡，由80cm起分挡。靠挡的规律一般是：儿童宜长不宜短，青年宜小不宜大，老年宜大不宜小，瘦高宜肥不宜长，矮胖宜长不宜肥。

实际上，号型是服装的标志，而系列则是分挡。全国各地区的具体号型系列设置（即因分挡距离不同而形成的不同系列），因各地情况不同而不尽相同。将现有号型系列分类如下：5·4系列（应读成“五四系列”，下同），总体高以5cm分挡，胸围、腰围以4cm分挡；5·3系列，总体高以5cm分挡，胸围、腰围以3cm分挡；5·2系列，总体高以5cm分挡，胸围、腰围以2cm分挡；3·2系列，总体高以3cm分挡，胸围、腰围以2cm分挡。

少年儿童处于长身体阶段，而且每年增长的幅度都比较大。因此童装的号型系列规格设置虽与成人服装基本相似，但分挡距离则因儿童生长的特点而有所不同。童装的“号”在81～130cm之间是以7cm分挡的，在130～160cm之间（女童到150cm）是以5cm分挡的；“型”在50～58cm之间的上衣是以2cm分挡的，在58～76cm（女童到73cm）之间的上衣是以3cm分挡的，“型”在50～66cm（女童到62cm）之间的下装则都是以2cm分挡的。为了便于“型”的衔接，男童“号”150cm、155cm、160cm和女童“号”140cm、145cm、150cm与成人的号是交叉的。

人的一生一般要经过三个阶段，即25岁以前的生长发育阶段、26～43岁的生理稳定期、44岁以后的更年期。在这第三个阶段，代谢减慢，脂肪沉积，体型变化较大。在一般情况下，身材越高的人，其他部位的尺寸也越大，反之则小些。但是，中老年人的体型却有其复杂性和特殊性，具体表现为：中老年人各部位的变化是不成比例的，围度部位的变化率要比长度部位大，女性尤为突出，这一点表现在腰、腹、臀三个部位上；45～55岁之间体重普遍增加，而且有些人增加率很大，也有些人特别是女性35岁左右就开始发胖了；总体高几乎都有降低，一般在1～3cm之间。

在有关部门深入调查研究的基础上，得出中老年男子17个部位、女子19个部位的平均值，每个部位的平均值反映了该部位的平均水平，而由平均水平数值构成的体型就是中间标准体型。以此为基础，制定了中老年人的服装规格系列。中老年人号型的设置和命名，也是采用总体高为“号”，上衣用基本胸围（即人体净胸围）为“型”，裤子则用基本腰围 （即人体净腰围）为“型”，亦即，“号”表示服装的长短，“型”表示服装的胖瘦。中老年人服装一般采用5·4系列号型，即总体高以5cm为一挡，而胸围或腰围以4cm为一挡。为了与成年人服装号型标志的单斜线区别起见，中老年人号型标志的方法是在号与型之间用双斜线分开。现举例说明如下：上衣号型为155//90，说明该号型适合于总体高155cm、基本胸围（净胸围）90cm范围的中老年人穿着。但是也有些中老年人特别肥胖，体型特殊，上述介绍的中老年人服装规格系列对这些特殊体型的人未必适用，为了满足他（她）们的特殊需求，可以采取定做的方法来解决。

面料篇

面料是指用来制作服装的材料。作为服装三要素之一的面料，不仅可以诠释服装的风格和特性，而且直接左右服装的色彩、造型的表现效果。在服装大世界里，服装的面料五花八门，日新月异。但是，从总体上来讲，凡是优质、高档的面料，大都具有穿着舒适、吸汗透气、悬垂挺括、视觉高贵典雅、触觉柔软美观等几个方面的特点。并且，面料必须具有实用、舒适、卫生、装饰等基本功能，能够满足人们生活、工作、休息、运动等多方面的需要，能保护人体适应气候变化和便于肢体活动。

13 高雅华丽的丝质面料

丝质面料其实就是真丝面料，俗称丝绸、绸缎、丝织物。主要是由桑蚕丝织制而成，也有少量是由柞蚕丝、蓖麻蚕丝、木薯蚕丝和绢纺纱织制的，均是真丝面料。直丝是高级纺丝原料，真丝有“丝绸皇后”“健康纤维”“保健纤维”的美称。蚕丝是人类利用最早的动物纤维之一。我国是蚕丝的发源地，是世界上最早植桑、养蚕、缫丝、织绸的国家，迄今已有7000多年的历史。利用柞蚕丝织造也有3000余年的历史。我国的丝绸业在世界上享有盛誉，远在汉唐时期，丝绸产品就畅销于中亚、西亚和欧洲各国，开创了闻名世界的“丝绸之路”。

蚕丝是高级纺织原料，它具有较高的强伸度，纤维纤细而柔软，平滑而富有弹性，吸湿性佳，富有光泽，而且光泽柔和自然。由蚕丝加工制成的丝质面料具有以下一些特性。

蚕丝由丝胶和丝素组成，由18种氨基酸按不同的比例和空间组合而成，是一种蛋白质纤维，经脱胶后，丝素结构紧密，光泽自然而柔和，具有珍珠般的光彩。

表面平整，手感柔软、滑爽、厚实、丰满，弹性好。

由于蚕丝是一种多孔纤维，因此，真丝面料具有良好的保温性、吸湿散湿性和透气性，服用性能优良，对皮肤有一定的保健作用。

真丝面料是由蛋白质纤维构成的，与人体有良好的生物相容性，面料不仅对皮肤无刺激作用，而且还可感受到独特的舒适感。

真丝面料中的丝蛋白色氨酸、酪氨酸能有效地吸收紫外线，可防止紫外线对人体的伤害。

蚕丝比较娇嫩，应精心护理，应避免重力磨损扭绞或在粗糙的地方拖拉，以免纤维受损伤。

丝织物的分类方法有多种。按商业习惯可分为桑蚕丝织物、柞蚕丝织物、绢纺丝织物、人造丝织物、交织丝织物（不同的纤维交织）和合纤丝织物。桑蚕丝织物又可分为平素织物和提花织物。平素织物有电力纺、乔其纱、双绉、杭纺等；提花织物有花线春、湖绉、九霞缎、天鹅绒等。柞蚕丝织物品种有柞丝绸、柞丝绉、南山绸、疙瘩绸、鸭江绸等。绢纺丝织物品种有绢丝纺、桑绢纺、柞绢纺、辽丝纺等。人造丝织物又可分为平素织物、提花织物和双层织物。平素织物品种有无光纺、有光纺、富春纺、美丽绸、乔其纱等；提花织物品种有织锦缎、古香缎、丁香缎等；双层织物品种有利亚主绒、主绒等。交织丝织物品种较多，如乔花绡、烂花绡、花软缎、留香缎、古香缎、广播绸、文尚葛、蜡线羽纱等。合纤丝织物品种有涤纶绉、弹涤绸、涤纹绸等。

按织物组织形态可分为绡、纺、绉、绸、缎、锦、绢、绫、罗、纱、葛、绨、绒、呢等。绡的地纹为平纹或透孔组织，经纬均为较细的不加捻或加中、弱捻丝的桑蚕丝或人造丝、锦纶丝、涤纶丝等织制，生织后经精练、染色或印花整理；或是生丝先染色后熟织，织后不需要整理。绡品种较多，如素绡、提花绡和修花绡、烂花绡。素绡有真丝绡、建春绡、长虹绡等；提花绡和修花绡有明月绡、迎春绡、伊人绡等；烂花绡有集云绡、青云绡、太空绡、新丽绡等。绡类丝织物的特点是经纬密度小，质地爽挺，轻薄透明，孔眼方正清晰。纺，又称纺绸，以不加捻桑蚕丝、人造丝、涤纶丝、锦纶丝等为原料，用平纹组织织制或以长丝为经丝，人造棉、绢纺纱为纬丝交织而成。纺品种较多，如平素生织纺、色织纺、提花纺。平素生织纺品种有电力纺、无光纺、尼龙纺、涤纶纺、富春纺等；色织纺品种有格子纺、华格纺、彩条纺、彩格纺等；提花纺品种有花富纺、领夹纺等。纺类丝织物的特点是质地轻薄，表面平整、细洁、缜密，坚韧滑细等。绉以丝线加捻和采用平纹或绉组织相结合，外观呈均匀皱纹效果，有弹性。中薄型绉的品种有双绉、花绉、碧绉等；中厚型绉的品种有缎背绉、留香绉、柞丝绉等。绉类丝织物的特点是光泽自然柔和，手感糯爽，富有弹性，抗皱性能强。绸的地纹采用平纹或各种变化组织，或同时混用几种基本组织和变化组织；采用桑蚕丝、人造丝、合纤丝等纯织或交织，以经面织物为主。品种有真丝绸、鸭江绸、双宫绸等；还有生织坯绸（如双宫绸、蓓花绸、和服绸等）、熟织绸（如高花绸、领带绸、薇锦绸、熟织双宫绸等）。轻薄型绸的特点是质地轻软，富有弹性；中厚型绸的特点是绸面层次丰富，质地平挺厚实。缎的原料为桑蚕丝、人造丝和合纤长丝，采取先练染后织造或生织匹染。织物的全部或大部分采用缎纹组织（经或纬用强捻线织成的绉缎除外）。缎品种较多，如锦缎、花缎、素缎。锦缎有织锦缎、古香缎等；花缎有花软缎、锦乐缎、全雕缎等；素缎有素软缎、素北京缎、素库缎等。缎类丝织物的特点是：锦缎有彩色花纹，色泽瑰丽，图案精致；花缎表面呈现各种精致细巧的花纹，色泽纯正，有些表面具有浮雕等特点；素缎表面素净无花。经缎的经密远大于纬密，最大可达 1900 根/10cm；纬缎的纬密比径密大。锦采用精练、染色的桑蚕丝为主要原料，常与彩色人造丝、金银丝用斜纹、缎纹等交织，也有用重经组织、重纬组织或双层组织织造，经纬无捻或加弱捻，提花。名锦有蜀锦、宋锦、云锦、妆花锦、壮锦、金陵锦、金蕾锦、潇湘锦、百花锦等。其特点是外观五彩缤纷，富丽堂皇，花纹精致古朴，质地较厚实丰满，采用纹样多为龙、凤、仙鹤和梅、兰、竹、菊以及文字（福、禄、寿、喜）、吉祥如意等民族花纹图案。绢采用平纹或重平组织，经纬先染色或部分染色后进行色织或半色织套染，用桑蚕丝、人造丝纯织，也可用桑蚕丝与人造丝或与其他化学纤维长丝交织。经纬不加捻或加弱捻。品种有桑格绢、花塔夫绢、天香绢、迎春绢、西湖绢、丛花绢、繁花绢、缤纷绢、格夫绢等。其特点是绢面细密挺爽，平整光洁，光泽自然柔和，手感柔软。绫以桑蚕丝、人造丝、合纤丝为原料，采用斜纹或变化斜纹为基础组织，表面有明显斜纹；或以不同斜向组成的山形、条格形以及阶梯形等花纹。一般用单经单纬织造，也有用平纹和缎纹组织做地纹的。品种有素绫和花绫两大类：素绫有绢纬绫、桑细绫、尼丝绫、涤弹绫、美丽绸、人造羽纱、桑黏绫等；花绫有苏中花绫、柞花绫、涤丝绫、海南绫、花黏绫等。绫类丝织物的特点是丝光柔和，质地细腻，穿着舒适。花绫的花样繁多，常织有盘龙、对凤、环、花、麒麟、孔雀、仙鹤、万字、寿团等民族传统纹样。罗以桑蚕丝、有光人造丝、棉纱、涤棉纱为原料，采用纱罗组织织造。横罗（纱孔呈一排排横向排列）分为七丝罗（即每织七棱，纬纱绞经扭绞一次，以下类推）、九丝罗、十一丝罗、十三丝罗、十五丝罗等；直罗（纱孔沿经向呈一行行孔眼）品种较少；花罗（提花纱罗组织，表面纱孔按一定花型图案分布）品种有化妆面纱、花罗、杭罗、夏夜纱、薄纱罗等。其特点是结构稳定，结实，纱孔透气性好，质地轻薄，风格独特。纱以桑蚕丝为原料，采用绞纱组织构成地组织或花组织，全部或一部分呈现纱孔。品种有东方纱、华丝纱、乔其纱、芦山纱、香山纱、香云纱、莨纱等。其特点是轻薄透气，结构稳定，风格独特。经纬丝捻度较大，缩水率在 10%左右。葛以桑蚕丝、人造丝、棉（纱）线、毛（纱）线，涤棉混纺纱为原料，采用平纹，经重平或急斜纹组织，经纬用相同或不同种类的原料。一般经细纬粗，经密纬疏，地纹表面少光泽，并具有明显横棱凸纹。经纬丝一般不加捻，部分品种加捻。品种有素织葛和提花葛两种：素织葛有素文尚葛、似文葛、丝罗葛、素毛葛、春光葛、绢罗葛、纱罗葛等；提花葛有特号葛、印花葛、明华葛、春风葛、新华葛、和平葛、素文尚葛、花文尚葛等。葛类丝织物的特点是质地厚实而坚牢。绨以人造丝作经丝，以棉纱、上蜡棉纱等作纬丝，以平纹组织或斜纹变化组织织造。品种有线绨、蜡线绨、花线绨、新纹绨等。其特点是质地粗厚、缜密，织纹简洁而清晰。绒，又称丝绒，以桑蚕丝、化纤长丝为原料，地纹或花纹的全部或局部采用起毛组织，表面呈现毛绒或毛圈，采用平纹、斜纹、缎纹及其变化组织织造。品种较多，有天鹅绒、漳绒、乔其绒、金丝绒、真丝绒、人丝绒、交织绒、素色绒、印花绒、烂花绒、拷花绒、条格绒等。其特点是质地柔软，色泽鲜艳光亮，绒毛、绒圈紧密，耸立或平卧。呢采用绉组织，平绒、斜纹组织，或其他短浮纹联合组织织制，经纬丝线较粗。品种分为毛型呢和丝型呢两种：毛型呢是表面具有毛绒、少光泽、织纹粗犷、手感丰满的色织素呢织物，如素花呢、五一呢、宝光呢等；丝型呢为光泽柔和、质地紧密的提花呢织物，如西湖呢、康乐呢、四维呢、博士呢等。呢类丝织物的特点是质地丰厚，具有毛型感，表面有颗粒，凹凸明显等。

14 舒适保暖的棉质面料

我国是世界上棉纺织生产发达的国家之一，棉花、棉纱和棉布的产量均居世界之冠，据历史考证，我国的南部、东南部和西北部边疆是世界上植棉和棉纺织技术发展较早的地区。从宋以后，棉纺织品逐渐成为人们衣着的主要原料，很长一段时间内棉纺织业在国民经济中的地位仅次于农业。棉质面料即是指以棉花为主要原料，经纺织工艺生产的面料。一般指棉纤维含量在 60%～70%以上，其他纤维（天然纤维或化学纤维）含量在 40%以下，在棉纺织机械上进行纺织加工的面料，均称为棉质面料，其中含棉量为 100%的称为纯棉面料。

纯棉面料有以下几个特点。

吸湿性好。棉纤维具有较好的吸湿性，在正常情况下，棉纤维可从周围的大气中吸收水分，其含水率可高达 8%～10%，所以纯棉面料接触人体皮肤时，使人感觉到柔软而不僵硬。如果棉布中湿度增大，周围温度又较高，则纤维中所含的水分会全部蒸发掉，使织物保持平衡状态，使人感觉舒适。

保暖性强。由于棉纤维是热和电的不良导体，热传导系数极低，又因为棉纤维本身具有多孔性和高弹性的特点，在纤维之间能积存大量的空气，而空气又是热和电的不良导体，所以棉织物具有良好的保暖性，人们穿着纯棉织物服装时会感觉到很温暖。

耐热性好。纯棉织物的耐热性很好，在 110℃以下时，只会引起织物中的水分蒸发，不会损伤纤维，所以，纯棉织物在常温下穿着、使用、洗涤、印染等对织物的性能不会产生影响，因而提高了纯棉织物耐穿耐洗的服用性能。

耐碱性好。棉纤维对碱的抵抗能力较强，棉纤维在碱溶液中不发生破坏现象，这一性能有利于服装的穿后洗涤，消毒除杂质，也有利于纯棉织物的染色、印花及各种工艺加工，以生产更多的棉织新产品。

卫生性好。棉纤维是天然纤维，其主要成分是纤维素，虽含有少量的蜡状物质、含氮物和果胶质，但这些物质对人体皮肤无任何刺激和负面作用，久穿有益无害，卫生性良好。

纯棉面料也有一些缺点，主要是易皱，缩水率较高（2%～5%），易变形，但与合成纤维（尤其是涤纶）混纺织物可以弥补这些缺点，通过特殊的化学整理后也可取得良好的效果。

棉织物是由互相垂直排列的经纬两组纱线按一定规律交织而成，可有多种分类方法。

按织物花色可分类为原色布、色布、印花布和色织布。原色布类是指用原色棉纱织成而未经过漂染、印花和染色加工的布，统称为原色布。包括坯布和白布两种：供印染加工的原色布一般称为坯布；供应市场销售的称为白布。品种有标准市布、普通市布、细布、粗布、斜纹布及其他原色布等。色布类是指各种不同组织规格的原色布经过漂白或染色加工后的布。品种有硫化原布、硫化灰布、硫化蓝布、深士林蓝布、浅士林蓝布、士林灰布、凡拉明蓝布、海昌蓝布、各色线哔叽、各色线直贡、各色线卡其、各色华达呢、各色纱哔叽、各色纱直贡、各色纱卡其、各色斜纹布、红布、酱布、漂布、各色府绸、各色灯芯绒、其他色布类等。印花布是指用各种坯布经过印花加工，印上各种各样的花型的布。品种有花哔叽、花直贡、印花斜纹布、深色花布、浅色花布、印花府绸、其他印花布等。色织布是指先把纱线经过漂白或染色，然后织出来的布。品种有绒呢、绒布、条格布、被单布及其他色织布等。

按织物组织可分类为平纹布、斜纹布和缎纹布。平纹布品种有粗布、市布、细布、标准布、府绸、帆布等。其特点是质地坚牢，表面平整均匀，无正反面之分，但手感较硬，缺乏弹性，光泽不佳。斜纹布品种有斜纹布、哔叽、卡其、华达呢等。其特点是斜向纹路自右下方朝左上方倾斜的叫做左斜纹；斜向纹路自左下方朝右上方倾斜的叫做右斜纹。织物表面浮线长，光泽和柔软度较平纹织物好，在经纬纱线密度（支数）和密度相同的条件下，其强力比平纹织物差，可用增加经纬密度的办法来增加织物的强力。缎纹布品种有纱直贡、半线直贡、横贡等。其特点是织物表面光滑而富有光泽，手感柔软。缺点是不太牢固，不耐磨，表面容易起毛。

按印染整理加工方法可分为漂白棉布、染色棉布和印花棉布。漂白棉布是指以本色棉布为坯布，经过漂白加工而成的各类棉布。如漂白平布、漂白府绸、漂白纱卡、漂白直贡等。染色棉布是指以本色棉布为坯布，经过漂练后进行轧染染色、精练染色、卷染染色等加工而成的各类棉布，如卷染染色纱哔叽、卷染染色半线卡其、精元染色纱府绸等。印花棉布是指以本色棉布为坯布，经过漂白或染色后，再进行印花加工使布面获得不同色彩和花纹的各类棉布。如印花细平布、印花纱斜纹布，精元印花纱直贡等。

按其他方法可分类如下。按棉布品质可分为高档产品和低档产品。高档产品是指经纬纱支采用细支纱或股线，经纬密度比较紧密，质地又较细洁坚实的棉布，品种有府绸、卡其、灯芯绒、高档男女线呢等；低档产品是指经纬纱支品质一般，密度比较稀松的品种，如硫化布、杂色布等。按所用纱线可分为纱制品和线制品。纱制品是指经纬纱都用单纱织造而成的棉布，如市布、斜纹布、浅花布等；线制品是指经纬纱都用股线，或者经纱用股线、纬纱用单纱的品种，如线卡其、线府绸等。按用途可分为衣着用布和家具装饰用布。衣着用布是指用作服装、服饰的各种棉布，具有穿着舒适性良好、美观大方、坚牢耐用、经济实惠等特点，品种有府绸、卡其、华达呢、哔叽、线呢、灯芯绒、色织布、绒布等。家具装饰用布是指用作沙发、椅子和家用机具的面料或罩套的装饰织物，具有装饰和保护家具的作用。品种有粗平布、细帆布、各种提花布、印花布、色织布、涤棉混纺布等。复制工业用布是指用于制作床上用品、手帕、台布等织物，具有布面平整光洁、手感柔软、耐磨等特点。品种有白粗布、白市布、漂白布、哔叽、色直贡、横贡缎、罗布、漂白粗斜布、泡泡纱、手帕布等。工业用布是指根据各种工业生产技术上的特殊要求而专门生产的棉织物。如帆布、人造革底布、帘子布、篷盖布、白市布、白细布、平绒、打包布、印花衬布、印刷布等。交通运输用布是指用于汽车、飞机、轮船等交通运输工具起美化装饰作用的实用性棉织物。

15　凉爽透气的麻质面料

麻质面料是指由麻纤维纺织加工成的织物及由麻纤维与其他纤维（涤纶、丙纶、富纤、羊毛、丝、棉等）混纺或交织的织物。麻纤维有苎麻、亚麻、黄麻、大麻、洋麻、苘麻、罗布麻、剑麻、蕉麻、菠萝麻等，在面料中使用较多的是苎麻、亚麻，其次是大麻、罗布麻等。在纺织品中，亚麻织物使用的历史最早，在埃及已有 8000 年左右的历史。我国在公元前 4000 多年前已开始用葛藤纤维纺织，葛布极盛于春秋战国时期，后逐渐被汉麻（大麻）、苎麻所代替。在公元前 27 世纪，我国已生产出苎麻织物。到了隋唐时期，大麻和苎麻处于极盛时期。从明清时代起，手工生产的苎麻布称为夏布，加工精细，闻名海内外。麻纤维强度较高，有较好的电绝缘性。在干热的情况下，大麻的耐热性最好，苎麻和亚麻等较差；在湿热的情况下，苎麻的耐热性最好。麻纤维具有较好的吸湿性，其吸湿程度的大小，随麻的品种和空气中相对湿度的不同而异，如相对湿度为 88%～89%时，苎麻的吸湿率是 18%，亚麻为 13.9%，洋麻为 14.5%，黄麻为 23.3%。各种麻纤维的耐水性都较好，除黄麻外，都不易受水的侵蚀而发霉腐烂，但麻纤维的弹性是最差的。

用于服装的主要是苎麻和亚麻布，主要品种有苎麻原色夏布、漂白夏布、染色夏布、印花夏布、苎麻的确良、苎麻与棉混纺布、苎麻细平布、苎麻精布、原色亚麻布、漂白亚麻布、亚麻与棉交织布、亚麻细白布、荷兰亚麻布、亚麻粗布、亚麻西服布和麻衬等。

麻质面料良好的服用性能表现如下。

在天然纤维中麻纤维的强度最高，而且湿态强度比干态强度高 20%～30%，其中苎麻布面料强度最高，亚麻布和黄麻布次之。因此，各种麻织物面料的质地均较坚牢耐用。

各种麻织物面料的吸湿性极佳，吸湿散湿快，透气散热性好。当含水量达到自身重量的 20%时，人体并不感到潮湿而粘身，而且导热性也很优良，因此，由麻质面料缝制的夏季服装，穿着时干爽利汗、舒适透凉。

麻质面料都具有较好的防水性、耐腐蚀性，不易霉烂，不会被虫蛀。

各种麻质面料的硬挺度、抗皱性和弹性均好于棉质面料。

麻质面料的染色性尚好。各种染色麻布具有独特的色调和外观风格，由它制成的服装具有天然淳朴的美感，显得典雅古朴。

本白或漂白麻质面料具有天然乳白或淡黄色或洁白，光泽自然、柔和、明亮，作为服装面料具有高雅大方之感。

各种麻质面料均具有较好的耐碱性，但耐酸性差，在热酸中容易损坏，在浓酸中易溶解。

16　柔软挺括的毛质面料

毛质面料是指在面料中的原料主要是羊毛或毛纤维，其中含毛量在 95%以上的称为纯毛面料或全毛面料，含毛量在 70%以上，其余 30%以下为非毛天然纤维或是化学纤维的面料称为毛混纺面料。毛质面料中的毛是指动物毛，主要是羊毛，其他还有山羊绒、牦牛绒、马海毛、驼绒、兔毛等。含有 100%羊毛成分的毛质面料，具有手感柔软而富有弹性、身骨挺括、不板不烂、膘光足、颜色纯正、光泽自然柔和等优点。毛质面料可分为精纺和粗纺两大类品种：精纺类面料大多为薄型和中型织物，表面光洁平整，质地精致细腻，纹路清晰，悬垂性较好；粗纺类面料大多为中厚型和厚型织物，呢面丰满，质地或蓬松或致密，手感温暖丰厚。纯羊毛面料用手紧握、抓捏松开后基本上无褶皱，即使有轻微的折痕也可在短时间内褪去，能很快恢复平整。其优点是保暖性优良，手感柔软，弹性好，隔热性强。缺点是易起毛、起球，易毡缩，易霉变和虫蛀，缩水率较大。

羊毛与化纤混纺面料的质感特征介于纯羊毛面料与化纤仿毛面料之间，并根据混纺的比例不同和仿毛加工的程度而有相应的区别。例如羊毛与涤纶混纺面料（毛涤混纺面料）的光泽缺乏柔和感，手感介于纯羊毛面料与涤纶仿毛面料之间，布面挺括、悬垂，身骨有些生硬，这些性能随着涤纶含量（比例）的增加而有明显的变化，但抗皱性要比纯羊毛面料为好。羊毛与腈纶混纺面料的毛型感较强，呢面丰满，质地轻柔，抗皱性一般，悬垂性较差。羊毛与锦纶混纺面料手感有些板硬，毛型感不如毛腈混纺面料，抗皱性较好。羊毛与黏胶纤维混纺面料的光泽比较暗淡，回弹性较差，易褶皱。精纺类毛黏混纺面料有类似棉布的软塌感；粗纺类面料较软散，不够挺括。

我国是世界上手工毛纺织业发展较早的国家，早在新石器时代，在新疆、陕西、甘肃等地区，手工毛纺织生产已经萌芽。周代以后，上述地区加上北方边陲、东北草原、西南边疆以及四川、青海等地已能生产精细彩色的毛织物。秦汉以后，毛织物又有了较大的发展。古代用于毛纺织的原料有羊毛、牦牛毛、骆驼毛、兔毛以及羽毛等，但以羊毛为主。我国在 19 世纪 70 年代末才开始工业化生产，当时左宗棠开办了我国第一家近代毛纺织工厂——兰州织呢总局，专门生产军服用料。

毛质面料分类如下。

按原料可分类为国毛呢绒、外毛或改良毛呢绒、混纺及交织呢绒、纯化纤呢绒（仿毛织物）。国毛呢绒采用国产上品羊毛为主要原料织制。这类羊毛质地比较粗硬，粗细不匀，卷曲少，纺织性能较差。成品的呢面粗硬，不够匀净、平整、美观，但价格低廉。外毛或改良毛呢绒采用外毛或改良毛织制。我国所产的改良毛的质量不亚于进口毛，但产量尚不能完全满足毛纺织工业的需要，因此，精纺呢绒所用的原料，外毛尚占有一定的比例。进口羊毛一般由澳大利亚输入（也有少量从新西兰等国家输入），因此，习惯上称外毛为“澳毛”。特点是呢面柔软而富有弹性，表面光洁、平挺，光泽好。混纺及交织呢绒采用混纺及交织的方法织成。由羊毛与其他纤维（主要是化学纤维）混纺织制的呢绒称为混纺呢绒；用羊毛纱线与其他纤维纱线各为经纬织成的织物则称为交织呢绒，在经营习惯上也把它列入混纺呢绒。该类织物的特点是质地能与纯毛织物相媲美，而且还可赋予织物某些优良性能，如强力高、耐磨、挺括、易洗、快干、免烫等。纯化纤呢绒（仿毛织物）采用一种或一种以上的化学纤维织成。具有毛织物的特点，通常比纯毛织物坚牢，耐穿用，抗皱免烫性能好；成衣挺括，易洗快干。但手感、自然光泽、吸湿性、保暖性一般比纯毛织物差些。价格较低，常用作中、低档毛织物服装面料。

按商业习惯可分为精纺呢绒（精纺毛织物）、粗纺呢绒（粗纺毛织物）、长毛绒、驼绒、毛毯。精纺呢绒（精纺毛织物）采用精梳毛纱织制。品种有哔叽类、啥味呢类、华达呢类、中厚花呢类（中厚凉爽呢）、凡立丁类（派力司）、女衣呢类、贡呢类（直贡、横贡、马裤呢、巧克丁）、薄花呢类（薄型凉爽呢）、其他类、旗纱。精纺呢绒的特点是呢面细密柔软，平整光滑，色泽鲜明，质地紧密，织纹清晰，密度较大，挺括，富有弹性，经久耐穿用。粗纺呢绒（粗纺毛织物）一般用级数毛为主要原料，另外掺入一定数量的精梳短毛或下脚毛，但高档织物选用部分支数毛，纺成较低支数的粗梳毛纱。品种有麦尔登类、大衣呢类（平厚、立绒、顺毛、拷花）、制服呢类（海军呢）、海力司类、女式呢类（平素、立绒、顺毛、松结构）、法兰绒类、粗花呢类（纹面、绒面）、大众呢类（学生呢）、其他类。粗纺呢绒的特点是质地厚实，不露纹面，手感柔软，富有弹性，正反面覆盖一层丰满的绒毛，保暖性好。长毛绒用棉股线作地经地纬，毛股线作毛经，采用双层组织织制。品种有服装用长毛绒、工业用长毛绒、家具用长毛绒。其特点是背面是棉股线织成的地布，正面耸立平整的长毛绒，保暖性好。驼绒用粗纺毛纱作绒面纱，棉纱作地纱，用针织机编成。其特点是正面的绒纱经拉毛后具有浓密松软而平坦的绒毛，保暖性好。毛毯品种有素毯（棉×毛、毛×毛）、道毯（毛×毛）、提花毯（棉×毛）、印花毯、格子毯、特别加工毯。

17 轻薄挺括的仿真丝面料

顾名思义，仿真丝面料是指采用涤纶长丝，通过织造、印染整理等工序，生产出风格接近真丝的一种仿真的面料。具体来说，主要是利用涤纶长丝来织造轻薄织物，然后通过印染工艺中“碱减量”的方法进行处理，将涤纶长丝的表面腐蚀出一些凹凸不平的小坑穴，以此来增强织物的透气效果，弥补普通涤纶织物闷热不透气的缺点。然后通过柔软整理和抗静电整理，使面料的吸水性增强，从而使其接近真丝绸的感觉。从质感上看，仿真丝面料非常接近真丝面料，但价格要比真丝面料便宜 2/3 左右。仿真丝面料所用原料主要是涤纶长丝，早期采用的原料是黏胶纤维和醋酯纤维长丝，现在也有采用锦纶长丝等。仿真丝面料所用纤维最好是异形截面纤维，且纵向有微波曲屈，可提高织物的仿真丝的效果。

仿真丝面料比较轻薄，手感挺括，但不如真丝绸柔软、滑爽和细腻；舒适性和悬垂性好，透气，易洗涤，抗皱性强；强力较真丝绸高，面料既可染色、印花，又可绣花、烫金、褶皱等；光泽自然，但不如真丝面料柔和，比较刺目。

仿真丝面料品种较多，如尼丝纺、涤丝纺、涤丝绉、闪光提花缎、塔夫绸、烂花乔其绉、双绉、乔其纱和烂花绡等。随着科学技术的不断进步，当下比较有名的十大仿真丝面料是雪纺纱、色丁、乔其纱、顺纡绉、奥丽纱、福乐纱、阳离子乔其纱、阳离子伊丽纱、佐帻麻和条纹麻等。仿真丝面料一般用于做睡衣、衣服、家居服以及情趣内衣和内裤等。

18 非麻恰似麻的仿麻面料

仿麻面料是指用非麻纤维纺纱织成的具有麻织物风格的产品，使用织物组织、纱支粗细以及后整理技术的配合，织成显现麻织物外观的织物。所用原料主要为棉纱线、中长化纤纱线、合成纤维中的仿麻异形截面丝或仿麻变形丝。也有采用纯毛、涤纶长丝及涤黏、涤腈和毛涤混纺纱等。以平纹或平纹变化组织或绉组织嵌以经纬重平、变化重平及透孔组织等进行不规则的组合。也有用粗细疙瘩纱、竹节纱和花饰线点缀其间。在粗特纱与细特纱结合使用时，粗细纱的排列比约为1∶2，可增加仿麻感，使织物挺爽、朴素、粗犷等。现在的仿麻面料大多是一种100%涤纶的面料，在服装和球鞋制造业中得到了广泛的应用，成为新的时尚潮流元素，在织物外观上与麻织物十分相像，在手感上二者差异也不大，但在透气性和吸汗性方面还远不如麻织物。

根据不同的原料，采用不同的后整理，尤其是坯布经树脂整理，可增加织物的身骨，使其富有真麻织物的风格。

仿麻织物除少数匹染外，多为印花和色织产品。色度常用彩度较低的中浅色，主要有浅米色、糙米色、浅豆灰色、浅棕灰色、淡粉绿色、浅橄榄灰色、浅粉红色、浅奶黄色以及近似苎麻原色的浅玉米色等。仿麻面料常用作夏、春、秋季服装面料，以及窗帘、沙发等室内装饰织物。

19 特性鲜明的仿毛面料

仿毛面料，又称中长化纤面料，俗称“快巴”，是采用中等长度的化学纤维混纺纱织制的仿毛织物。中长化学纤维是指介于毛型与棉型化学短纤维之间的一种纤维，它并非是化学纤维的新品种，可由各种化学纤维加工而成，其长度和细度均介于棉纤维和羊毛之间（中长化纤的长度一般为51～76mm，纤度为2～3den❶），品种有黏胶中长纤维、富强中长纤维及涤纶、锦纶、腈纶、丙纶、氯纶等中长纤维。中长化纤织物大多能利用棉纺织厂现有设备进行生产，工艺简单，产量高，成本低。采用的纺纱、织造、染整工艺应与所用化纤原料和产品要求相适应。在染整加工中采用全松式染整工艺，织物需经烧毛、湿蒸、定型处理和树脂整理，以提高织物的仿毛风格和服用性能。织物经特定的染整工艺加工后有毛型风格，手感丰满，弹性好，穿着时不易起皱；织物挺括，经多次洗涤后仍能保持平整如新，抗皱性与免烫性好；有滑爽感，缩水率较低，成衣后不易变形。缺点是布面较毛糙，染色牢度较差。

中长化纤面料的花色品种较多，主要有涤腈、涤黏的混纺织物以及三合一的混纺面料。

涤腈中长化纤织物，混纺比例常用 50/50，也有 60/40、55/45、65/35，如涤腈混纺中长隐条呢，是中档春秋外套选择的理想面料。该织物的优点是有良好的抗皱性和免烫性，缺点是布面较毛糙，染色牢度较差。

涤黏中长化纤织物，混纺比例常用 55/45，也有用 65/35、55/45、60/40，如涤黏混纺中长平纹呢，是深受广大消费者喜欢的一种仿毛型产品，常用于制作春秋外衣、裤。该织物的优点是毛感与弹性好，吸湿性好，缺点是免烫性差。

三合一中长化纤面料，采用最多的是涤纶、腈纶、黏胶三种纤维混纺而成，混纺比例有多种，面料兼备三种纤维的特点，且价格适中，适合做套装、夹克衫、西裤等。

除此之外，还有其他中长纤维混纺面料，品种有白织匹染的平纹呢、隐条呢、隐格呢、华达呢和各种色织、提花花呢等。

中长化纤织物的仿毛感主要取决于选用的原料、织物组织和染整加工工艺。为了增加织物的毛型感，也有用不同纤维细度和长度的纤维或异形纤维（如三角形纤维等）进行混纺。近年来，也有用有色涤纶混纺成纱，织制派力司等织物。中长化纤织物的组织多为平纹或斜纹组织，也有经纱用两种不同捻向的股线，按一定规律排列，织制成隐条织物。

中长化纤织物主要品种有涤黏平纹呢（涤 65/黏 35）、涤黏哔叽（涤 65/黏 35）、涤黏隐条呢（涤 65/黏 35）、涤黏凡立丁（涤 65/黏 35）、涤黏华达呢（涤 65/黏 35）、涤腈隐条呢（涤 50/腈 50）等。

---

❶ 1den=$\frac{1}{9}$ tex。

20 物美价廉的化纤面料

化纤织物面料是近代发展起来的新型服装面料，种类较多。这里的所谓化纤面料是指由化学纤维加工纺制成的纯纺、混纺或交织物，也就是指由纯化学纤维纱线织成的织物，不包括与天然纤维间的混纺、交织物，化纤织物的特性由组成它的化学纤维本身的特性所决定。

化学纤维是以天然或人工高分子物质为原料制成的纤维。根据原料来源的不同，可分为再生纤维（又名人造纤维）和合成纤维两大类，如下所示。

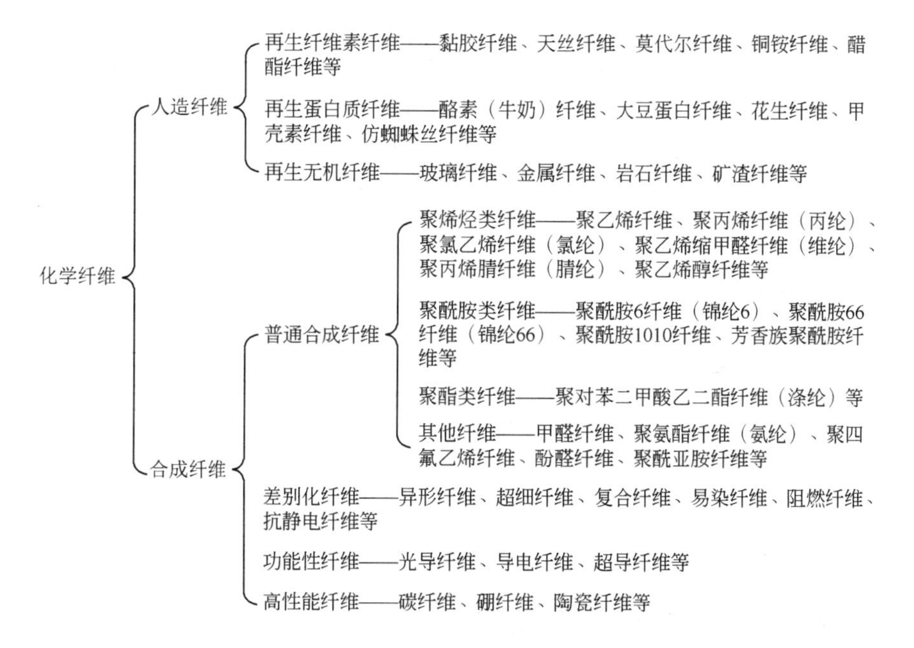

化学纤维按几何形状来分，可分为长丝、短纤维、异形纤维、复合纤维和变形丝。长丝是指化学纤维在加工中不切断的纤维，长丝又可分为单丝和复丝。单丝是指只有一根丝，透明、均匀、细；复丝是指由几根单丝并合成的丝条。短纤维是指化学纤维在纺丝后加工中可以切断成各种长度规格的纤维。异形纤维是指用改变喷丝头形状而制得的不同截面或空心的纤维。异形纤维的特性是可改变纤维弹性、抱合性与覆盖能力，增加表面积，对光线的反射性增强；可使纤维产生特殊光泽（如五叶形纤维、三角形纤维等）；质轻，保暖，吸湿性好（如中空纤维）；可减少静电；可改善起毛、起球性能，提高纤维摩擦系数，改善手感等。复合纤

维是指将两种或两种以上的聚合体，以熔体或溶液分别输入同一喷丝头，从同一纺丝孔中喷出而形成的纤维，又称双组分纤维或多组分纤维。复合纤维一般都具有三维空间的立体卷曲，体积高度蓬松，弹性好，抱合性能和覆盖能力好，它具有结构不匀、组分不匀和膨胀不匀的特点。变形丝是指经过变形加工的化纤纱或化纤丝，其品种有高弹涤纶丝（伸长率达到 50%～300%）、低弹涤纶丝（伸长率在 35%以下）和腈纶膨体纱（收缩率可达 45%～53%）。

化纤面料的特点如下。

结实耐穿用，因为化纤面料为高分子纤维织物，所以面料的密度大，相对强度较高。

易打理，抗皱免烫。

生产成本低，可以进行工业化大规模生产，而且原料价格相对天然纤维原料价格更低。

仿真性好，虽然化纤的吸湿性、舒适性和手感不如天然纤维，但是通过对化纤进行仿真改造，完全可以克服这些不足。例如，对涤纶进行碱减量法处理，使涤纶仿丝织物从外观上看与真丝绸极其相似；又如，采用超细纤维工艺纺丝，使涤纶仿真丝织物的手感也和真丝绸一致。再如，通过运用等离子技术和激光技术，可使涤纶面料在摩擦时也能发出真丝一样的“丝鸣声”。进一步使涤纶仿真技术向超真技术发展，通过纤维表面沟槽的形成，使化纤比天然纤维的吸湿性更好；通过采用纤维接枝共聚的方法，把涤纶本身的吸湿性提高几百倍，甚至超过了棉和真丝等天然纤维。

更具个性，采用现代先进的纺织加工技术，可使化纤面料具有难燃、耐高温、耐辐射、耐磨、高弹性、抗菌等特性。

21　吸湿透气的针织面料

针织面料是指利用织针将纱线弯曲成圈并相互串套而形成的织物。它与梭（机）织面料的不同之处在于纱线在织物中的形成不同，并由此形成二者的不同风格和服用性能。针织面料可分为纬编和经编两大类。随着科学技术的进步，针织面料的应用越来越广，与梭织面料处于并驾齐驱的局面。

由于针织面料是由线圈相互串套连接而形成的织物，因此，它具有较好的弹性、吸湿透气、柔软贴肤、舒适保暖的服用性能，是童装和内衣使用最广泛的面料，使用的原料广泛，除棉、毛、丝、麻等天然纤维外，也有黏胶纤维、大豆蛋白纤维、莫代尔、涤纶、锦纶、腈纶、氯纶、氨纶等化学纤维，品种繁多，外观各具特点。如今，随着针织业的发展以及新型整理工艺的诞生，针织物的服用性能大为改观，在服装中应用越来越广泛。

纬编针织面料常以低弹涤纶丝或异形涤纶丝、锦纶丝、棉纱、毛纱等为原料，采用平针组织、变化平针组织、罗纹平针组织、双罗纹平针组织、提花组织、毛圈组织等，在各种纬编针织机上编织成各种面料及产品，纬编针织物一般具有良好的弹性和延伸性，织物柔软，服用性能优良。其主要品种有涤纶色织面料、涤纶针织劳动服面料、涤纶针织灯芯绒面料、涤盖棉针织面料、人造毛皮针织面料、天鹅绒针织面料、港型针织呢绒。

涤纶色织面料　这种织物性能优异，色泽鲜艳、美观、配色调和，质地紧密厚实，织纹清晰，毛型感强，具有类似毛织物中花呢的风格。主要用作男女上装、套装、裙子、背心、童装、棉袄面料及风衣等。

涤纶针织劳动服面料　这种织物紧密厚实，坚牢耐磨，挺括而又富有弹性。若采用氨纶包芯纱，则可织成针织牛仔服面料，弹性更佳，主要用于男女上装和长裤。

涤纶针织灯芯绒面料　这种织物表面凹凸分明，手感厚实而丰满，弹性足，保暖性好。主要用作男女上装、套装、童装和风衣等的面料。

涤盖棉针织面料　这种织物挺括抗皱，坚牢耐磨，吸湿透气，穿着柔软舒适。坯布经染色可用作衬衫、夹克衫和运动服等面料。

人造毛皮针织面料　这种织物的特点是厚实而柔软，保暖性好。根据品种的不同，主要用作大衣面料、服装衬里、衣领和帽子等。人造毛皮也可用经编方法织制。

天鹅绒针织面料　这种织物的主要特点是手感柔软而厚实、坚牢耐磨、绒毛浓密耸立、色光柔和等。主要用作外衣面料、衣领或帽子等。该织物也可用经编织造，如经编毛圈剪绒织物。

港型针织呢绒　这种织物既有羊绒织物的滑糯、柔软、蓬松的手感，又有丝织物的光泽柔和、悬垂性好、不缩水、透气性好的性能。主要用作春、秋、冬季的时装面料。

经编针织面料通常以涤纶、维纶、丙纶等合纤长丝为原料，也有用棉、毛、丝、麻、化纤及其混纺纱作原料织制的。其特点是纵向尺寸稳定性好，织物挺括，脱散性小，不会卷边，透气性好等，而横向延伸性、弹性和柔软性不如纬编针织物。经编针织面料主要品种有涤纶经编面料、经编起绒织物、经编网眼织物、经编丝绒织物、经编毛圈织物。

涤纶经编面料的特点是布面平整而挺括，色泽鲜艳。品种有厚、薄两种：薄型的主要用作衬衫和裙子的面料；中厚型的则主要用作男女上衣、上装、套装、长裤、风衣等面料。

经编起绒织物的特点是悬垂性好、易洗、快干、免烫，但在使用中易产生静电、易吸附灰尘。主要用作冬季男女大衣、上衣、风衣、西裤等面料。

经编网眼织物的特点是质地轻薄，手感滑爽柔挺，弹性和透气性好。主要用作夏季男女衬衫面料。

经编丝绒织物的特点是织物表面绒毛浓密耸立，手感厚实而丰满、柔软，富有弹性，保暖性好。主要用作冬季服装和童装面料。

经编毛圈织物的特点是织物厚实而丰满，布身坚牢耐磨，吸湿性强，弹性和保暖性良好，毛圈结构稳定，具有良好的服用性能。主要用作运动服、翻领T恤衫、童装和睡衣裤等的面料。

针织物既可以先织成坯布，经染整或直接经裁剪、缝制而成各种针织品，也可以直接织成全成形或部分成形产品，如袜子、手套等。针织物除作内衣、外衣、袜子、手套、帽子、床单、窗帘、蚊帐、地毯、花边等衣着、生活和装饰用布外，在工业、农业和医疗卫生等领域也得到了广泛的应用。

辅料篇

辅料是指人们穿着的服装上，除面料以外的辅助材料，它起着连接、装饰、功能等作用。辅料是随着服装史的发展一起成长变化的。在中国古代服装中，辅料应用较少，主要是绳带，自明、清开始，服装上才开始使用辅料，这主要是人们对服装的装饰效果追求繁复和精美的原因。自近代开始，随着西洋服装传入中国，辅料才变得丰富多彩，人们开始广泛将纽扣运用到服装上。在20世纪初，拉链的发明成为辅料史上最重要的一件大事，时至今日仍不失为服装最主要的辅料之一。随着时代的前进，由于人们对装饰效果的追求，致使辅料已从以功能为核心转变为以装饰效果为核心，例如，各种装饰扣、烫钻、珠片、花边、铆钉、皮标等都用作装饰的辅料。目前，在我国随着服装制造业的迅速发展，辅料已发展成为一个行业，规模迅速扩大，花色品种越来越多。服装辅料一般可分为七大类：里料、衬料、填料线带类材料、紧扣类材料、装饰材料、其他材料。

22 造型和保形的衬布

衬布又称衬料。服装衬布是服装辅料的一大种类，它用于面料和里料之间，附着或黏合在衣料上，在服装上起骨架保形、支撑、平挺和加固的作用。通过衬布的造型、补强、保形作用，服装才能形成形形色色的优美款式。衬布是以机织物、针织物和非织造布等为基布，采用（或不采用）热塑性高分子化合物，经专门机械进行特殊整理加工，用于服装或鞋帽等内层，起补强、挺括等作用的，与面料黏合（或非黏合）的专用性服装辅料。具体来讲，衬布有以下几方面的作用：赋予服装优美的曲线和形体；增强服装的挺括性、弹性和立体感；可以大大改善服装的悬垂性和面料的手感，增强服装的舒适性；增强服装的厚实感、丰满度和保暖性；可以防止服装变形，即使在洗涤后仍能保持原有的造型；对服装某些局部部位具有加固补强的作用。

衬布的分类方法很多，按基布的种类及加工方法大致可分为七大类，如下所示。

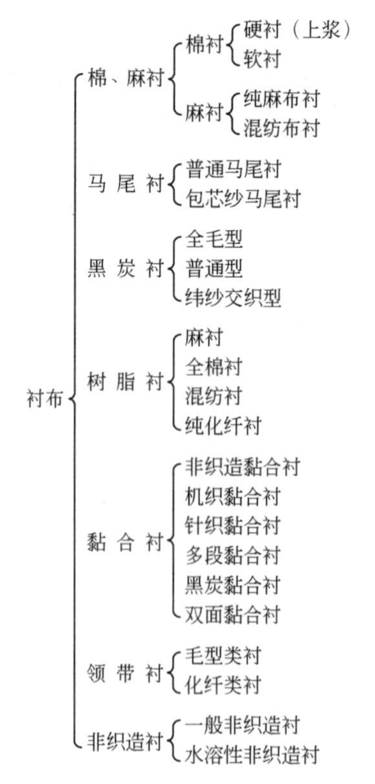

现代衬布可分为四大系列：机织树脂黑炭衬布、机织树脂衬布、机织（含针织）热熔黏合衬布和非织造热熔黏合衬布。热熔黏合衬又可分为机织有纺衬、衬纬经编衬和非织造衬三个系列。此外，还有多种其他衬布及配套产品，如领带衬、麻衬、腰衬及腰里、嵌条衬及子母带、口袋衬、鞋帽衬等。在现代服装生产过程中，使用量较大的是黏合衬、非织造衬、树脂衬和黑炭衬。

黑炭衬布又称毛衬，是用动物性纤维（牦牛毛、山羊毛、人发、马毛、骆驼毛等）或毛混纺纱为纬纱、棉或棉混纺纱为经纱加工成基布，再经树脂整理加工而成。因产品呈灰黑色，故名黑炭衬，约定俗成沿用至今，其实它与“黑炭”两字并无关系。其特点是织物表面爽洁硬挺、粗糙、平整，富有自然弹性，不缩水（缩水率低于 1%），色泽多为混杂有黑色或深棕色的浅青灰色。黑炭衬布主要用于套装上衣、礼服、西服、大衣、中山装等外衣的前身、肩、袖等部位，使服装的外廓饱满，线条挺而持久，具有挺括、丰满的效果，是一种能创造服装美好形体和穿着舒适贴体的传统衬布。黑炭衬布是服装的骨架，好的衬布更是服装的精髓，能使服装造型和缝制工艺得到意想不到的效果。

黑炭衬布有四种分类方法。按基布经纬组分可分为全毛型（经向和纬向都含有人发、牦牛毛、骆驼毛、羊毛中的一种或多种的纱线）和普通型（仅纬向含有人发、牦牛毛、骆驼毛、羊毛中的一种或多种的纱线）。其中，全毛型又可分为两类：一类的经向为羊毛和黏胶纤维或其他化纤纯纺或混纺的纱线；另一类经向为含有牦牛毛、骆驼毛等中的一种或多种的动物毛与羊毛或黏胶纤维混纺的纱线。普通型也可分为两类：一类是经向为全棉或涤棉，纬纱为一种纱线，或纬纱为两种及以上组分的纱线（交织）；另一类是经向为涤纶。按织物织造方式可分为经编织物和机织物（织物组织一般为平纹组织或破斜纹组织）。按织物重量可分为四类：超薄型（150g/m^2 及以下）、轻薄型（150～180g/m^2）、中厚型（180～230g/m^2）、超厚型（230g/m^2 以上）。按使用部位可分为大身衬（主胸衬）、挺胸衬、挺肩衬、弹袖衬（袖窿衬）。

在选用黑炭衬布时应考虑的因素或原则如下：面料的厚薄、克重、成分、组织以及纱线细度；服装的风格和设计要求；服装的档次。黑炭衬布有硬挺型和软薄型两种，在选用衬布时既要考虑面料，又要考虑服装的款式和使用部位。

马尾衬布是用尾毛作纬纱、棉或涤棉混纺纱作经纱织成基布，再经定型和树脂整理加工而成。其特点是爽洁、硬挺、刺手，富有自然弹性。早期的马尾衬布在制造时将马尾鬃用手一根根喂入，不仅费工，而且幅宽受到马尾长度的限制，且不经过定型和树脂整理加工。后来开发了马尾包芯纱，将马尾鬃用棉纱包覆并一根根连接起来，用马尾包芯纱作纬纱制作的包芯马尾衬，可用织机织造，幅宽不再受限制，而且可以和黑炭衬一样进行特种后整理，从而提高了其使用价值。

传统马尾衬主要用作西服的盖肩衬和女装的胸衬，而包芯马尾衬则可有黑炭衬同样的用途，但因其价格较贵，仅用在高档西服上。

马尾衬布的加工技术关键是定型整理，使织物中的马尾呈现规则的弯曲状，经纱则镶嵌在弯曲马尾的沟槽之中。一方面，使经纱既可以小范围运动又不能滑脱蠕动，从而保证衬布良好的悬垂性能；另一方面，由于马尾由挺直棒状变成弯曲如弹簧状，不但阻止了经纱及马尾的滑脱蠕动，更重要的是马尾更富有弹性，提高抗变形性和尺寸稳定性。定型整理就是通过化学、机械处理使马毛呈现弹簧状并定型。经定型整理后还要对织物进行松弛收缩处理，以降低成品的缩水率，最后通过上浆和树脂整理，使衬布达到所要求的弹性和手感，不同的手感要求可以选用不同的树脂整理剂配方。

马尾衬布的用途很广泛，普通马尾衬主要用于上衣的局部位置，如男西装的盖肩衬和女装的胸衬；马尾工艺衬是将马尾衬织成提花或染成各种颜色（需要白马尾），一般用于手袋、箱包、高级沙发靠背等装饰用布，制作高级服装配件。

树脂衬布是以棉、化纤及混纺的机织物或针织物为底布，经过漂白或染色等其他整理，并经过树脂整理加工制成一种传统衬布。是继织物衬、浆料衬之后的第三代衬布，具有防缩性和弹性优良、缩水率低、软硬适度、抗皱免烫等特点。

树脂衬布按底布纤维规格分类，可分为纯棉树脂衬布、混纺树脂衬布、纯化纤树脂衬布。按树脂衬布加工特点分类，可分为本白树脂衬布、半漂树脂衬布、漂白树脂衬布、染色树脂衬布。

纯棉树脂衬布是指以纯棉机织物为底布的衬布，底布为单纱用平纹组织织制，混纺树脂衬布的底布为混纺织物，以涤棉混纺平纹织物为主，纯化纤树脂衬布主要指底布由纯涤纶组成的树脂衬布。其中，机织平纹组织织物占的比例较大，针织物占的比例较小。树脂衬布的质量包括内在质量和外观质量两方面。内在质量是指各项物理性能和服用性能的指标。如纬纱密度、断裂强力、手感、弹性、水洗尺寸变化、吸氯泛黄、游离甲醛含量、染色牢度等。外观质量是指衬布的局部性疵点和散布性疵点。由于树脂衬布通常用作服装的衬里，所以衬布的内在质量比较重要。树脂衬布的手感和弹性主要由衬布的用途来决定，不同的服装和不同的用途对衬布的手感要求是不同的，一般可分为软、中、硬三种手感，而且每种手感弹性要好，并且有持久性和保持性，即使在环境温度、湿度发生变化时或衬布经水洗后，手感和弹性也不会发生较大的变化。树脂衬布水洗尺寸的变化主要是在衬布洗涤时，纤维和织物的润湿膨胀和松弛收缩而引起的，水洗后经纬向尺寸变化的具体指标如下：纯棉，经向≥−1.5%，纬向≥−1.5%；涤棉、涤纶，经向≥−1.2%，纬向≥−1.2%。

树脂衬布的游离甲醛含量对人体健康带来很大的危害，随着服装卫生要求的不断提高，各国对纺织品甲醛含量的要求越来越严格，如日本规定了各类纺织品的控制标准如下，并颁布了相应的法律：外衣类，甲醛含量低于 1000mg/kg；中衣类，甲醛含量低于 300mg/kg；内衣类，甲醛含量低于 75mg/kg；儿童，无甲醛。

我国由国家质量监督检验检疫总局于 2003 年 11 月 27 日发布、2005 年 1 月 1 日起实施的《国家纺织产品基本安全技术规范》中规定：婴幼儿用，甲醛含量低于 20mg/kg；直接接触皮肤的产品，甲醛含量低于 75mg/kg；非直接接触皮肤的产品，甲醛含量低于 300mg/kg。

使用树脂衬布的服装有衬衫、外衣、制服、大衣、风衣、雨衣等，各种类型的树脂衬布具体应用情况如下。

纯棉树脂衬布具有缩水率小、尺寸稳定性好等特点，产品以中软手感为主。薄型软手感树脂衬布主要用于生产薄型柔软的毛、丝、混纺及针织面料的衣领、上衣前身以及大衣（全夹里）等。中厚较硬手感纯棉树脂衬布主要用于生产厚料大衣和学生服的前身、衣领等，也可用于生产裤腰、裤带等。

涤棉混纺树脂衬布的特点是弹性较好，手感可在较大范围内变化，因此被广泛应用于生产各类服装。薄型中、软手感涤棉混纺树脂衬布主要用于生产女装、童装中的夏季服装以及大衣、风衣的前身、驳头等部位。中、厚型硬手感涤棉混纺树脂衬布主要用于西服、雨衣、风衣、大衣的前身、衣领、口袋、袖口以及夹克衫、工作服、帽檐等。特硬手感涤棉混纺树脂衬布主要用于生产各种腰衬、嵌条衬等。

纯涤纶树脂衬布除具有一般树脂衬布的特性以外，还具有极优的弹性和爽滑的手感，广泛用于高档 T 恤衫、西服、风衣、大衣等，是一种档次较高的树脂衬布。

黏合衬布由于以黏代缝，简化了服装加工工艺，提高了缝制工效，同时由于使用黏合衬，对服装起到造型和保形作用，使服装更加美观、轻盈、舒适，大大提高了服装的服用性能和使用价值。黏合衬布的生产和应用是一门新的工艺技术，它涉及纺织、染整、化工、服装和机械等几个工业部门，它是在底布上经热塑性热熔胶涂布加工后制成的衬布。使用时，将其裁剪成需要的形状，然后将其涂有热熔胶的一面与其他纺织材料（面料）的背面相黏合，具有一定的黏合强度。

黏合衬布的应用除使服装缝制合理化和省力化外，主要是起着改善服装性能的作用。

黏合衬布在服装上的作用可归纳为以下四个方面：服装缝制合理化、省力化；形成服装优美的外形，衬布与面料黏合后，增强了面料的尺寸稳定性和弹性，增强服装立体感和舒适感，改善了服装的悬垂性和面料的手感，可充分体现身体的线条美，在服装上起造型和保形作用；可防止穿着的变形，黏合衬布可把面料的活动控制在合理的范围内，防止织物的伸长，强化织物收缩，防止织物松散，消除省尖窝形，改善明线皱缩，加固补强，防止因穿着和洗涤而变形，使衣服长时间保持高品质，在服装上起着保形作用；改善面料和服装的服用性，现代服装向轻、薄、软、挺、穿着舒适和尺寸稳定性方向发展，黏合衬布可以弥补面料所不足的性能，增强服装厚实感、丰满感和保暖性，改善服装的服用性能。

按照行业标准和行业习惯，黏合衬布常用的分类方法有以下五种。

按底布的类别来分类，可分为机织黏合衬布、针织黏合衬布、非织造黏合衬布三种。非织造黏合衬布又有各种分类方法，若按其重量分，有薄、中、厚三类。

薄型，15～30g/m^2，适用于薄型毛、丝、针织面料的衣领、上衣前身及大衣；中型，30～50g/m^2，适用于雨衣、风衣、童装、夹克、制服的前身、衣领、口袋；厚型，50～80g/m^2，适用于厚料大衣、套装的前身、衣领、腰带等。

按非织造成网方法又可分为无定向成网、定向平行成网和交叉成网。按其纤网加固的方法，又可分为化学黏合法、针刺法、热轧法、水刺法和熔喷法，由各种加固方法形成的黏合衬布的性能和用途也不同。化学黏合法，手感较硬，不耐水洗，作暂时性黏合衬布；针刺法，织物厚重，作领底呢、胸绒；热轧法，手感较柔软，可生产 20g/m^2 薄型底布，可制作高档薄型衬衣；水刺法，手感柔软，耐洗性好，强力较高，作中厚型黏合衬衣，用作领衬、大身衬等；熔喷法，可直接制成热熔纤维网状衬布，用作双面黏合衬。

按热熔胶类别分类，可分为聚酰胺（PA）黏合衬布、聚乙烯（PE）黏合衬布和乙烯-醋酸乙烯酯（EVA）黏合衬布、改性乙烯-醋酸乙烯酯（EVAL）黏合衬布四大类。

按涂层形状分类，可分为有规则撒点状黏合衬、无规则撒点状黏合衬、计算机点状黏合衬、有规则断线状黏合衬、裂纹复合膜状黏合衬、网状黏合衬六类。

按用途分类，可分为主衬、补强衬、嵌条衬、双面衬四类。

按行业标准分类，由于各类服装对黏合衬布的质量要求不同，故行业标准按照服装及面料的种类及其服用要求，将织物（机织和针织）黏合衬分为四大类，即衬衫衬、外衣衬、丝绸衬和裘皮衬，而将非织造黏合衬另归一大类。

黏合衬布虽然用作服装的衬里，但其质量要求在某些方面甚至要高于服装面料，因此，黏合衬布着重于其内在质量和服用性能的要求，以保证制成服装的使用价值。

在质量和服用性能方面的要求主要有以下几点：衬布上热熔胶涂布均匀，与面料黏合能达到一定的剥离强度，在使用期限内不脱胶；衬布能在适宜的温度下与面料压烫黏合，压烫时不会损伤面料和影响织物的手感；衬布的热收缩率在标准范围内，同时需考虑与面料的配伍，在压烫黏合后，还具有较好的保形性；压烫黏合应以正面（面料的一面）无渗料现象、背面渗胶以不影响加工使用为原则；衬布的缩水率应在标准范围内，同时需考虑与面料的配伍，黏合后水洗仍能保持外观平整、不起皱、不打卷；永久黏合型衬布必须有良好的耐洗性，包括耐干洗和耐水洗，洗后不脱胶、不起泡；工艺用黏合衬布（假黏合）的黏合牢度及洗涤要求应以符合服装加工工艺要求为原则；有特殊洗涤要求（如砂洗、酵素洗、石磨、成衣染色）的黏合衬，黏合牢度及洗涤要求应以符合服装加工工艺要求为原则；甲醛含量、染色牢度应符合《国家纺织产品基本安全技术规范》；耐蒸汽熨烫加工性能好；有较好的随动性和弹性，具有适宜的手感，能适应服装各部位软、中、硬不同手感的要求；具有较好的透气性保证穿着舒服；漂白衬布时保证吸氯不泛黄；非织造黏合衬布横向必须有一定的强力；具有一定的抗老化性，在衬布的储存期和使用期内，黏合强度不变，无老化泛黄现象；具有较好的裁剪性，裁剪时不会沾污刀片，衬布的切片也不会相互粘贴；具有良好的缝纫性，能在缝纫机上滑动自如，不会沾污针眼；具有一定的抗静电性，在使用过程中能方便进行铺裁加工。

在衬布的使用过程中，并不要求具备以上全部性能，而是根据服装和面料的需要，按衬布的类型与用途，只要满足其中某些主要性能即可。因此，在服装加工选衬时，必须按照服装的使用要求和面料的性能来选择衬布。

非织造衬布具有许多优良的性能，除具备黏合衬的性能外，还具有重量轻、裁剪后切口不脱散、保形性和回弹性好、洗涤后不回缩、透气性和保暖性好、对方向性的要求较低、价格低廉等特点。因此，在服装生产行业得到了普遍应用。

作为服装的重要辅助材料，非织造衬布的作用如下：赋予服装优美的造型，使其形体产生曲线美；改善服装悬垂性和面料手感，提高服装的硬挺度和弹性，增强服装穿着的舒适性；用作填料时，可增强服装的厚实感、丰满感和保温性；用于针织服装衬布时，可增强针织服装的稳定性和保形性；对服装局部部位具有加固补强作用；可简化服装加工工艺，提高缝制效率。

非织造衬布种类较多，可按不同方法分类如下：按其加工和使用性能分类，可分为一般非织造衬布（又可分为各向同性型和稳定型）、水溶性非织造衬布、黏合性非织造衬布（又可分为永久黏合型、暂时黏合型和双面黏合型）；按黏合方法分类，可分为化学黏合非织造黏合衬、热轧黏合非织造黏合衬、热轧加经编链非织造黏合衬；按涂层工艺分类，可分为热熔转移法黏合衬、撒粉法黏合衬、粉点法黏合衬、浆点法黏合衬、双点法黏合衬、网膜复合法黏合衬等；按热熔胶的种类分类，可分为高密度聚乙烯黏合衬、低密度聚乙烯黏合衬、聚酯类黏合衬、乙烯-醋酸乙烯酯黏合衬、乙烯-醋酸乙烯酯皂化物黏合衬等。

一般非织造衬布、水溶性非织造衬布、黏合型非织造衬布的质量要求如下。一般非织造衬布常用的纤维原料为涤纶、丙纶和黏胶，采用丙烯酸酯类黏合剂，也可与丙烯腈、羟基丁二烯复配，可根据产品用途、要求来调节手感。这种衬布在性能上又可分为各向同性型和稳定型两种。前者衬布手感柔软，富有弹性；后者手感较硬，回弹性高，不收缩，初始模量为5.9～7.9N/cm（3～4kgf/5cm）。

水溶性非织造衬布可在一定温度的热水中迅速溶解而消失，主要用于绣花服装和水溶性花边的底衬，又称绣花衬。这种衬布的主要原料为聚乙烯醇纤维，衬布的单位面积重量为20～40g/m^2，衬布的幅宽为120cm、140cm、158cm。

根据衬布的用途和要求，黏合型非织造衬布又可分为永久黏合型、暂时黏合型和双面黏合型三种。该类衬布种类较多，现就服装和服饰专用的各类本色、有色非织造热熔黏合衬布的质量要求做一简要的介绍。非织造热熔黏合衬布的质量要求主要包括单位面积重量、水洗尺寸变化、干热尺寸变化、剥离强力、耐洗色牢度、黏合后洗涤外观变化、黏合后热熔胶渗料、游离甲醛含量、染色牢度，优等品还需增加涂布均匀性、横向断裂强力、手感等。

目前，虽然机织衬布品种非常丰富，但非织造衬布仍以其独特的风格而被大量使用，经久不衰。非织造衬布性能与面料性能的匹配性是选用非织造衬布的重要因素。面料的物理性能包括面料厚度、面料弹性、面料悬垂性、面料耐热性等。因此，在选用非织造衬布时应掌握的原则如下：面料的厚度与非织造衬布的厚度之间应成正比关系；面料弹力与非织造衬布弹力之间应成正比关系；面料悬垂性与衬布之间的联系，主要表现在柔和、飘逸的服装造型和夸张、几何轮廓的服装造型，前者选用相对柔软、轻薄的非织造衬布，后者选用硬挺、厚实的非织造衬布；面料耐热性与非织造衬布烫固温度存在联系，耐热性强的面料应选用烫固温度高的非织造衬布，反之亦然，另外，应根据面料适当调整衬布烫固所需的压力、整烫的时间；根据服装的用途，合理地选用衬布。如有些需经过水洗的服装应选择耐水洗的衬料，并考虑衬料的洗涤与熨烫尺寸的稳定性；针织物作为服装材料，一方面富有伸缩性、柔软性和活动性，另一方面单纯的针织衣料又有保形性差的缺陷，因此，用于针织衣料的衬布要求既不破坏面料的各种特性，同时又能赋予服装面料不可或缺的稳定性和保形性等特性。而且非织造衬布一般不具有方向性，是针织服装较理想的衬布。

在选用有色非织造衬布时，应尽量满足服装的不同功能，如洗涤性能、保健卫生性能、颜色搭配等。有色非织造衬布的颜色选择不仅要与面料一致，而且还要保证产品本身颜色和色光的一致，这样在颜色方面才能保证服装的质量。在选择有色非织造衬布时应考虑产品的染色牢度，染色牢度差的衬布遇到淋雨或大量出汗时，颜色就会污染到内衣或人体上，由此而引起一系列麻烦。要具有良好的耐干洗或耐水洗的洗涤性。在选择有色非织造衬布时应多考虑绿色环保型，不选择含有毒物质的产品。

其他衬布还包括领带衬、麻衬、腰衬、嵌条衬、鞋帽衬。

领带衬布是由羊毛、化纤、棉、黏胶纤维纯纺和混纺，交织或单织而成基布，再经煮练、起绒和树脂整理而成，用于领带内层起补强、造型、保形作用。领带衬布要求有厚实感、手感柔软、富有弹性、水洗后不变形等性能。

领带衬的品种规格主要取决于底布的规格，底布可按纤维材料组成分为毛腈、涤腈毛、涤腈、黏涤四大类。

比较原始的麻衬是指未经整理加工或仅上浆硬挺整理的麻布。由于麻衬使用的原料是麻纤维，具有一定的弹性和韧性，广泛应用于各类毛料制服、西装和大衣等服装中。如今的麻衬与过去相比，其风格和用途有很大的不同。现今的麻衬是由亚麻纤维纯纺织物及其混纺或交织物经煮练、树脂整理而成，主要用于高档西服的衣领。目前国内尚无生产，主要靠进口麻衬来制作高档西装。

与其他衬布比较，麻衬具有以下优点：具有强度高、吸湿性好、导热性强的特性；染色性好，色泽鲜艳，不易褪色；对酸、碱都不太敏感，在烧碱中可发生丝光作用，使强度、光泽增强，在稀酸中短时间作用（1～2min）后，基本上不发生变化，当然强酸仍能对其构成伤害；抗菌性好，不易受潮发霉；具有独特的风格和良好的凉爽透湿性、保健性。

常用的麻衬品种规格按底布的纤维材料组成分类，可分为纯亚麻、麻黏混纺两大类。

腰衬是加固面料，用于裤子和裙腰中间层的条状衬布。与面料黏合后起到硬挺、补强、保形作用。主要是用于防止腰部的卷缩，美化腰部的轮廓，保持腰部的张力。

腰衬的材料一般采用纯涤、涤棉混纺的纱线较粗、材质较厚的黏合树脂衬布作材料，通过卷绕、切割裁成条状。

腰衬可分为非黏合型腰衬、黏合型腰衬和非织造黏合缝制腰衬三种。非黏合型腰衬是将树脂衬直接通过切割机裁切成不同规格的条状；黏合型腰衬是将树脂衬通过粉点法涂上聚酰胺（PA）、聚酯热熔胶（PES），或通过撒粉法撒上乙烯-醋酸乙烯酯热熔胶，形成暂时性黏合树脂衬，然后用切割机裁成条状，其规格与非黏合型相同，使用时只需用熨斗将腰衬与面料压烫黏合即可；非织造黏合缝制腰衬是由非织造黏合衬和树脂衬一起缝合，非织造黏合衬可以是粉点或双点涂层，切割裁成宽 2cm 的条状，腰衬放在非织造黏合衬的中间用双针缝纫机缝制而成，使用时只需用熨斗将非织造黏合衬与面料压烫黏合即可，既方便又实用。

嵌条衬是西服的辅料部件，适用于西服部件衬、边衬、加固衬，起到假黏或加固的作用，从而达到保持衣片平整立体化、防止卷边、伸长和变形的目的。嵌条衬通常采用纯棉、涤棉、涤纶等的纱支较细、密度较低的衬布作材料。

嵌条衬可分为黏合机织衬布、无黏合机织衬布和非织造带针织黏合衬布几种，经打卷，切割成1～4cm不同宽度的嵌条衬。

鞋帽衬主要用于鞋帽，起到柔软舒适、透气、防水、防风、耐磨、保形等作用，使鞋帽的外形伏贴，挺括美观。

用作鞋帽辅料的衬布有树脂衬、非织造布衬、布衬、纱衬、麻衬、热熔胶衬、复合材料衬等，根据鞋帽的品种类型不同，应选择适宜的衬布作内衬。例如，用于固定帽口的衬布采用树脂衬，主要起挺括作用；用于帽徽的衬布多采用全棉黏合衬；用于帽徽底衬的采用复合材料衬；用于帽檐、帽顶的衬布以选用非织造衬布为主，起衬托作用；用于粘接皮鞋的衬布材料采用纯棉或维棉黏合衬，热熔胶采用改性PA混合液。无须进行表面处理就可达到很好的粘接效果，具有很好的坚挺定型作用，克服了皮革由于外表紧、内皮松软而易造成皮革面皱的缺陷。应用衬布与鞋面复合的材料，可以简化鞋子的加工工艺，提高生产效率；鞋衬能增加鞋子的透气、防水、防臭、防霉、保健等功能。

23 表里合一的里料

服装里料是指服装最里层用来覆盖服装里面的材料。通常用于中高档的呢绒服装、有填充料的服装、需要加强支撑面料的服装和一些比较精致、高档的服装中。一般而言，服装的面料、档次、品牌不同，选用的里料也不相同。里料可以起到使整件服装表里合一、相映生辉的衬托作用，从而提升了服装的档次和附加值。

里料可覆盖服装缝头和不需要暴露在外的其他辅料，不仅使服装里外显得光滑而丰满，而且还可提高服装档次并获得良好的保形性，使服装穿着舒适、穿脱方便，即使人体活动时服装也不会因摩擦而随之扭动，可保护服装平整挺括的自然状态。里料还可增加服装的厚度，起到保暖的作用。同时，里料对服装面料尤其是呢绒类面料具有保护作用，能防止面料（反面）因摩擦而起毛。

外衣型服装通常使用里料，而内衣型服装一般不用里料。里料的选配应注意里料与面料色泽要相似，且色泽不能深于面料，染色牢度要好，以防搭色。里料质量对服装的影响不可忽视。里料是服装的重要辅料，应光滑、耐用，要选择易导电或经防静电处理的里料。除外观要求外，目前，国内外一些高档服装厂商越来越重视里料的物理机械性能指标，否则，不仅会影响到服装的穿着和使用，而且也会影响到衣服的整洁与保养，从而破坏了服装的整体效果和性能，降低了服装的质量和档次。

里料品种很多，有各种分类方法，具体的分类方法、不同纤维原料里料的性能与用途以及里料的主要品种及其特性分别列于下列各表中。

里料的分类

分类方法	名称	特点
按织造组织分	平纹里料	正反面有同样的结构和外形。由于纬纱和经纱上下交织的次数多，纱线的交织点多，因而织物的强度就相对增大，织物较为坚牢。同时，由于经纬纱交叉的次数多，纱线不能互相挤紧，因而织物的透气性也较好。其缺点是手感比其他组织为硬，花纹也较单调
	斜纹里料	正反面不相同。如果正面是纬面斜纹，反面则是经面斜纹，而且斜纹的倾斜方向也相反。由于斜纹组织的组织点比平纹少，所以单位面积内所能应用经纬纱的根数比较多，组成的织物细密而有光泽，柔软而有弹性。在经纬纱线密度和经纬密度相同的情况下，斜纹织物的断裂强度比平纹差，故在织造斜纹织物时，应增加经纬密度来提高织物的强度
	缎纹里料	织物的组织点不连续，以平均距离散布在织物中。在一个完全组织中，经纬纱的交叉数极少，经纬纱常浮在织物的表面，好像全由经纱或纬纱组成似的。经面缎纹织物的表面为经纱所覆盖，纬面缎纹织物表面为纬纱所覆盖。缎纹组织循环比斜纹大，因而织物表面光滑，手感柔软，富有弹性。但由于经纬浮线较长，组织点少，容易磨损。所以，缎纹组织主要用于丝织物
	提花里料	提花组织又称大花纹组织或大提花组织。组织循环的经纱数可多达数千根，大多是由一种组织为地部，另一种组织显出花纹图案。也有用不同的表里组织、不同颜色或原料的经纱和纬纱，使之在织物上显出彩色的大花纹，构成各种几何图形、风景、花卉等
按后整理分	染色里料	纺织品中的绝大部分都要经过染色与整理，以美化织物的外观，提高织物的服用性能，满足消费者的需要。由于织物所用的纤维材料不同，所采用的染料也不同。棉、毛、丝织物应用的染料较为广泛，色谱齐全，合成纤维因其本身结构性能特点，采用的染料种类有一定的局限性
	印花里料	常用的印花工艺有直接印花、防染印花、拔染印花和喷墨印花等，指用染料或颜料在织物上印出具有一定染色牢度的花纹图案的加工过程。通常是先在织物上印上用染料或颜料等调制的色浆并烘干，再根据染料或颜料的性质进行蒸化、显色等后续处理，使染料或颜料染着或固着于纤维上，最后进行皂洗、水洗，以除去浮色和色浆中的糊料、化学药剂等

续表

<table>
<tr><th>分类方法</th><th colspan="2">名称</th><th>特点</th></tr>
<tr><td rowspan="3">按后整理分</td><td colspan="2">压花里料</td><td>压花的加工方法是把经印染加工的织物浸轧树脂溶液，经预烘后，用轧纹机轧压，再经松式焙烘固着，即成为具有凹凸花纹的压花织物。如在轧压同时印上涂料，可产生着色轧纹效果，花纹富有立体感，有一定耐洗性，穿着挺爽舒适</td></tr>
<tr><td colspan="2">防水涂层里料</td><td>在织物表面涂覆或黏合一层高分子材料，使其具有独特的功能。涂层加工剂具有一定的黏附力，并可形成连续薄膜。如在涂层高分子材料中加入羟乙基纤维素、聚乙烯醇等材料，可获得既透湿又防水的效果，即为防水涂层</td></tr>
<tr><td colspan="2">防静电里料</td><td>合成纤维的吸湿性很低，表面电阻率高，因而容易积聚静电。防静电整理就是为了改变这种情况，通常采用亲水性物质进行处理，可提高纤维表面的吸湿性，降低表面电阻率</td></tr>
<tr><td rowspan="7">按原料纤维分类</td><td rowspan="2">天然纤维里料</td><td>棉布里料</td><td>透气性与吸湿性较好，不易产生静电，穿着舒适，缺点是不够光滑</td></tr>
<tr><td>真丝里料</td><td>光滑、质轻而美观，但不坚牢，经纬线易脱散，生产加工困难</td></tr>
<tr><td rowspan="3">再生纤维素纤维里料</td><td>黏胶纤维里料</td><td>手感柔软，有光泽，吸湿性强，透气性较好，性能接近棉纤维，但易发生变形，强力也较低，牢度差</td></tr>
<tr><td>铜铵纤维里料</td><td>在许多方面与黏胶纤维里料相似，光泽柔和，具有真丝感，湿强力降低，较黏胶纤维为小</td></tr>
<tr><td>醋酯纤维里料</td><td>在手感、弹性、光泽和保暖性方面的性能优于黏胶纤维里料，有真丝感，但强度低，吸湿性差，耐磨性也差</td></tr>
<tr><td rowspan="2">合成纤维里料</td><td>涤纶里料</td><td>具有许多优良的服用性能，坚牢挺括，易洗快干，尺寸保形性好，不易起皱，不缩水，强力高，穿脱滑爽，不虫蛀，不霉烂，易保管，耐热性、耐光性较好，但透气性差，易产生静电</td></tr>
<tr><td>锦纶里料</td><td>强力较高，伸长率大，弹性恢复性好，耐磨性、透气性优于涤纶，但抗皱性不如涤纶，保形性稍差，不挺括，耐热性较差</td></tr>
</table>

不同纤维原料里料的性能与用途

里料类别		性能与用途
天然纤维里料	棉布里料	强度主要取决于棉纤维的长度、转曲数，纤维长度越长，转曲数越多，强力相对大些，织成的织物牢度就好，耐磨性也好。棉布里料的强度比人造纤维里料要好，但比合成纤维里料差；弹性较差，易起皱；吸湿性和透气性较好，柔软舒适；保暖性较好，服用性能优良；染色性好，色泽鲜艳，色谱齐全，能与各色面料相配套；耐碱性、耐酸性差，耐热性和耐光性均较好。主要用作棉布类服装的里料
	真丝里料	蚕丝的吸湿性较强，吸湿饱和时可达30%，制成的里料透气性好，穿着舒适凉爽；蚕丝的耐光性比棉纤维差，日光对纤维起脆化破坏作用，日光连续照射200h，强力将下降50%，色泽也会泛黄，因此真丝里料应尽量避免在日光中曝晒；蚕丝的耐热性较好，在80℃的热水中浸3h，丝纤维不会出现脆损现象，但比棉纤维差一些；蚕丝对碱比较敏感，在碱液中会膨化溶解；对盐的抵抗力也较差，故真丝里料被汗水润湿后，应马上冲洗干净，否则，织物组织会受到破坏，影响使用寿命；光泽高雅，色彩艳丽；柔软滑爽，富有弹性；真丝里料的手感居所有纤维之首，轻薄柔软，平挺滑爽，无静电，对人体健康有益。主要用作外销服装的里料
再生纤维素纤维里料	黏胶丝里料	手感柔软，穿着舒适，具有棉织物的手感，丝织物的滑爽，穿着比棉织物还要光滑、舒适；吸湿性好，透气性好，类似于棉布里料的特性，其吸湿性与透气性要比棉布好；染色性比棉布好，上色更容易，且颜色鲜艳，色谱全，光泽好，比丝绸更绚丽夺目；弹性及弹性恢复能力差，穿着时易起皱，不挺括，尺寸稳定性差。主要用作呢绒服装及厚型毛料西服的里料
	铜铵丝里料	是近年来新开发的品种，因它更像真丝纤维那样手感柔软，光泽柔和，透气性好，而被广泛用于里料。主要用作名贵皮革、礼服或其他高级衣料服装的里料
	醋酯丝里料	弹性和手感均比黏胶丝里料好，具有一定的抗皱能力，缩水率小，醋酯长丝的光泽近似于天然蚕丝，优美柔和，但强力比黏胶丝里料差。主要用作各类高级时装里料
合成纤维里料	涤纶里料	弹性好，居所有纤维之首，织物不易皱，且挺括，尺寸稳定性好，保形性好；强度、耐磨性好，仅次于锦纶制成的里料，不易磨损；吸湿性差，易洗快干，但透气性差，穿着闷热不舒适，另外易产生静电，易吸灰尘，易起毛、起球；耐热性好，熔点在260℃左右，熨烫温度可在180℃左右；抗微生物能力强，不虫蛀，不霉烂，易保管。主要用作男女时装、休闲服、西服等里料
	锦纶里料	强力、耐磨性好，居所有纤维之首，耐磨性是棉纤维的10倍，是干态黏胶纤维的10倍、湿态的140倍；织物手感较好，伸长率大，弹性恢复性好，具有一定的抗皱能力，但保形性不好，没有涤纶挺括，易变形；通风透气性差，易产生静电；具有良好的耐蛀性、耐腐蚀性；耐热性、耐光性均较差，熨烫温度应控制在140℃以下。主要用作登山服、运动服、女装等服装里料

里料的主要品种及其特性

品种	特性
市布	又称中平布、白平布、普通市布、五福市布、标准市布等。根据使用的纤维原料不同，又可分为棉市布、黏纤市布、富纤（虎木棉、强力人造棉）市布、棉黏市布、涤棉市布（涤棉回花市布）、棉维市布等。棉市布是采用中特（19～29tex）棉纱，用平纹组织织制的本白布，具有棉纤维的天然色泽，质地坚牢，布面平整，耐摩擦，但弹性稍差，缩水率在10%左右。黏纤市布白度好，光泽足，布身柔软，布面细洁，外观较原色棉布好，缩水率在10%左右。富纤市布光滑柔软，吸湿性和透气性好，质地比黏纤市布结实耐用，缩水率在8%左右。棉黏市布的混纺比例为棉50%/黏50%或棉75%/黏25%，质地比黏纤市布坚牢结实，布身比棉市布光洁柔软，缩水率在10%左右。涤棉市布的混纺比例为涤50%/棉33%/锦17%，由涤棉回花加入锦纶组成混纺原料，其特点是不皱不缩，质地坚牢，缩水率在1%左右。棉维市布（棉、维各50%）强度好，结实耐穿，有一定的吸湿性，缩水率在4%左右
细布	又称细平布、白细布、5600细布、7000细布。根据使用的纤维原料不同，又可分为棉细布、黏纤细布、富纤细布、棉黏细布、棉维细布、涤棉细布、棉丙细布等。棉细布细洁柔软，手感光滑，布面棉结杂质少，质地比白市布薄些，缩水率在10%左右。黏纤细布与黏纤市布相仿，质地比较细洁柔软，类似丝绸，故又名棉绸，缩水率在10%左右。富纤细布与富纤市布相仿，布身轻薄细密，手感光滑柔软，具有一定的白度，缩水率在10%左右。棉黏细布与棉黏市布相仿，混合比例为棉75%/黏25%，质地接近棉细布，外观比棉细布光滑细洁，缩水率在10%左右。涤棉细布（涤65%、棉35%）纱支细洁，质地轻薄，手感滑爽，布面平挺，比棉细布坚牢耐磨，不皱不缩，缩水率在1%左右。棉维细布（棉、维各50%）布身较细洁，外观与棉细布相仿，但比棉细布耐洗耐穿，缩水率在10%左右。棉丙细布（棉、丙各50%）强力高，耐磨性好，结实耐穿，易洗快干，外观近似涤棉细布，但耐光性、耐热性较差，不能染成深色
黏纤粗布	与黏纤细布相仿，采用粗特黏纤纱织制，质地比较厚实，手感并不粗糙，外观比棉布洁净
灰布	一种大众化的棉布。色泽文雅，价廉物美，为日常服装用料，又为服装衬里用料。根据使用原料的不同，有纯棉灰布、黏纤灰布、涤棉灰布、棉维灰布和棉丙灰布等；根据使用染料性质的不同，有士林灰布和硫化灰布两种；根据使用坯布的不同，有灰粗布、灰布和灰细布；根据色泽深浅，有深灰布和浅灰布，其色光又可分为红光和背光两种。硫化灰布有丝光灰布和本光灰布两种。丝光灰布的色泽明亮，本光灰布的色泽较暗。硫化灰布的色泽牢度不及士林灰布，不耐洗涤，易泛红变色。丝光灰布的缩水率在3%左右，本光灰布的缩水率在6%左右。士林灰布色泽匀洁明亮，质地细洁，耐洗耐晒，缩水率在3%左右。黏纤灰布色泽均匀，比硫化灰布色泽鲜艳，缩水率在10%左右。涤棉灰布（涤65%、棉35%）细洁挺括，不皱不缩，缩水率在1%左右。棉维灰布（棉、维各50%）坚牢耐穿，洗后易起皱，缩水率在4%左右。棉丙灰布（棉、丙各50%）耐磨性较好，抗皱性强，耐洗快干，缩水率在3%左右
黏纤蓝布	有纯黏纤蓝布、富纤蓝布和富黏蓝布等。由于黏胶纤维织物有丝绸般的风格，故又称人棉绸或棉绸。其中富纤蓝布与黏纤蓝布相似，但比黏纤蓝布结实而耐穿，纱支细洁光滑，可用作衬里布，缩水率在10%左右
棉黏蓝布	是以棉和黏胶纤维各50%混纺的市布和细布染色而成，色泽以中蓝和深蓝为多，有黏纤蓝布的风格，但比黏纤蓝布耐穿，缩水率在8%左右
电力纺	又称纺绸、荷萍纺、真丝纺。是经纬丝都不加捻的生丝织物。质地平整缜密，织物无正反面之分，身骨比绸类轻薄，柔软飘逸。绸面光泽柔和，具有桑蚕丝的天然色泽，穿着滑爽舒适，缩水率为5%
洋纺	俗称小纺。质地轻薄、柔软，织物外观呈半透明状。除桑蚕丝织物外，还有用黏胶人造丝织造的人丝洋纺以及用桑蚕丝同黏胶人造丝或铜铵人造丝交织的交织洋纺，色泽有练白及杂色等
素软缎	桑蚕丝与人造丝交织的生织素色缎类丝绸。缎面色泽鲜艳，明亮细致，手感柔软滑润，背面呈细斜纹状。缎面浮线较长，穿着日久经摩擦易起毛。常用作高级服装的里料
光缎羽纱	又名人造丝羽纱。是全人造丝的缎类丝绸，手感平滑柔软，质地滑爽，因其绸面光亮，故名光缎。采用白坯染成各种杂色，有黑、藏青、咖啡、深灰和浅灰等。供做男女高档服装的里子用

续表

品种	特性
涤丝塔夫绢	简称涤塔夫。采用涤纶丝先织成白坯，故可增白，也可染成各种深浅色泽。为平纹组织，质地平整，轻薄滑爽，价格便宜，尺寸稳定性好，不霉不蛀，强度大，但易产生静电，手感较硬
美丽绸	又称高级里子绸、美丽绫、人丝羽纱。属于绫类织物，习惯上称为绸，是全人造丝平经平纬的生织物。绸面斜纹纹路细密清晰，手感平挺光滑，略带硬性，色泽鲜艳光亮，反面色光稍暗。供做高档服装的里子绸用
羽纱	又称夹里绸、里子绸、棉纬绫、棉纱绫、纱背绫，是人造丝与棉丝的交织织物，是里子绸商品大类的总称。绸面呈细斜纹纹路，手感柔软，富有光泽
蜡纱羽纱	又称蜡羽纱。纬向所用棉纱经过上蜡，故称蜡纱。手感略带硬性，比羽纱滑爽，光泽较足
锦纶羽纱	采用锦纶丝与棉纱交织，故称锦纶羽纱。绸面呈细斜纹，也使用变化组织，呈山形或人字形直条，质地坚牢耐磨，手感疲软。熨烫温度不超过110℃，以免损伤纤维
人丝软缎	经、纬均采用黏胶丝为原料织制的素缎织物。质地柔软丰厚，绸面光洁明亮似镜，俗称玻璃缎。手感较纯桑蚕丝略硬
有光纺	以有光黏胶丝（或有光铜铵丝）为原料，用平纹组织织制而成。绸面光泽肥亮柔和，丝亮较强，故名。织纹平整缜密。经练白的成品绸面洁白光亮，染色后的成品光泽鲜艳夺目
影条纺	由有光黏胶丝和无光黏胶丝交织的纺类丝织物。质地细洁，轻薄坚韧，绸面平滑，条子隐约可见
彩格纺	黏胶丝色织纺类丝织物。绸面细洁平挺滑爽，格子款式雅致，色彩文静优雅，常以白色为基本色调，条格细巧。用于做风披、雨衣夹里
邻夹纺	铜铵丝白织提花纺类丝织物。织纹简洁，花纹清晰，质地平滑，光泽柔和。主要用于制作领带、春秋服装、羊毛衫里子等
尼丝绫	纯锦纶丝白织平素绫类丝织物。绸面织纹清晰，质地柔软光滑，拒水性能好。常用于制作滑雪衣、雨衣和雨具里子等
黏闪绫	由有光黏胶丝与醋酯丝交织的绫类丝织物。质地细洁平滑，纹路清晰。经一浴法染色后，由于黏胶丝与醋酯丝具有不同的吸色性能，因而使绸面呈现闪色效果，通常有红闪绿、红闪黄、红闪品蓝或黑闪红等
桑黏绫	由桑蚕丝和黏胶丝交织的绫类丝织物。质地轻薄，光泽柔和，手感介于黏胶丝和桑蚕丝单织的斜纹绸之间
交织绫	由有光黏胶丝和半光锦纶丝交织的绫类丝织物。质地柔滑坚牢，纹路清晰，闪色鲜明。主要用于制作大衣和服装里子等
棉纬美丽绸	由黏胶丝和人造棉交织的绫类丝织物。手感柔软，绸面光亮。专用于制作服装里子
薄缎	纯桑蚕丝白织薄型缎类丝织物。质地轻盈，柔软平滑，缎面光泽柔和悦目，是缎类中最轻薄的产品。大多做羊毛衫夹里或工艺装饰用品
大华绸	纯黏胶丝素缎丝织物。质地轻薄，是一种中低档产品。宜用作棉袄里料
条格双宫绸	由桑蚕丝经和桑蚕双宫丝纬色织的绸类丝织物。绸面具有条或格的色彩格局，色调明朗，横向粗细竹节分布自如，绸身挺括。主要用于制作男女西服、高级风雪大衣里子
人丝塔夫绢	纯黏胶丝绢类丝织物。绸面比桑蚕丝塔夫绸粗犷、厚实、平滑，色光晶莹悦目。宜用作春秋大衣里料
涤美丽	采用7.55tex（68den）涤纶长丝为经线，12tex（108den）、8.3tex（75den）、7.55tex（68den）涤纶长丝为纬线交织而成的斜纹绸织物。织物表面平滑，光泽明亮，有细斜纹路，手感挺括
细纹绸	经线为半消光涤纶长丝，一般规格为7.5tex（68den）或8.3tex（75den），纬线是细弹丝，规格为8.3tex（75den），采用斜纹组织织造。具有涤美丽的平滑、挺括、纹路清晰的特点，又有五枚缎的厚实的特点，且悬垂性好，富有弹性，质地细腻，手感柔软，光泽柔和。是目前较为流行的高档西服里料

续表

品种	特性
五枚缎	采用 8.3tex（75den）或 5.6tex（50den）涤纶长丝作经线，11tex（100den）或 8.3tex（75den）涤纶加弹丝作纬线交织而成，用五枚经面缎纹组织织造。缎面丰满，光滑明艳富丽，手感柔软，悬垂性好
青亚纺	采用 7.5tex（68den）半消光涤纶长丝作经线，11tex（100den）低弹丝作纬线交织而成的平纹织物。手感柔软，光泽文雅
平纹尼丝纺	经纬线采用 3.3～7.8tex（30～70den）半消光尼龙丝交织而成的平纹织物。表面细洁光滑，质地坚韧，弹性和强力好
斜纹尼丝纺	经纬线采用 7.8tex（70den）半消光尼龙丝交织而成的斜纹组织织物。纹路细腻，质地坚牢，手感柔软
新羽缎	经纬线均采用 13．3tex（120den）有光醋酯丝交织而成，五枚缎纹组织。缎面光泽柔和，手感柔软，弹性较好，但耐磨性较差，吸湿性也较差
新丽绫	采用 8.3tex（75den）或 13.3tex（120den）有光醋酯丝作经纱，13.3tex（120den）醋酯丝作纬纱交织而成，织物组织为三上一下斜纹组织。其风格与新羽缎相似，但光泽更为柔和

服装厂在选购里料时，主要是根据里料的悬垂性能、服用性能、颜色、摩擦性能和缝线是否容易脱线等项进行选择。

24　缝出精彩的缝纫线

缝纫线是指用于缝纫机或手工缝合纺织材料、塑料、皮革制品和缝钉书刊的多股线。缝纫线必须具备可缝性、耐用性和外观质量。通常要求强力高，条干均匀，捻度适中，结头少，润滑柔软，弹性好，以适应服装类的高速缝纫以及鞋帽、篷帆和皮革等缝料的缝制。

缝纫线品种较多，按原料分有天然纤维型（如棉线、麻线、丝线等）、化纤型（如涤纶线、锦纶线、维纶线、人造丝线等）和混合型（如涤棉混纺线、涤棉包芯线等）。按卷装形式分有绞线、木纱团、纸芯线、纸板线、线球、线圈、宝塔线等。一般分为民用和工业用两种。民用缝纫线以小卷装为主，长度为 50～1000m；工业用缝纫线多为大卷装，长度为 1000～11000m，也有数万米的。缝纫线使用的单纱一般为 7.3～64.8tex（9～80 英支）。合股数有 2 股、3 股、4 股、6 股、9 股，最高为 12 股。以捻线外接圆为基准，在通常情况下，这个圆内的纤维充实度 2 股线为 0.50，3 股线为 0.65，4 股线为 0.69，6 股线为 0.78，股数越多，充实度越高。但 3 股以上的充实度提高并不快。从经济性和合理性考虑，常用缝纫线多用 3 股结构。2 股线稳定性较差，强力不够。2 合股用于轻薄织物，4 合股以上多用于皮革、制鞋、篷帆、书刊、装订等非纺织工业。为适应服装工业缝纫机的高速缝制，在生产中必须设法减少结头，可采用大卷装生产工艺。加强缝纫线后处理润滑，是提高缝纫线质量的关键。对棉线一般是上蜡，对涤纶线、锦纶线常是上硅油乳液，常用的处理方法有接触法与浸渍法两种。

以下主要介绍棉缝纫线、蚕丝缝纫线、涤棉缝纫线、锦纶缝纫线、涤纶缝纫线、包芯缝纫线等。

棉缝纫线，俗称棉线，是由棉纱制成的缝纫线。采用品质较好的普梳纱或精梳纱（7.3～64.8tex）一次或两次合股并捻而成，不同线密度的单纱及不同捻向与不同股数可组合成不同规格的棉线。

棉缝纫线按加工工艺与外观可分为无光缝纫线、丝光缝纫线和蜡光缝纫线三种。棉线的卷装形式主要有木纱团、纸纱团和宝塔线三种。绕在木芯上的称木纱团，长度为 183～914m；绕在纸芯上的叫纸芯线或纸纱团，长度为 46～914m；绕在纸质或塑料塔筒上的是宝塔线，长度为 1000～11000m 不等，也有数万米的。木纱团和纸纱团为家庭与小批量服装生产用的小卷装形式，宝塔线为工业高速缝纫机用的大卷装形式。棉缝纫线一般具有条干均匀、强力高、色谱齐全、手感柔软等特点。可用于服装、棉针织品、毛巾、床单、皮革制品、鞋帽等的缝制，是缝纫线中应用最广的品种。

无光缝纫线是指不经过烧毛、丝光、上浆等处理的棉缝纫线。原纱经过并纱、捻线、络筒、漂染（或成绞漂染）、卷装，即可作为成品出厂。分为本色、漂白、染色三种。一般也做一定的柔软处理。这种棉线基本上保持了原棉纤维的特性，表面较毛，光泽暗淡，因此称为无光线或毛线。该线线质柔软，延伸性及耐疲劳性较好，通过织物时摩擦阻力较大，适用于低速缝纫或对缝纫线外观质量要求不高的场合。

丝光缝纫线是指经过丝光处理的棉缝纫线。常用原料为 7.5tex、10tex、12tex、14tex、15tex、16tex、20tex 棉纱，股数较多采用 2 股、3 股、4 股、6 股。在一定张力下用氢氧化钠（烧碱）溶液进行丝光处理后，再洗去碱液，棉纤维会发生物理变化，天然卷曲消失，纤维膨胀使直径增大，横截面近似于圆形，增加了对光线的有规律反射，呈现天然丝质般光泽。经丝光处理的棉线，不仅表面光滑，而且还能提高强力与对染料的吸附能力。由于纤维中分子排列紧密，强度较无光棉高，伸长率较低（约为 4%，低于无光棉），缩水率在棉线中最低（为 1.5%～2%），染色性能较好，线质柔软、美观，表面光滑，色泽鲜艳，适用于缝制中高档棉制品。丝光线可分为本色、漂白和染色三种。

蜡光缝纫线是指经上浆、上蜡和刷光处理的棉缝纫线。卷装形式有绞线、宝塔线、纸纱团、木纱团、筒线、纸板线等。常用原料为 10tex、14tex、18tex、28tex、36tex 棉纱，股数为 2～6 股或 9 股。基本生产工艺流程为：无光线→上浆（施浆上蜡）→烘燥、刷光。经过蜡光，无光线表面的茸毛（毛羽）黏附于线的表面，有规则地倒向一边，浆料渗入线内，并在表面形成一层薄膜，从而减少了摩擦阻力，强度比无光线提高10%以上，这样在高速缝纫时就不易断线。线的外观光滑，耐磨性也好，有一定的硬挺感。伸长率在5%左右。但由于线是在张力下生产的，缩水率较大，线缝易起皱。

蚕丝缝纫线是指使用天然蚕丝制得的缝纫线。其线密度比棉、麻、毛都小，且是长丝结构，分子取向性较强，富有光泽。线质滑爽，手感柔软，光泽柔和，可缝性好。蚕丝线的干强度高于棉线而湿强度低于棉线，伸长率较大，为15%～25%，弹性好，缝制的针迹丰满挺括，不易皱缩，但易霉变，不耐日晒，能耐弱酸，但不耐强酸，耐碱性也差。原料为桑蚕丝，单根蚕丝线密度为2.7～3.8dtex（2.4～3.4den），经多根缫丝后获得厂丝，线密度为22.2～24.4dtex（20～22den），多股无捻或加捻的厂丝再经过2股或3股并捻，就制得了蚕丝缝纫线。

蚕丝缝纫线的主要规格与用途列举如下：(22.2～24.4dtex)×7×2[(20～22den)×7×2]为7根厂丝、2股并捻，俗称细衣线，主要供缝制各种高级丝绸服装；(22.2～24.4dtex)×11×3[(20～22den)×11×3]，俗称细纽扣线，用于机器锁纽、钉扣；(22.2～24.4dtex)×16×2[(20～22den)×16×2]，俗称粗衣线，用于缝制高级呢绒服装；(22.2～24.4dtex)×21×2[(20～22den)×21×2]，俗称粗纽扣线，用于手工锁纽、钉扣；(22.2～24.4dtex)×26×2[(20～22den)×26×2]，俗称缝被线，用于缝真丝被面等；(22.2～24.4dtex)×7×3[(20～22den)×7×3]，俗称皮革线，为皮革行业的传统用线，现逐渐被涤纶长丝线等取代。

涤棉缝纫线是指采用涤纶与棉纤维混纺制成的缝纫线。一般含涤纶65%、棉35%。由8.5tex或10tex或13tex的单纱3股并捻制成，捻向为ZS或SZ。涤纶强度高，耐磨性好，但耐热性较差；棉却有耐热的优点。涤棉混纺线兼有二者的优点，其撕裂强度比同规格的棉线高，耐磨性好，一般可适用于转速达4000r/min的工业缝纫机，缝纫的针脚平挺，缩水率仅1%左右。由于涤纶丝的发展，涤棉线大部分为涤纶线所取代，只有少量用作拷边以代替细的棉线。卷装形式有宝塔线和线圈两种。

锦纶缝纫线就是尼龙缝纫线。采用锦纶6或锦纶66长丝为原料制作而成。锦纶线的耐磨性与干态强度均居化纤线类之冠，湿强度仅低于丙纶，伸长率为20%～35%，耐碱而不耐酸，耐挠曲性好，圈结强力高，且耐腐蚀，几乎不受微生物的影响，不会霉变和蛀蚀。不足之处是耐热性较差，不适应高速缝纫，耐光性欠佳，长期日晒后会泛黄，强度下降。

锦纶缝纫线的原料为锦纶6和锦纶66的长丝，有单丝、复丝和变形丝三种，相应生产出锦纶单丝缝纫线、锦纶复丝缝纫线和锦纶弹力缝纫线。锦纶缝纫线线质光滑，有丝质光泽，弹性较好。锦纶 6 缝纫线强力高，耐磨，可用于制鞋、皮革缝制。锦纶 66 缝纫线的熔点高于锦纶 6，耐热性近似涤纶，可用于工作服、针织外衣、西裤的缝制。变形弹力锦纶缝纫线的弹性较好，可用于针织内衣裤、长筒丝袜等弹性织物的缝制。

锦纶单丝缝纫线是一种透明的锦纶缝纫线，可适用于任何色泽的缝制物。透明线一般有无色、浅烟色与深烟色三种色泽。一般浅色织物用无色透明线，深色织物用烟色线。透明线的线质较硬，不适用于服装的缝制，故使用范围不广，但该线弹性好，耐拉耐磨，不易断裂。原料采用 133.2～699.3dtex（120～630den）的锦纶 6 或锦纶 66 单根成线。单丝透明度在 70%左右，经处理可达 85%以上。卷绕成菠萝锭形。

锦纶复丝缝纫线是指采用锦纶 6 或锦纶 66 复丝制得的缝纫线。使用的原料有 55.5dtex（50den）、77.7dtex（70den）、99.9dtex（90den）、116.5dtex（105den）、122.1dtex（110den）、133.2dtex（120den）、155.4dtex（140den）、233.1dtex（210den）、288.6dtex（260den）等锦纶复丝线，并捻股数有 3 股、6 股、9 股等，捻度为 34～40 捻/10cm，常用 3 股，捻向为 SZ。产品弹性好，有丝质光泽，手感滑爽、柔软，是锦纶缝纫线中使用广泛的一个品种。

锦纶弹力缝纫线是采用锦纶 6 或锦纶 66 的变形弹力长丝制得的缝纫线。锦纶长丝经假捻变形处理后，变得蓬松而有弹性。并捻成线后再染成各种颜色。原料通常用 78dtex（70den）、122dtex（110den）等变形锦纶长丝，一般为 2 股并捻。主要用于使用中伸缩性较大的弹性织物，如针织物、胸罩、内衣裤、游泳衣、长筒袜、紧身衣裤等。

涤纶缝纫线是指以涤纶制作的缝纫线。用涤纶短纤维生产的称为涤纶短纤维缝纫线，缝纫特性与棉线接近，单纱线密度为 7.5～30tex，3 合股，捻向为 SZ。用有光短纤生产的线光泽较好，用无光短纤生产的线光泽暗淡，也有用两种短纤混纺的。用涤纶长丝生产的称为涤纶长丝缝纫线，分为单丝线、复丝线与变形丝线，常用的长丝线密度为 78dtex（70den）、83dtex（75den）、111dtex（100den）、167dtex（150den）等。用涤纶变形长丝生产的称为涤纶低弹丝缝纫线。

涤纶是一种品质优良的化学纤维，用它制成的缝纫线强力高，在各类缝纫线中仅次于锦纶线，而且湿态时不会降低强度，缩水率很低，经过适当的定型后收缩率小于 1%，因此缝制的线迹能始终保持平挺美观，无皱缩。耐磨性仅次于锦纶，回潮率低，有良好的耐高温性、耐低温性、耐光性和耐水性。在−40℃低温下或 120～130℃高温处理后，其强度无明显变化。耐酸不耐碱。因此，涤纶线是使用极为广泛的品种，在不少场合取代了棉线。涤纶线的缺点是耐熔融性比棉线差，在高速缝纫时，瞬时的针温要超过 400℃，若不采取有效的后处理则易断头，通常是采用有机硅油或硅蜡等后处理，以适应高速缝纫的需要。硅油等作用是在涤纶线表面形成一层薄膜，成为一种热的屏障，可改善线的耐热性，避免高速熔融断头，这层薄膜又有减摩作用，可提高线的润滑性。涤纶线用途十分广泛，可用于棉织物、化纤织物与混纺织物的服装缝制，也可用于缝制针织外衣。特制的涤纶线还是鞋帽、皮革行业的优良用线。

涤纶短纤维缝纫线是指由涤纶短纤维纺制的缝纫线。因外形与棉线相似，故又称仿棉型涤纶线。线质柔软，强力高，耐磨性好，是使用最广的一种缝纫线。卷装形式有宝塔线和线圈两种。

涤纶长丝缝纫线是指用涤纶长丝为原料制成的缝纫线，是一种仿蚕丝型的缝纫线。由束丝直接纺制而成，长丝不用切断，其强度较短纤维高。对以缝纫线强度为主要要求的产品，如缝制皮鞋等，可用长丝缝纫线，新款聚酯拉链也需要使用高强度、低伸长率的涤纶长丝线与之配套。该线具有丝质光泽、线质柔软、可缝性好、线迹挺括、物理与化学性质稳定、耐磨而不霉变等特点。涤纶长丝线可分为单丝线、复丝线与变形丝线，以适应不同品种的缝制需要。其实用性优于蚕丝线，已被我国制鞋工业列为标准用线，也可用于缝制拉链、皮制品和手套、滑雪衫等强力要求高的产品。

涤纶低弹丝缝纫线是指采用涤纶变形长丝制作的缝纫线。涤纶长丝经假捻等变形加工及低弹变形处理后，具有低弹卷曲性能，伸长率为15%～40%，伸长恢复率达90%以上。制成的涤纶线经硅油处理，表面光滑，有丝般光泽，弹性较好，能与弹性织物配套缝纫，针迹平挺美观，是一种较为理想的专用缝纫线。主要用于缝制弹性织物，如针织涤纶外衣、腈纶运动服、锦纶滑雪衫等，也可代替传统的蚕丝缝纫线。

包芯缝纫线是指用包芯纱制成的缝纫线。包芯纱一般由两种纤维组成。包芯的方法有两种：一是长丝包在纤维芯纱上；二是短纤维包在长丝芯纱上。用作缝纫线包芯纱一般采用长丝（复丝）为芯纱，外面包以短纤维。用这种成纱结构的包芯纱制得缝纫线，可以兼备芯纱与包纱两者的优点，从而形成一种品质极为优良的缝纫线，能适应工业高速缝纫使用，包芯线的强度主要取决于芯纱性能，而摩擦与耐热性能取决于包纱。该缝纫线条干均匀，耐磨，线质柔软，可缝性好。

包芯缝纫线的原料为化学纤维与天然纤维，可构成多个品种。用不同的原料作芯纱与包纱，可制得不同的包芯线。以涤纶复丝为芯纱，外包棉纤维、涤纶短纤维或黏胶短纤维，可纺成涤棉包芯纱、涤涤包芯纱或涤黏包芯纱。以锦纶束丝为芯纱，包以棉纤维或黏胶纤维，又可制成锦棉包芯纱与锦黏包芯纱。其中以涤棉包芯纱最为常用，一般采用 2 股并捻加工成缝纫线。主要用于缝制各类织物，如各种服装外套、衬衫、鞋帽等，尤其可用于缝制厚实材料，如衬衫硬领等。

25 绣出精彩的绣花线

绣花线是用优质天然纤维或化学纤维经纺纱加工而成的供刺绣用的工艺装饰线，绣花线品种繁多，依原料可分为丝绣花线、毛绣花线、棉绣花线及人造丝绣花线、涤纶绣花线、腈纶绣花线等。

绣花线品种繁多，有纯棉细绣线、纯棉粗绣线、合股线、机绣线、真丝线、毛线、金银线、丝带涤纶绣花线、人造丝绣花线、腈纶绣花线等。丝绣花线是用真丝或人造丝制成，大都用于绸缎绣花，绣品色泽鲜艳，光彩夺目，是一种装饰佳品，但强力低，不耐洗、晒。毛绣花线用羊毛或毛混纺纱线制成，一般绣于呢绒、麻织物或羊毛衫上，绣品色泽柔和，质地松软，富于立体感，俗称绒绣，但光泽较差，易褪色，不耐洗。棉绣花线是用精梳丝光棉纱制成，强力高，条干均匀，色泽鲜艳，色谱齐全，光泽好，耐洗、耐晒，不起毛，常绣于棉布、麻布、人造纤维织物上，美观大方，价格便宜，应用较为广泛。中国的棉绣花线分为细支和粗支两种：细支适宜于机绣，也可用于手绣，绣面精致美观；粗支只可手绣，绣工省，效率高，但绣面比较粗糙。腈纶绣花线色泽鲜艳，手感柔软，不怕晒，日晒色牢度好，适宜用于童装和腈纶针织衣裙的刺绣。涤纶除了制成绣花线，还可加工成金银线。

丝绣花线是以蚕丝为原料制得的绣花线，常用于高档绣品，如被称为中国四大名绣的苏绣、湘绣、蜀绣、粤绣均采用蚕丝绣花线。其特点是有悦目的光泽，也易于染成各种鲜艳的色彩，制得的绣品十分华美，线质比棉绣花线更为光洁滑爽，可缝性好，但耐热性、耐洗涤性不如棉绣花线，而且易吸湿霉变，应加强保管和正确使用。丝绣花线的原料主要用桑蚕丝，去除丝胶后按线类加工要求进行生产。

用作绣花线的蚕丝必须经精练，去除丝胶、杂质及部分色素，使其有良好的白度与渗透性，便于漂染。通常是精练与漂白同时进行。对白度要求高的丝线，还可进行加白处理，以防止泛黄。宜用酸性染料或直接染料染色，并经柔软与上光处理，以增加其柔软度与光洁度。为了取得优异的刺绣效果，有时还需要采用不同粗细、不同色泽的丝线以增加其层次感与立体感。

棉绣花线是以棉纤维为原料制成的绣花线。一般为丝光棉绣花线，其光泽与蚕丝相仿，缩水率低于蚕丝线，染色性能稳定，色泽鲜艳，染色牢度优于丝线，但光洁滑爽逊于丝线。

原料主要采用精梳 19.4tex、29.2tex、64.8tex 与普梳 18.2tex 棉纱，2 股或 12 股并捻。在生产中，为了保证线体的光洁性，一般都要经过烧毛工序，以改善外观，提高刺绣（尤其是手绣）时的耐磨性。为了取得优良的丝光与染色性能，绣花线需要经过练漂，并用增白剂加白，尽可能去除天然色素，以求白线洁白与染色色泽鲜艳。丝光处理是棉绣花线最主要的工艺，根据需要，有的品种可进行两次丝光。主要规格与用途列举如下：18.2tex×2（32 英支/2），用于各种薄型织物的刺绣；18.2tex×12（32 英支/12），用于较厚织物的手绣，也可用作编织线；19.4tex×2（30 英支/2），用于各种薄型织物的刺绣；19.4tex×12（30 英支/12），用于较厚织物的手绣，也可用作编织线；64.8tex×2（9 英支/2），用于编织、刺绣、缝制牛仔裤等。

毛绣花线是用羊毛纤维制得的绣花线，线体较粗，与一般绒线相同。毛绣花线柔软蓬松，富有弹性，毛型感强，可染成各种颜色，色谱齐全，色彩艳丽。性能与绒线相同，可在组织较粗、孔隙较大的麻布底坯上作满地绣或仿绣名画，线条粗犷厚实，具有独特的粗犷美感。

原料主要采用 90.9tex 全澳毛 4 股并捻。由于澳毛富有天然卷曲性与弹性，染色后不需要进行柔软与增弹处理。线的主要规格为 90.9tex×4（11 公支/4）彩帷绒，每 500g 分成 8 绞，每绞有 122 根。在服装上用的毛绣花线大多直接采用针织绒。毛绣花线一般用于手绣。

人造丝绣花线是用人造丝并捻后制得的绣花线。其特点是质地柔软、表面滑爽，手感与天然丝相似，对染料吸收能力比棉纱强，可染成各种艳丽的颜色，光亮高于蚕丝线。缺点是强力很低，湿强度更差，仅有干强度的 60%左右，不耐磨，不耐酸碱。刺绣中容易断头，绣品不宜多洗，实用性较差。

原料使用 133.2dtex 和 266.4dtex（120den 和 240den）有光黏胶长丝，2 股并捻。制线过程比棉绣花线简单，不必经过烧毛、煮练、漂白等工作，也不需上光。主要规格有：133.2tex×2（120den×2），用于薄型织物手绣与机绣，266.4tex×2（240den×2），用于中薄型织物手绣。人造丝绣花线可用于刺绣由特丽纶、华春纺、真丝双绉等制作的服装、枕套上，也可绣于工艺鞋面、手帕上。

腈纶绣花线是用腈纶为原料制得的绣花线，大多为针织绒。该线色谱较少，不能代替羊毛绣花线使用。其缺点是吸湿性较差，不宜用于内衣绣花。腈纶绒具有较好的白度，制线时无须再漂白，可直接进行膨化，染后还需做柔软处理。生产工艺同绒线。主要用于童装及腈纶针织衣裙的刺绣。

26 纽扣虽小作用大

纽扣又称扣子，是服装辅料之一。最初是作为专用于服装开口处连接的扣件，随着社会的进步和科学技术的发展，今天的纽扣除了具有原始的连接功能外，更多地体现出它的装饰与美化的功能，对服装起点缀作用。在众多的时装上，人们常常可以看到如珠似宝、如金似钻、千姿百态的装饰纽扣正在广泛流行，为时装的美化增添了新的风采和韵味。

据报道，在印度河河谷，考古工作者曾发现过用贝壳雕成穿有两个孔的护身符。这可能就是最早的纽扣，其发明年代可追溯到公元前 3000 年以前。1000 年以后，苏格兰居民开始制作煤玉纽扣。我国考古专家也在甘肃临洮县发现我国迄今最早的纽扣，经考证，这枚纽扣属于齐家文化类型，距今已有 4000 多年的历史，该纽扣直径 2.5cm，中间厚 1cm，四周边缘较薄，上面有两个类似扣眼的小孔。整个纽扣为泥质橙黄陶土制成，表面比较粗糙。在我国真正用于服装的纽扣最早可追溯到 1800 年前，最初使用的纽扣是石纽扣、木纽扣和贝壳纽扣，后来才发展到用布料制成的带纽扣、盘结纽扣，其中盘结纽扣在我国服装发展史中起到了很大的作用，由最初的功能扣件向装饰扣件过渡。特别值得一提的是中式盘扣，它是我国传统服装的纽扣形式，其造型优美，做工精巧，犹如千姿百态的工艺品，是我国服饰文化中独树一帜的奇葩。唐代在我国历史上是经济、文化繁荣的鼎盛时期，在当时的圆领上广泛使用了纽襻扣，一般都使用三对，是后来服装上使用排扣的起源。自唐代以后，纽扣的形制越来越多，明代服装上主要使用金属材料纽扣，清代以后纽扣成为衣服上最主要的系结物。

随着纽扣装饰功能的增加，形形色色的纽扣不断出现。纽扣的花色品种很多，有方形纽扣、圆形纽扣、菱形纽扣、椭圆形纽扣、叶形纽扣，以及凸花纽扣、凹花纽扣、镶花纽扣、镶嵌纽扣、包边纽扣、涂料纽扣等，如图 1 所示。按照取材特点可分为合成材料纽扣、金属材料纽扣、天然材料纽扣和其他材料纽扣四大类。纽扣的分类见下表。

合成材料纽扣是目前世界纽扣市场上数量最大、品种最多、最为流行的一种。这类纽扣的特点是色泽鲜艳，造型丰富而美观，价廉物美，深受广大消费者的喜爱。但耐高温性较差，而且容易污染环境，这是美中不足之处。属于这类材料的纽扣有树脂纽扣（包括板材纽扣、棒材纽扣、瓷白纽扣、云花仿贝纽扣、曼哈顿纽扣、仿牛角纽扣、工艺纽扣、刻字纽扣、平面珠光纽扣、玻璃珠光纽扣、裙带

图 1　纽扣

纽扣的分类

纽扣分类			材料
合成材料	酪素纽扣		酪素树脂
	热塑性树脂纽扣	尼龙纽扣	聚酰胺树脂
		有机玻璃纽扣	丙烯酸树脂
		ABS 纽扣	ABS 树脂
		醋酸纽扣	醋酸纤维素树脂
	热固性树脂纽扣	树脂纽扣	不饱和树脂
		蜜胺纽扣	蜜胺树脂
		尿素纽扣	脲醛树脂
		环氧树脂纽扣	环氧树脂
	可以电镀的纽扣（ABS 纽扣、树脂扣、尿素扣）		
金属材料	铜纽扣		铜或黄铜
	锌合金纽扣		锌合金
	锡合金纽扣		锡合金
	铝合金纽扣		铝
天然材料	真贝纽扣、真皮纽扣、坚果纽扣、椰子壳纽扣、石头纽扣、木材纽扣、毛竹纽扣、骨头纽扣、真牛角纽扣、脚蹄子纽扣		
其他材料	玻璃纽扣、珍珠纽扣（喷涂）、陶瓷纽扣、景泰蓝纽扣、编织纽扣、包布纽扣、组合纽扣		

扣和扣环等)、ABS 注塑及电镀纽扣（包括镀金纽扣、镀银纽扣、仿金纽扣、镀黄铜纽扣、镀铬纽扣、红铜色纽扣、仿古色纽扣等)、脲醛树脂纽扣、尼龙纽扣、仿皮纽扣、有机玻璃纽扣、透明注塑纽扣（包括透明聚苯乙烯纽扣、聚碳酸酯纽

扣、丙烯酸树脂纽扣等）、不透明注塑纽扣、酪素纽扣等。

天然材料纽扣是以自然界的天然材料制成的纽扣，这是一类最古老的纽扣，也是对人体无不良作用的绿色环保纽扣。目前，在纽扣市场上常见的天然材料纽扣有真贝纽扣、木材纽扣、毛竹纽扣、椰子壳纽扣、坚果纽扣、石头纽扣、宝石纽扣、骨头纽扣、蜜蜡纽扣、真皮纽扣等。这些纽扣都有各自的特点，人们之所以喜爱这类纽扣的主要原因是它取材于大自然，与人们的生活比较贴近，这在一定程度上迎合了现代人回归大自然的心理要求，满足了部分人追求自然的审美观。当然，从理化性能考虑，它们又都具有自身的优点。例如，海产企鹅贝纽扣，色泽如珍珠，质地坚硬如石，纹理自然、高雅、华贵，品质极为精良上乘，是纽扣中的上品。又如，某些宝石纽扣及水晶纽扣，不仅自身品质高贵，装饰性和美饰性极强，而且材质硬度高，耐高温性和耐化学清洗性好。这些材质的纽扣精致而华丽，是任何合成材质的纽扣所不及的，是纽扣中的佳品。

组合纽扣是问世不久的一类较新的纽扣品种。由于各类纽扣都各有自己的优点与不足，可将不同的纽扣的优点结合在一起进行优化组合，克服各自的不足，以达到完美的境地。因此，组合纽扣就是将两种或两种以上不同的材料通过一定的方式组合而成的纽扣，一般是将两种或两种以上的材料采用黏合剂进行黏合，由此产生的组合纽扣的种类十分繁多，举不胜举。目前，在国际上流行数量最大、影响面最广的组合纽扣有ABS电镀尼龙件组合纽扣、ABS电镀金属件组合纽扣、ABS电镀-树脂件组合纽扣、金属-环氧树脂件组合纽扣等。这些组合纽扣若与单一材料纽扣相比，其特点是功能更全面，装饰性更强，并在很大程度上满足了人们对色彩斑斓、极富个性化服装的追求。必须指出，纽扣的成本是很低的，但对提高服装的档次贡献不小。纽扣是服装的眼睛，若纽扣选择得当，可以起到画龙点睛的作用。通过纽扣的各种巧妙的不同组合，可使服装产生不同的视觉效果，甚至变成一种新款在服装的肩、领、袖、袋口、门襟等处合理地点缀一些装饰纽扣，可使服装变得更美丽时髦，更具个性化，更有表现力。

纽扣的种类繁多，性能各异，如何正确而合理地选配纽扣呢？首先，要根据衣料的颜色来选配。纯色衣料宜选用外形简单的纽扣；浅色衣料宜配较深的同色调纽扣。也可采用对比色，利用衣料与纽扣色彩的强烈反差造成引人注目的效果。其次，要选用合适颜色的纽扣。鲜艳颜色的纽扣可以给人活泼年轻的感觉；暗色调的纽扣则给人以沉稳安定感。选配时，可根据理想形象以及服装的外观效果需要来确定。再次，纽扣的选配要和服装的风格特点相协调。对于装饰性强的女装而言，应选配富有特色、耐人寻味的纽扣，而对税务、工商、军队、公检法等职业服装来说，则应具有明显的行业特征，端庄、严肃、规范，而不应太花哨，不能随心所欲。

27 方便实用的拉链和尼龙搭扣

拉链又称拉锁，是由两条能互为啮合的柔性牙链带及其可使重复进行拉开、拉合的拉头等部件组成的连接件。常用的拉链有尼龙拉链、金属拉链和注塑拉链三种，其中尼龙拉链的用途最为广泛，是服装、鞋、帽、睡袋以及各类包、夹、箱子等物品上作扣合用的辅料。

拉链是近代方便人们生活的十大发明之一。它的出现是一个世纪以前的事。当时在欧洲中部的一些地方，人们试图通过带、钩和环的方法来取代纽扣和蝴蝶结，于是开始进行拉链开发的试验。1891 年，美国工程师 W.L.贾德森（科威特人）发明了拉链，并获得了专利，这是拉链最初的雏形。1912 年，贾德森公司的雇员森德巴克对其进行了改进，把链上的每个齿牙改成了上凸下凹的形状，这样，齿牙才能一一对应咬合，既不易卡住，也不易脱节裂开，并正式取名为拉链（zipper）。1913 年，瑞典人桑巴克对其又进行了改进，使其变成了一种可靠的实用商品。在第一次世界大战中，美国军队首次订购了大批的拉链给士兵做服装用。但拉链在民间的推广则比较晚，直到 1930 年才被妇女们接受，用来代替服装上的纽扣。我国的拉链生产是在 1930 年由日本传到上海的。当时，在上海城内的侯家路，王和兴办起了中国第一家拉链厂，后来，吴祥鑫又开办了一家拉链厂，1933 年创办了上海三星（即华光）拉链厂。至 1949 年，中国共有中小型拉链企业 20 余家，但设备都很简陋，主要靠手工操作。1958 年，上海三星拉链厂引进了德国制造的自动排米机，并进行了技术改进，实现了中国拉链行业的第一次技术革命。1999 年，中国拉链的产量实现了第一次历史性的飞跃，产量超过了 100 亿米，成为全球最大的拉链生产国。

拉链结构图如图 2 所示，由链牙、布带、拉头（包括拉片、拉头本体、帽盖）、上止、下止、插管、插座等部分组成。

拉链有普通拉链和特殊拉链之分。前者固定链牙的带是纺织纱带；后者固定链牙的带是橡胶带。一般可按材料类别、功能类别和加工工艺类别进行分类。

拉链的规格是指牙链即两个链牙啮合后的宽度尺寸或尺寸范围，其计量单位是 mm，是拉链各尺寸中最有特征的重要尺寸。对应于一种规格的拉链，还有一系列相配合的、规定的许多尺寸。如链牙宽、链牙厚、纱带宽、拉头内腔口部宽、口部高等。拉链的规格是制作拉链各组件形状尺寸的依据。型号是拉链尺寸、形状、结构及性能特征的综合反映。拉链的型号，除具有拉链的规格要素之外，更

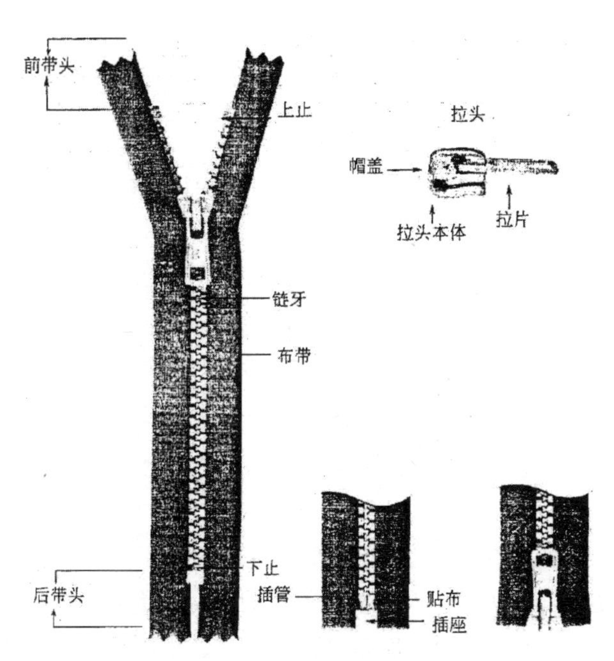

图 2　拉链结构图

拉链的分类

<table>
<tr><th>分类</th><th colspan="3">拉链名称</th></tr>
<tr><td rowspan="9">按拉链材质分类</td><td rowspan="3">金属拉链</td><td colspan="2">铜拉链</td></tr>
<tr><td colspan="2">铝拉链</td></tr>
<tr><td colspan="2">铸锌拉链</td></tr>
<tr><td rowspan="2">树脂拉链</td><td colspan="2">注塑拉链（材料为聚甲醛）</td></tr>
<tr><td colspan="2">强化拉链（材料为尼龙 6）</td></tr>
<tr><td rowspan="4">涤纶拉链</td><td rowspan="3">螺旋拉链</td><td>螺旋拉链</td></tr>
<tr><td>隐形拉链</td></tr>
<tr><td>编织拉链</td></tr>
<tr><td colspan="2">双骨拉链</td></tr>
<tr><td rowspan="5">按使用功能分类</td><td rowspan="4">条装拉链（支装）</td><td rowspan="2">闭尾拉链</td><td>单头闭尾拉链</td></tr>
<tr><td>双头闭尾拉链</td></tr>
<tr><td rowspan="2">开尾拉链</td><td>单头开尾拉链</td></tr>
<tr><td>双头开尾拉链</td></tr>
<tr><td>未装拉链（码装）</td><td colspan="2">以（100±0.5）yd 为一条，市场上还沿用英制码（yd）装，即（100±0.5）yd，约合（91.44±0.45）m</td></tr>
<tr><td rowspan="2">按拉链的加工工艺分类</td><td>连续冲压排米拉链</td><td colspan="2">铜拉链、铝拉链等</td></tr>
<tr><td>注塑拉链</td><td colspan="2">注塑拉链等</td></tr>
</table>

续表

分类	拉链名称	
按拉链的加工工艺分类	加热挤压拉链	强化拉链等
	加热缠绕拉链	螺旋拉链、隐形拉链、编织拉链、双骨拉链等
	熔化压铸拉链	铸锌拉链等
	其他	根据链牙与纱带连接的工艺不同，在涤纶拉链中，可分为用缝线缝合连接的螺旋拉链、双骨拉链、隐形拉链等及链牙与纱线同时编织在一起的有编织拉链等
其他分类	还有按拉链的强度性能、型号和用途分类的，我国是按拉链的规格和型号进行分类的	

侧重反映拉链的性能特征。从使用者的角度看，它体现了拉链应具备的技术参数和物理性能指标，以确保拉链的使用功能。

拉链作为服装的重要辅料之一，已从过去单纯的实用品转变成为服装装饰品。全球有90%的服装设计师在注重拉链功能性的同时，更加注重拉链的时尚性，使其为服装设计服务。因此，随着服装设计的款式、功能、审美观的多样性，与之相配套的拉链也丰富多彩、绚丽夺目。在选择拉链时，需要考虑与服装主料、款式之间的相容性、和谐性以及其装饰艺术性和经济实用性。在选择服装用的拉链时应从以下几方面进行综合考虑。

根据承受强力的大小进行选择。一般而言，拉链的规格尺寸与拉链的强力指标是相对应的，型号越大，规格尺寸也越大，承受外力的能力也越强。如果型号相同，但所使用的材料不同，制成的拉链能够承受外力的大小也是不同的。在考虑拉链承受强力性能时，主要是选择拉链的型号。

根据拉链的链牙材质进行选择。链牙是拉链的一个重要组成部分，链牙采用什么样的材质决定了拉链的形状和基本状态，特别是手感和柔软度，这也直接影响到拉链与服装的兼容性以及美观程度。注塑拉链的特点是粗犷简练，质地坚韧，耐磨损，耐腐蚀，色泽丰富多彩，所适用的范围大。此外，由于链牙的齿面面积较大，有利于在链牙平面上镶嵌人造钻石或宝石，使拉链更具美观性，增加附加值，成为一种实用型的工艺装饰品。其缺点在于链牙的块状结构齿形较大，柔软性不够，有粗涩之感，拉合时的轻滑度比同型号的其他类别的拉链稍差一些，从而使其在使用范围上受到一定的限制。注塑拉链主要适用于外套，如夹克衫、滑雪衫、羽绒服、童装外套、工作服、部队作训服等面料较厚的服装。尼龙拉链的特点是链牙柔软，表面光滑，色彩鲜艳多彩，拉动轻滑，啮合牢固，品种门类繁多。其特点是轻巧、链牙轻薄且有可挠性。此外，尼龙拉链的生产效率高，原材料价格较低，生产成本相对较低。随着链牙镀银新技术被应用，增加了拉链的装饰性。尼龙拉链被广泛地应用在各式服装和包袋上，特别是内衣和薄型面料的高档服装以及女裤等。由于尼龙拉链可挠性特点，被大量地用于可脱卸式的各类长外衣、短外衣和皮夹克内的连接内衬等。而隐形拉链、双骨拉链则是女裙、女裤的首选辅料，编织拉链因无中心线而使链牙变薄、变轻，不会使西裤门襟起拱，因而成为高档西裤的理想辅料。金属拉链有铜质、铝质和锌合金数种，其中，铜质拉链较贵重些，其特点是结实耐用，拉动轻滑，粗犷大方，与牛仔服装特别相配。缺点是链牙表面较硬，手感不柔软，后处理不好容易划伤使用者的皮肤，而且价格较高。铝合金拉链与同型号的铜质拉链相比，其强力性能略差，但经过表面处理后可达到仿铜和多色彩的装饰效果，且价格比铜质拉链低。铜质拉链主要用于高档的夹克衫、皮衣、滑雪衣、羽绒服、牛仔服装等。铝质拉链主要用于中低档的夹克衫、牛仔服、休闲服、童装等。

根据服装的款式选择拉链。除了要满足服装使用中的强力要求以及服装对辅料的兼容要求以外，还必须根据穿着者的消费层次、服装使用的不同部位来合理地选用不同的拉链。例如，上衣的门襟处就应选用开尾拉链，而上衣较长需要考虑到穿着者下蹲则可选用双开尾拉链。一般而言，在衣裤的口袋、裤子门襟、女连衣裙等部位应选用闭尾拉链。有些时髦装需要正反两面都可以穿，则门襟上可选用回转式拉头、单头双片拉头及双头双片拉头的开尾拉链。女式裤及裙子面料较薄，同时考虑时尚和流行元素，则可选用隐形拉链或双骨拉链，特别是带蕾丝带的隐形拉链。在裤子的门襟上也可采用反装拉头的尼龙闭尾拉链，可起到类似隐形拉链的作用。

根据服装的颜色和装饰性选择拉链。考虑到服装设计中面料与辅料在颜色上的协调性，就需要选择与面料色泽相一致的拉链，使主料与辅料达到浑然一体的效果。有时需要使主料与辅料颜色产生强烈的对比效果，此时就应选择差异性较大的颜色。在拉链行业有通用的拉链色卡，以便于服装生产厂家选择各种颜色的拉链。

根据服装设计要求合理地选择拉链。根据服装本身的大小以及在服装不同的部位，选择适宜的拉链长度。例如，在口袋上一般选用闭尾拉链，其长度宜取允许的下偏差，不可取上偏差等。

拉链在使用时应注意三点：一是要正确地选用拉链，因为拉链的种类和品种很多，只有选择合适的拉链才能为服装增加光彩；二是要正确地检验拉链，由于拉链关系到服装的功能性，只有合格的拉链才能保证达到服装设计的要求；三是要正确地使用拉链，这涉及拉链的安装、保护和使用问题。

尼龙搭扣又称尼龙搭扣带、锦纶搭扣带、魔术贴、粘扣带等。作搭扣用的带

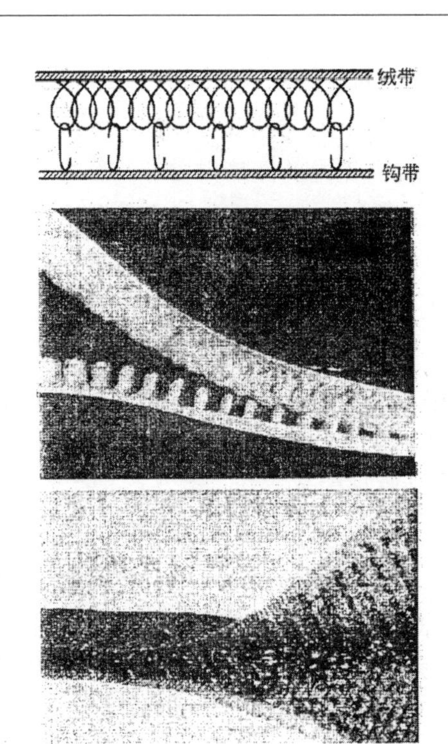

图3　尼龙搭扣带示意图

织物是由锦纶钩面带与锦纶圈面带（绒带）组成的带织物结构，如图3所示。

常用锦纶为原料，由平纹地组织与成圈组织织成。钩面带用0.22～0.25mm直径的锦纶单丝成圈，经热定型、涂胶、刻割成钩等处理，具有硬挺直立的钩子。圈面带用333dtex×12f（300den×12f）锦纶复丝成圈，经热定型、涂胶磨绒处理，获得浓密柔软的圈状结构。将两根带织物的绒面与钩面贴合后轻轻挤压，毛圈则被钩住，只能从头端向外稍用力拉时才能撕开，可代替纽扣、拉链、揿纽等连接配件。使用十分方便、省时、快捷，并且在缝件上柔软。主要用作服装、背包、座椅、袋子、行李、安全装备、皮件、手套、帐篷、降落伞、垂帘、布幔、运动用具、医疗器具等的连接配件。

尼龙搭扣的发明还有一个故事，传说在1948年秋季的某一天，瑞士工程师乔治•德梅斯特拉尔（Georges de Mestral）外出打猎回来，发现自己身上的衣服和同去的狗身上挂满了牛蒡草籽，草籽沾在狗毛上很牢，要花费一定的工夫才能把草籽弄下来，他很奇怪，为什么这种草籽能沾得这样牢？敏锐的观察力驱使他用放大镜仔细观察这种草籽，发现牛蒡草籽表面上的纤维长满了无数微小的钩刺，能紧紧地抓住布料和狗毛，他对此产生了兴趣，同时也激发了他的灵感。经过不断研究，在8年以后，终于研制出定型产品，由两条尼龙条带构成，一条上布满了勾，与牛蒡草籽勾相似，另一条上布满了毛圈，与毛巾上的毛圈相似，若对两条带子相对挤压，就会牢牢地固定在一起，产生了比纽扣优越而与拉链相似的效果。此项发明被命名为“尼龙搭扣”，并以其防挤压、不生锈、质轻、可洗涤、使用方便而被广泛使用。

28　衬托服装之美的机织花边

机织花边是以织造的方式呈现各种花纹图案作装饰用的薄型带织物，是一种用作服装及家用纺织品镶边的装饰带。所用的原料有棉线、蚕丝、黏胶丝、锦纶丝、涤纶丝、金银线等，个别品种还使用丝或棉的包芯氨纶线。以织造方式可分为机织花边、针织花边、编织花边和刺绣花边四类。形式多样，有平边、牙边（又分为单牙边和双牙边）、波浪边、水浪边、双梅边、鱼鳞边、蜈蚣边等。

据史书载，机织花边在清朝末年由欧洲传入我国。早在公元 4—5 世纪的埃及就有类似抽纱花边和雕绣花边。相传中世纪欧洲的花边生产主要集中在修道院。15 世纪，意大利、比利时和法国都在大力发展花边生产。到了 17 世纪，欧洲的花边生产进入了繁荣时期，产量迅速增长，此时意大利的威尼斯花边已著称于世。19 世纪初，英国人 J. 利弗尔斯发明了木制花边织机，于是机织花边问世，从而导致欧洲手工花边的衰落。1846 年，诺丁汉又出现了窗帘花边织机。时隔不久，能织出各种装饰花边的机器问世。在 1900—1910 年间，欧洲的机织花边工业已相当繁荣，机器可以仿制各种手工花边效果，从此机织花边取代了手工花边。19 世纪末，欧洲的机织花边传入中国，爱尔兰传教士 J. 马茂兰在山东烟台开设培真女校，专门传授花边技艺，培养了大量人才，中国的机织花边生产从此开始。但在 20 世纪 80 年代以前，织造花边的机器主要是依靠国外进口。到了 90 年代初，江苏南通吸收了国外花边织机的特点，结合国内的实际情况，自主研发了我国第一台花边织机，并通过深圳文义花边厂作为试点单位，从此结束了我国花边织机依靠进口的局面。

机织花边是指由织机的提花机构控制经线与纬线相互垂直交织的花边。通常是以棉线、蚕丝、锦纶丝、人造丝、金银线、涤纶丝、腈纶丝为原料，采用平纹、斜纹、缎纹和小提花等组织在有梭或无梭织机上用色织工艺织制而成。可多条同时织制或独幅织制后用电热切割分条制成。常见品种有纯棉花边、棉腈交织花边等。机织花边具有质地紧密、色彩绚丽丰富、富有艺术感和立体感等特点，适用于各种服装与其他织物制品的边沿装饰。

纯棉花边采用染色棉线作经纬线。底经底纬采用细特纱单股线。花经花纬采用中、细特纱双股线，特殊的可用粗特纱三股线。底组织以平纹为主，也有少数运用蜂巢等小花纹组织。花组织以缎纹为主，也可采用一些特殊组织。纯棉花边质地坚牢，耐洗耐磨，色彩绚丽，有立体感。主要用于地毯、挂毯、被单、服装、鞋子、背带等的沿边装饰。

丝、纱交织的花边在中国少数民族服饰中使用较多，故又称民族花边。图案大都是吉祥如意、庆丰收等具有民族特色的内容。织造时一般采用染色人造丝 133.3～555.5dtex（120～500den）和染色棉线（18.5～7tex）×2（32 英支/2～80 英支/2）双股线。地组织以平纹为主，花组织以缎纹为主，两侧的边组织则采用缎纹或斜纹。常见品种一般以棉或低捻的 277.8～555.5dtex（250～500den）人造丝作经，用以提花（人造丝多用作花经），无捻人造丝作纬织制。该花边质地坚牢，色泽鲜艳，但不耐洗。主要用于少数民族服装的装饰，也可用于鞋帽、童装、台布、家具、盖面布的缀边及妇女的头带。

尼龙花边是以锦纶丝和弹力锦纶丝为原料，地组织采用平纹，花组织可根据花纹图案的不同要求选用斜纹或缎纹，采用22.2～50dtex（20～45den）锦纶丝作底经或底纬，用77.8dtex（70den）或133.3dtex（120den）弹力锦纶丝作花纬，在提花织机上织成后经湿热定型而成。多数的边组织制成牙口状使边沿具有较活泼的线条美。产品轻薄透明，色泽艳丽，光泽柔和。用于各种服装、童袜、帽子、家具布等的装饰。

针织花边由经编机织制，故又称经编花边。采用33.3～77.8dtex（30～70den）的锦纶丝、涤纶丝、黏胶人造丝为原料，俗称经编尼龙花边。其制作过程是舌针使用经线成圈，导纱梳栉控制花经编织图案，经过定型加工处理开条即成花边。地组织一般采用六角网眼，独幅编织。坯布经漂白、定型后分条，分条宽度一般在10mm以上。也可色织成各种彩条彩格，花边上无花纹图案。这种花边的特点是质地稀疏、轻薄，网状透明，色泽柔和，但多洗易变形。主要用作服装、帽子、台布等的饰边。

爱丽纱是指狭条形棉或腈纶花边。它是经编网眼织物，一边是平的，另一边呈尖圆小牙口。采用18tex×2（32英支/2）棉线或腈纶线织制。带身柔软，外观漂亮。主要用于童装、胸罩、枕套、玩具等作饰边。

编织花边又称线花边，是指采用编织的方法制成的花边。编织花边分为机械编织花边和手工编织花边两种。

机械编织主要采用13.9～5.8dtex（42～100英支）全棉漂白，色纱为经纱，纬纱采用棉、人造丝、金银线，通常以平纹、经起花、纬起花组织交织成各种色彩鲜艳的花边，一般是锭子越多，编织的花型越大，花边越宽。花边的宽度为10～60mm不等。花边一般是采用单色为主，造型以带状牙口边为主，以牙口边的大小、弯曲程度和间隔变化来改变花边的造型，成品多呈孔式，质地疏松，品种有较大的局限性。机械编织的工艺过程为：

原纱→翻纱→整经→并丝捻丝→摇纡→画样→制版→上机织造→成品→检验→包装

花样图案可由电脑设计制版，然后编入织机，即可生产出花型。

手工编织花边大多为我国传统的工艺品。一般以棉线、腈纶、涤纶、锦纶等纱线为原料。这类产品具有质地松软、多呈网状、花型繁多等特点，但花边的整齐度不如机编花边，生产效率低下。

在目前的花边品种中，编织花边属于档次较高的一类，它可作为时装、礼服、衬衫、内衣、内裤、睡衣、睡袍、童装、羊毛衫、披肩、胸罩等各类服装服饰的装饰性辅料。

刺绣花边可分为机绣花边、手绣花边和水溶性花边三类。

机绣花边采用自动绣花机绣制，即在提花机构控制下使坯布上获得条形花纹图案，生产效率高。各种原料的织物均可作为机绣坯布，但以薄型织物居多，尤以棉和人造棉织物效果最好。

绣花机配有 4 色自动选色换色装置，可进行单色机绣，也可多色机绣。一般花回最长可达 650mm，花边宽度在 10mm 以上，下机后经处理开条后即成。机绣花边的花型繁多，绣制精巧美观，均匀整齐划一，形象逼真，富于艺术感和立体感。

手绣花边是我国传统手工艺品，生产效率低，绣纹常易产生不匀现象，绣品之间也会参差不齐。但是，对于花纹过于复杂、彩色较多、花回较长的花边，仍非手工莫属，而手绣花边比机绣花边更富于立体感。

水溶性花边是刺绣花边中的一大类，它以水溶性非织造布为底布，用黏胶长丝作绣花线，通过电脑平板刺绣在底布上，再经热水处理使水溶性非织造布溶化，留下具有立体感的花边。

刺绣花边主要用于嵌条、镶边等装饰，特种花边还可用作高级服装的辅料。

服装与花边的关系，犹如红花与绿叶。常言道“红花须得绿叶衬”，服装上巧妙搭配的花边，不仅能给服装锦上添花，而且能体现服装的品质之美、艺术之美。现在时尚服装上所搭配的无外乎都是这几类机织花边。

服饰篇

中国在旧石器的晚期，就有了用兽皮缝制的简单的原始服装。氏族公社以后出现了麻布和丝绸缝制的衣服。商周时期形成了上衣下裳的服装形制。在春秋战国之交形成了深衣制。以后各朝代在上述两形制的基础上演变出了极为丰富多彩的服装品种，形成了中外闻名的中国服饰文化。值得注意的是，中国传统的服装与西式服装不同，它是以平面结构为主，接缝少，无装袖、收省和打褶，穿起来平顺自然。近代随着西方裁剪技术的传入，中国服装除一部分仍保留平面结构外，大多数服装吸收和采用了西方立体造型结构，即肩、袖另行裁接，腰、胸等部位按人体进行收省、打褶、装衬垫等。因此形成了以中西并存为特点的现代中国服装。

随着中国门户的开放，西洋文化源源传入，随之而来的西式服装也传入中国，中西合璧，形成了中国现代服装。服装的制作和消费涉及技术、艺术、文化、卫生、美学、心理学和市场学等众多学科。其制作过程包括设计、选择材料和加工成形三部分。服装设计是通过艺术构思和穿着者特征来确定款式造型、选料等，并加以形态化的学科。服装材料是制作服装的重要组成部分，一般有棉、毛、麻、丝、化纤等织物以及毛皮、皮革、人造革等，这些材料应具有一定的保温、透气、吸湿等性能。服装加工工艺主要包括裁剪、缝纫、熨烫等方面的工艺。在制作过程中，还要参照有关服装的标准，如服装号型系列，以适应不同的体型。

现代服装品种繁多，一般有以下几种分类方法。按穿着用途分，有日常生活服装（包括时装和民族服装）和专用服装。前者又可分为上衣、裤、裙、衫、袄、袍、套装、大衣、披风、风衣等；后者又可分为礼服、职业服、运动服、舞台服等。按服装面料分，有棉布服装、麻布服装、毛呢服装、丝绸服装、化纤服装、针织服装、混纺服装、裘皮服装、羽绒服等。按穿用季节分，有春秋装、夏装和冬装。按穿着对象分，有男装、女装、童装、中老年服装等。其中，童装又可分为婴儿装（又称宝宝装）、幼童装、中童装、大童装。按工艺特点分，有缝制服装、编织服装（如毛衣）、工艺装饰服装等。按结构形式分，有中式服装、西式服装和中西式服装等。按织物品种分，有机织服装和针织服装等。

29 唯尊者得服之的三大名锦

锦是指用联合组织或复杂组织织造的重经或重纬的多彩色织提花丝织物。锦字由“金”和“帛”组合而成，表明它是古代最贵重的织品。汉代刘熙在《释名》中说：“锦，金也。作之用功重，其价如金，故唯尊者得服之。”意思是说织锦工艺复杂，费工多，其价值相当于黄金，只有贵人才能穿。锦的出现对纺织机械、织物组织甚至整体纺织技术的发展影响极为深远。织锦技术的高低可反映各朝代或各地区的纺织技术水平。

采用重经组织以经线起花的称为经锦。采用重纬组织以纬线起花的称为纬锦。战国、西汉以前的锦均为经锦。这种锦是以两组或两组以上的经线和同一组纬线交织，经线多为两色或三色，一色一根作为一副（如颜色较多，也可使用牵色条的方法），纬线有交织纬和夹纬，夹纬把表经和里经分隔开，用织物正面经浮线显花。1959 年在新疆民丰尼雅遗址发现的东汉“万事如意锦”就是一种典型的经锦。南北朝以来，纬锦开始大量生产，逐渐取代了经锦。纬锦是用两组纬线或两组以上的纬线和同一组经线交织而成。经线有交织经和夹经，用织物的正面纬浮线显花。1967 年在新疆阿斯塔那发现的在大红色地上起各种禽鸟花卉和行云图案的唐代锦袜就属于这一种纬锦。织造时，经锦只用一把梭子，纬锦用梭较多，但它不改变经线和提综程序，只改变纬线的颜色，就能织出花型相同而颜色各异的图案，因此，可以说纬线显花是提花技术的一大进步。古代锦的品种繁多，不胜枚举，云锦、蜀锦和宋锦是最著名的三大名锦。

云锦是南京生产的特色织锦，它始于元代，成熟于明代，发展于清代。云锦最初只在南京官办织造局中生产，其产品也仅用于宫廷的服饰或赏赐，并没有“云锦”这个名称。晚清后始有商品生产以来，行业中才根据其用料考究、花纹绚丽多彩、尤似天空云雾等特点，称其为云锦或南京云锦。云锦有别于其他织锦，它以纬线起花，大量采用金线勾边或金银线装饰花纹，经白色相间或色晕过渡，以纬管小梭挖花装彩。云锦图案布局严谨庄重，色彩丰富多变，而且纹样变化概括性强。纹样多用表示尊贵或祥瑞的禽兽（如龙凤、仙鹤、狮子等）、花卉（如宝相花、莲花、佛手、石榴、梅、兰、竹、菊等）以及表示吉祥的八宝、暗八仙、吉祥、寿字、卍字作为主体，用各式模仿自然界奇妙云势变化的云纹作陪衬。云纹有行云、流云、片云、团云、朵云、回合云、和合云、如意云等多种变化纹。正是这些模仿自然界奇妙的云势变化，又经过艺术加工的云纹，使云锦图案达到了繁而不乱、疏而不凋、层次分明、栩栩如生、突出主题的艺术效果，如图 4 所示。

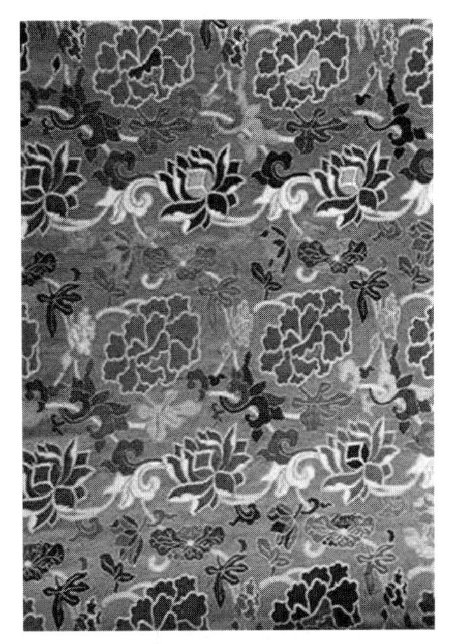

图 4　云锦

云锦有妆花、库锦、库缎三大类著名传统产品。

妆花是云锦中织造工艺最为复杂的品种，也是云锦中最具代表性的产品。品种有妆花缎、妆花罗、妆花纱、妆花锦等。织物组织有五枚缎、七枚缎、八枚缎之分；花纹单位有八则、四则、三则、二则、一则之别。纹样造型多为通幅大型饰满花纹做四方连续排列，亦有通幅作为一个单独纹样的大型妆花织物，如明清龙袍，纹样中体现宾主呼应，层次分明，花清地白，锦空匀齐。在配色方面用色晕和调和的方法，使纹样色彩优美动人。其工艺特点是通过挖花盘织，即把各种颜色的彩绒纬管根据纹样图案做局部的盘织妆彩。因是采用挖花盘织，彩纬配色非常自由，没有任何限制。为使织物上的纹饰呈现生动优美、富丽堂皇的艺术效果，一件妆花织物的花纹配色可多至二三十种颜色。

库锦是指用彩纬金线通梭织成的重组织锦缎。清代初期，因是御用贡品，织成后即送内务府入缎匹库，故名库锦。品种有库金、二色金库锦、彩花库锦、金彩绒等。织物的地组织多为缎组织，但也可用纱、绸、绢为地。其工艺特点是，无论选用什么组织结构、选用多少色彩纬，纬线都是通梭织造，而且织物背面有扣背间丝，以便将正面不显花的浮纬压织在织物中。

库缎是在缎底上起本色花纹或其他颜色的花纹，又名花缎或摹本缎，也因是清代御用贡品，织成后即入内务府的缎匹库而得名。品种有本色花库缎、地花两色库缎、妆金库缎、妆彩库缎等。因多用于服饰用料，除匹料外，还有根据衣服上的结构，把花纹排列在服饰前胸、后背、肩部、袖面、下摆等显要部位的织成料。织成料相对匹料生产相对容易些，在织造时需按位换花本，花本接成环形追章织造。通俗的说法就是前身正织、后身倒织。织后缝衣时花纹要对纹接章。明清云锦传世品较多，最著名的是明定陵出土的妆花龙袍。这件龙袍整体图案布局庄严，层次分明，气势磅礴。花纹是用真金线包边，龙身用孔雀羽捻线织出鳞纹，织物表面光泽效果类似于荧光。

古代蜀地（今四川成都周围一带）所产织锦，因成都古称蜀，故名。史载蜀地产锦始于战国以前，到了汉代名闻全国，扬雄《蜀都赋》赞曰："尔乃其人，自造其锦，紌繏缍须，缕缘庐中，发文扬彩，转代无穷。""紌"是用于被面装饰的锦；"繏"是锦带；"缍"是蜀锦的一个品种；"须"是锦制的鞋样；"缕"是旌旗上的锦直幅；"缘"是衣饰用锦。三国时诸葛亮从蜀国整体战略出发，把蜀锦生产作为军费的主要来源，并颁布法令说"今民贫国虚，决敌之资唯仰锦耳"，使蜀锦产量大增，并远销各地。成都当时还为工匠建立了锦官城，把作坊和工匠集中在一起管理。成都的别名"锦城"就是这样来的。而环绕成都的岷江，又名"锦江"，则是源于左思《蜀都赋》："伎巧之家，百室离房，机杼相和，贝锦斐成，濯色江波。"隋唐时期，蜀锦的织造技艺达到了新的高度，其时无论是花色品种还是图案色彩都有新的发展，并以写实、生动的花鸟图案为主的装饰题材和装饰图案，形成绚丽而生动的时代风格。两宋以后，由于战乱，蜀锦工匠几次大量外流，蜀锦生产受到严重摧残，声势明显下降，但它的传统纹样和机织工艺对全国织锦业影响巨大，如云锦和宋锦就是在吸收和消化了蜀锦纹样和织制工艺的精华后，才逐渐声名鹊起，成为著名特色名锦的，如图 5 所示。

图 5　蜀锦

唐以前的蜀锦都是经锦，此后的蜀锦则主要以纬锦为主。

织造经锦采用的是多综多蹑织机，在四川成都地区流传至今的丁桥织机就是这种类型的织机。利用丁桥织机可生产几十种花纹的花边以及十几种花绫、花锦。生产时加挂综片和踏杆的数量，视品种花纹复杂程度而定。经锦有一个显著的特点，即花色和底色的织物组织都是双层结构的复式平纹或复式斜纹，依靠织物纵向彩条经线的颜色来显现花纹，呈"彩条"式图案。

织造纬锦采用的是花楼提花机。这种织机通长一丈八尺，经面长一丈二尺以上。用 16 片棕控制经线沉浮，前面的 8 片棕用于管理织物显花部分的组织，起压花作用，后面的 8 片棕用于织造地组织。蜀锦织机从多综多蹑织机更新为花楼织机，由综片提花到花楼提花，是蜀锦织造技术上的一个重大转折和进步，它突破了经锦对图案和配色上的局限，使蜀锦有了更广阔的发展空间。

蜀锦以织物质地厚重、织纹精细匀实、图案取材广泛、纹样古雅、色彩绚烂、浓淡合宜、对比强烈、极具地方特色著称。其纹样多用龙、凤、福、禄、寿、喜、竹、梅、兰、菊等，色彩除了传统的大红外，还用水红、翠绿、杏黄、青、蓝等较为柔和的色调作底色，以对比强烈的色彩作花色。近现代蜀锦在继承传统的基础上又有了新的发展，生产的主要产品可分为八大类。其中最具特色的有利用经线彩条宽窄的相对变化来表现特殊艺术效果的雨丝锦、利用经线彩条的深浅层次变化为特点的月华锦、在单底色上织出彩色方格再配以各色图案的方方锦、根据落花流水荡起的涟漪而设计的浣花锦等多种。

宋锦是一种用彩纬显花的纬锦，产于以苏州、杭州为中心的江南一带。由于其花纹图案主要是继承唐和唐以前的传统纹样，故又被称为仿古宋锦。相传在宋高宗南渡后，为满足当时宫廷服装和书画装饰的需要，在苏州设立织造署而开始生产的，至南宋末年时已有紫鸾鹊锦、青楼台锦等40多个品种。宋代朝廷文武百官还以宋锦为袍服，其纹样按职务高低各有定制，分为翠毛、宜男、云雁、瑞草、狮子、练鹊、宝照，共计 7 种。明清时期苏州宋锦生产最盛，其宫廷织造和民间丝织产销两旺，素有“东北半城，万户机声”之称。清康熙年间，有人从江苏泰兴季氏家购得宋代《淳化阁帖》十帙，揭取其上原裱宋代织锦22种，转售苏州机户摹取花样，并改进其工艺进行生产，苏州宋锦名声由此益盛，如图6所示。

图6　宋锦

根据织物结构、工艺、用料以及使用性能，宋锦通常分为重锦、细锦、匣锦和小锦四类，它们各有不同的风格和用途。

重锦是宋锦中最贵重的一种。它质地厚重精致，花色层次丰富。特点是多使用金银线，并采用多股丝线合股的长抛梭、短抛梭和局部抛梭的织造工艺。常用图案有植物花卉纹、龟背纹、盘绦纹、八宝纹等。产品主要用于各类陈设品。

细锦是宋锦中最具代表性的一种。它的风格、工艺与重锦大致相近，只是所用丝线较细，长梭重数较少。以前用全蚕丝织制，近代为降低成本，多采用蚕丝与人造丝交织。由于织物厚薄适中，被广泛用于服饰、高档书画及贵重礼品的装饰、装帧等。常用图案一般以几何花纹为骨架，内填以花卉、八宝、八仙、八吉祥、瑞草等纹样。

匣锦是宋锦中的中低档产品。通常采用蚕丝与棉纱交织，工艺多采用一两把长抛梭再加一把短抛梭。纹样多为小型几何花纹或小型写实花纹。由于经纬配置稀松，常于背面刮一层糊料使其挺括。用于一般的装裱和囊匣。

小锦是宋锦中派生出来的一种最轻薄的中低档产品，是平素或小提花织物，通常以彩条熟丝为经线，生丝为纬线。因质地薄，故适宜于装裱小件物品或制作锦盒。

宋锦色彩丰富，层次分明，不用强烈的对比色，而是以几种明暗层次相近的颜色做渲晕。它的地纹色大多运用米黄、蓝灰、泥金、湖色等；主花的花蕊或图案的特征用比较温和而鲜艳的特殊色彩；花朵的包边或分隔两类色彩的小花纹则用协调而中和的间色。各种颜色的巧妙配合，形成宋锦庄严美观、渲晕相宜、繁而不乱、典雅和谐、古色古香的风格。

30 艺韵天下的四大名绣

刺绣，俗称绣花，是用针引彩线，按设计图案和色彩，在织物上刺缀运针，以缝迹构成花纹的装饰织物。由于刺绣在艺术表现上不受织造技术的限制，所以构图和风格显得生动流畅，惟妙惟肖。刺绣的起源可追溯到商周时代，但它的针法成熟是在春秋以后。唐宋时期是刺绣发展的一个高峰时期，各种针法差不多都是在此期间出现的。明清是刺绣发展的鼎盛时期，其时宫廷绣作和民间绣坊规模和数量均有所增加，众多的城乡妇女也把刺绣作为必学的技能之一，而且商品绣形成了各具特色的地方体系，现被称为四大名绣的苏绣、湘绣、蜀绣、粤绣，即是在这个时期先后出现的。清代刺绣工艺家丁佩于道光元年（1821 年）写成《绣谱》一书，是我国第一部有关刺绣工艺的专著。

20 世纪初，苏绣艺术家沈寿在传统刺绣的基础上，创造了仿真绣，使人物绣像更加生动传神。1914 年，江苏南通女红传习所成立，沈寿任所长。1930 年，江苏丹阳正则女子职业学校杨守玉借鉴西洋绘画的手法，创造了乱针绣。1955 年以后，中国刺绣有了很大的发展，并以苏州、长沙、成都、广州为流传重点地区，苏绣、湘绣、蜀绣、粤绣成为中国四大名绣，享誉国内外。此外，江苏南通、北京、河南开封、浙江温州、湖北武汉、陕西西安等地的刺绣也都各有特色。例如，江苏南通工艺美术研究所继承并发展了民间刺绣中点彩、纳金的传统针法，结合印染、盘金、平金等技法，创造了彩锦绣，具有工艺独特、装饰性强、色彩明快、针法多变等特色。陕西西安工艺美术研究所借鉴民间刺绣中纳纱等针法，以方格纱罗为面料，创造了穿罗绣，图案夸张，装饰性强。中国少数民族的刺绣也很繁荣，多以衣服、帽、鞋、腰带等装饰为主，装饰的部位大多在衣服的领口、衣襟、袖边、裙腰处，既美观，又耐磨，色彩对比强烈。

刺绣的品种虽多，但大体上可分为日用品和欣赏品两大类。日用品有室内用品（如被面、枕套、椅垫、台毯、门帘、帐沿、台布、床罩、靠垫、帷幔）、日常服饰（如绣衣、披肩、腰带、鞋、帽、围巾、荷包、手帕、扇袋、纱丽、手套）、戏衣、寿衣以及宗教用品（佛幡、拜垫、宗教装饰画）等。绣衣是现代刺绣的主要品种，以女式为主，有礼服、夜宴服、衬衫、旗袍、连衣裙、睡衣、晨衣、浴衣等。欣赏品有通景屏、中堂、屏条、座屏、册页等。

刺绣工艺可分为图案设计、绣制、缝合、装裱等工序。图案设计须按日用品、欣赏品等不同品种的要求进行，应充分发挥刺绣艺术的特长。绣制是艺人们在织物上下反复穿刺，积丝累线，以表现图案和意境，绣制中运针的方法称为针法，是刺绣工艺中重要的技法。每种针法都有一定的运针规律、线条组织形式和独特的艺术效果。艺人们只有正确掌握形象、图案的轮廓、形体、质感以及针法中的丝理（线条排列的方向）、光泽、色彩等独特的技法，才能表现出刺绣精细的艺术效果。

刺绣的针法很多，大致可分为9类40多种。平绣类有直缠、横缠、斜缠、正抢、反抢、叠抢、平套、散套、集套、擞和、施针等。平绣类的针法适宜于表现花瓣和色彩晕染的效果。条纹绣类有接针、滚针、切针、辫子股、平金、盘金等。这类刺绣的针法适宜于表现鸟兽的毛、羽和人物的须、眉以及花蕊等。点绣类有打子、结子、拉尾子等。编绣类有挑绒、鸡毛针、编针、格锦针等。网绣类有冰纹针、网绣、挑花、桂花针、松针等。纱绣类有纳锦、戳纱、打点绣等。纱绣类针法是以不同长短的线条参差排列，交接成各种几何图案，富有装饰性。乱针绣类有大乱针、小乱针。乱针绣类针法，线条组织灵活，分层重叠，善于表现肖像、风景、动物等色彩丰富的绣稿。辅助针法类有扎针、刻鳞针、施毛针等。辅助针法在绣品中起辅助、点缀作用，与其他针法结合运用。变体绣类有贴绣、穿珠、借色绣、叠绣、虚实针等。

苏绣是以江苏省苏州地区为生产中心的传统民间手工丝线刺绣，如图7所示。

传说古代苏州有个聪颖美丽的姑娘，在结婚前赶制一件新嫁衣，一不小心在襟上戳了一个洞。她急中生智，用彩线绣了一朵小花，既掩盖了破绽，又显得格外漂亮。从此开始，苏州人就喜欢穿绣花衣服了。另据《说苑》记载：“晋平公使

图7　苏绣

叔向聘吴，吴人饰舟以送之，左五百人，右五百人，有绣衣而豹裘者，有棉衣而狐裘者。”可见早在春秋时期，吴人已开始应用刺绣工艺美化生活了。当时，吴国（位于今江苏、安徽、浙江，建都苏州）在迎送的使节中就有人身着绣衣。

三国时期，苏州地区刺绣已发展到一定水平。但当时该地区的刺绣技艺还不及北方，直到晚唐，这种情况逐渐改变。以后，随着南方经济文化的发展，苏州地区的刺绣技艺亦日益得到发展提高。到了宋朝，苏州由于其栽桑养蚕业的蓬勃发展而成为丝绸之乡。城乡手工业作坊林立，机房鳞次栉比，夫络妻织，使刺绣得到空前发展，呈现出一派繁荣景象。当时的朝廷在这里设立了“绣庄”，城内有“绣线巷”“滚绣坊”“绣花弄”等坊巷，各种绣品也逐渐从日用品发展为欣赏品。在元、明、清时期，苏绣都有不少创新与发展，在观赏品中，大多以名人书画为绣稿，把国画与刺绣有机地结合起来并融为一体，题材极为广泛。在构图技巧上讲究平衡对称，花纹图案繁多，层次分明叠峦，画面栩栩如生，既有仙鹤、凤凰、野兔、金鱼、双鲤、小猫、鹭鸶、白孔雀、喜鹊、麒麟等表示吉祥的动物，也有玉兰、牡丹、海棠、幽兰、灵芝、桂芝、百合、梅花、松林柏、竹叶等名贵植物，还有人物历史故事画像，把苏绣的技巧提高到一个崭新的水平。人们常用“慧女春风手，百花指端吐，菩萨观花中，自然结真果”的妙句来颂扬明代苏州吴县绣女薛素素的画绣。此时的苏绣已形成了自己独特的“精、细、雅、洁”风格。清朝的苏绣在技艺上达到了鼎盛时期，当时的双面绣已达到相当娴熟的程度，成为刺绣技艺中独树一帜的精品。

苏绣的品种繁多，日用品有被面、靠垫、绣衣、鞋面、荷包、扇套、床挂件、枕套、台毯、床罩等几十种。苏绣的欣赏品主要有屏风、挂屏、台屏、册页等，它又可分为闺阁绣和商品绣。闺阁绣在历代都为闺阁名媛绣制而自用，大多以画家的国画为绣稿，运针以线条长短参差、调色和顺的擞和针与套针为主，色彩和谐，作为书房、闺阁内的陈设品。商品绣的绣稿出于民间画工之手，构图匀称而丰满，绣工比较粗放，运用平套、抢针、打子等针法，装饰性强，产品大多作为喜庆、寿辰的馈赠礼物。

苏绣的分类，按针法和技法分有平绣、乱针绣、打子绣、精微绣（规格较小、绣制精细的绣品）、双面绣等。其中，双面绣是苏绣的主要品种，它是在上下一次运针的过程中，正反两面产生图案、针法和色彩完全相同的艺术效果，可供两面观赏，集中体现了苏绣的高超技艺。其代表作品有“小猫”“金鱼”等，曾先后在1984年波兰第56届波兹南国际博览会、1986年保加利亚普罗夫迪夫国际博览会获金奖。双面绣“小猫”的毛丝和眼睛的用线，最细的为一根丝线的1/48股，并根据毛丝的生长规律、猫的动态和色彩要求，运用了多种针法。20世纪60年代以来，又发展了双面异色绣和双面三异绣。

苏绣的主要艺术特点是构图简练，主题突出，图案工整娟秀，色彩清新高雅，针法丰富，技巧精湛，雅艳相宜，擘丝细如游丝，绣工精巧，细腻绝伦。就苏绣的针法而言，极其丰富而变化无穷，共有9大类43种，且各具特色。日用品主要针法有平套针、齐针、抢针、刻鳞针等。欣赏品主要针法有散套针、乱针、施针、打子、戳纱等。但是，两者并不是截然分开的，因为一幅绣品往往要运用多种针法才能达到良好的艺术效果。例如，运用施针、滚针绣的珍禽异兽，毛丝松顺，活灵活现，栩栩如生；采用散套针绣的花卉，活色生香，尽态尽妍；使用乱针绣的人像和风景，线条活泼流畅，色彩丰富，层次分明，形态逼真，立体感强；采用戳针绣的装饰图案，线条组织多变，艺术效果强，富有浓郁的民间、民族特色；使用打点绣的绣品，则清静淡雅，极富诗情画意；运用打子绣的绣品，则具有古色古香、淳朴深厚的艺术效果。技巧上的平、齐、细、密、和、光、匀、顺，其含义是：平是指绣面平服、熨帖；齐是指轮廓边缘和针脚整齐；细是指针工精细；密是指丝线排列既细又密；和是指配色合度；光是指光彩夺目；匀是指粗细适宜，疏密相称；顺是指丝理圆转自如。

湘绣是以湖南省长沙市为生产中心的手工丝线刺绣产品的总称，是在湖南民间刺绣的基础上吸取了苏绣和广绣的优点而发展起来的。湘绣使用不同颜色的线相互掺和，逐渐变化，色彩丰富饱满，色调和谐。图案借鉴了中国画的长处，所绣内容多为山水、人物、走兽等，尤其是湘绣的狮、虎题材，形象逼真，栩栩如生，令人赞叹不已，如图8所示。

图8　湘绣

早在战国时期，湘绣就已有了较高的艺

术水平和娴熟的技艺。从1958年在长沙楚墓中发现的龙凤图案绣品来看，是在极细密的丝绢上运用连环针刺绣而成的，其针脚整齐，绣工精细，图案生动活泼，令人赞叹。而1972年在长沙马王堆发掘的西汉墓中，出土的湘绣制品有41件刺绣衣物和一幅装饰内棺的铺绒绣锦，绣品采用的图案有十余种，绣线均为未加捻的彩色散丝，色相多达18种。在刺绣的针法上，则采用了连环针、齐针（或平针）、接针和打子针等多种针法，使绣品产生针脚整齐、线条洒脱而丰富、图案多样的特点。而且这些绣品的绣工是非常娴熟的，具有很扎实的功底。在一定程度上反映了西汉时期的湘绣工艺已达到了相当高的水平。到了清朝，湘绣已遍及湖南广大城乡，处处可见“母友相传，邻亲相授”的传艺学艺生动场面，特别是在长沙一带，家家户户的农村妇女在劳作之余，不仅用绣针和彩线来美化生活，而且开始把绣花作为谋生的手段。在19世纪末至20世纪初的短短十余年间，长沙一带设立的湘绣绣庄就达40多家，其中一些绣庄还在北京、上海、天津、武汉、沈阳等地设立了分庄，大大推动了湘绣的发展，使其表现手段不断丰富，湘绣独特的艺术风格更加突显。到了20世纪上半叶，湘绣的艺术水平得到进一步提高，表现手段更加丰富而细腻，名家名作不断涌现。湘绣人物惟妙惟肖；而写意山水则更是“色晕墨润”，浑笔墨于无痕，“不审视，不知其为绣画也”；小行书字屏则更为娟秀，“字格簪花，迹灭针线”。这些“绝针”之作均出自于湘绣艺人之手，曾名噪一时，受到国内外人士的赞誉。

湘绣的“绝招”要数20世纪下半叶出现的双面全异绣，它是绣工在同一底料的正反两面刺绣画面、色彩、针法都不相同的绣品，这是刺绣技艺上的一次重大突破。巧妙的设计与变化的针法紧密结合，使湘绣技艺达到一个更高的水平。例如，一幅《狮虎》座屏绣品的一面是一只仰天长啸的上山虎，而另一面是一只低首夜行的下山狮，一上一下，正面的虎头转到反面变成了狮尾，两面的形象迥然不同。又如湘绣艺人采用传统的掺针、平针、游针等针法绣制的《花木兰》绣屏，一面是女扮男装、金衣铁甲的花木兰的威武形象，而另一面却是花木兰脱去战时袍又着女儿装的闺秀模样。两种截然不同的画面十分简要地概括出花木兰女扮男装、替父从军、凯旋而归的动人故事内容。在这幅绣屏中，艺人采用的仍是传统的掺针、平针、游针等针法，运用高超的技艺，使花木兰这位英雄人物的形象跃然于绣屏上，除了令人叹服之外，更是回味无穷。

湘绣的品种较多，日用品主要有官服、镜袋、扇套、手帕、荷包、椅披、桌围、被面、枕套、帐帘、神袍、戏装、袈裟、绣衣、绣鞋等。欣赏品有中堂、条屏、屏风等。

湘绣的主要特点是既吸收了传统绘画的优点，又充分发挥刺绣工艺的特长，形成的景象写实，设色鲜明，具有风格质朴的地方特色。在构图上，主题突出，虚实结合，大胆利用绣料上的大片空白，既省工，又美观。在造型手法上，则在线描的基础上，适当地有些明暗对比变化，以加强物像的质感和主体感。湘绣使用的针法除了常用的掺针（又称搀针）外，还有游针、毛针、鬅毛针、齐针、平针、网针、打子针、交叉针（又称乱针）等几十种。狮、虎是湘绣的传统题材，特别以虎更为著名。为了表现猛虎皮毛的质感，湖南刺绣艺人在毛针的基础上创制了鬅毛针。后来，又由著名匠师余冬姑、余振辉姐妹俩加以不断完善与提高。鬅毛针的绣法是使丝线排列成聚散状撑开，一端粗疏、松散，一端细密，使之如同真毛一样，一端入肉，一端鬅起。经过艺人层层加绣后，所绣制的虎毛，刚劲竖立，力贯毫端，栩栩如生。

蜀绣又称川绣，是以四川省成都市为生产中心的手工丝线刺绣，是中国四大名绣之一。

四川在古代称蜀国，相传为蚕丝氏创建。据清代汉学家段玉裁所著《荣县志》记载："蚕以蜀为盛，故蜀曰蚕丛。"在西汉司马迁所著《史记》等书中都有关于春秋以前蜀国的帛远销秦及吴越的记载，说明蜀绣的丝织生产很早就具有相当的规模和普遍的群众基础。西汉辞赋家杨雄是蜀郡成都人，在他所著的《蜀都赋》中便有"若挥锦布绣，望芒兮无福"的描写。在宋代《全蜀艺文志》中也有"织文锦绣，穷工极巧"的描述。以后，随着社会的发展、生产力的进步，在四川出现了刺绣手工作坊。在清道光十年，经官方同意，成立了由店主、领工和工人共同组成的行会性质的"三皇神会"。根据市场经营的需要，又分为穿货、行头、灯彩三个不同的门类，它们之间有明确的分工：穿货业主要生产黼黻、霞帔、挽袖及其他实用品；行头业主要生产剧装、神袍；而灯彩业则专门生产红白喜事用的围屏、彩帐等，同时还开设租赁业务。由此可见，蜀绣在清朝已得到空前发展，除日常用品的绣品外，还生产各种规格的欣赏品，如中堂、斗方、横推、条幅等，其题材广泛，内容丰富，如图 9 所示。

图 9　蜀绣

蜀绣的画稿来源于名人佳作，为蜀绣的发展提供了艺术基础，并造就了一批各具专长的绣工。蜀绣的成功之处在于对刺绣的原有针法进行了一番筛选和改造，在此基础上创造了一些新的针法，其中特别突出的要数表现色彩浓浅晕染效果的晕针，它是一种适应性强而又最具特色的针法，也是区分蜀绣与其他刺绣流派的主要标志之一。近年来，蜀绣又在晕针上施加辅助针，使其表现能力更强了。

蜀绣的绣品品种繁多，色彩丰富，具有深厚的地方风格。其图案主要以民间流行的题材为内容，一般是取其寓意或谐音来表达某个含义，常取吉祥喜庆等群众心目中美好的愿望为题材，如表示爱情的鸳鸯戏水，表示丰收的五谷丰登，表示吉祥的喜鹊闹梅，表示富贵的凤穿牡丹，表示家庭和睦、人丁两旺的五子登科，表示长寿的松柏仙鹤等。在以人物为题材的蜀绣中，除福禄寿三星、百子图一类的寓意性题材外，在彩帐上多取材于戏曲和民间流行的传奇故事，如郭子仪拜寿、穆桂英大宴、八仙过海、西游记故事等。双面异形主体绣也是蜀绣中的代表作品，如彭世平创作的“文君听琴”，在绣屏的正面绣的是卓文君在帘外听琴和司马相如在帘内弹琴的背影，而在绣屏的反面绣的是司马相如在帘内弹琴和卓文君在帘外听琴的背影，两面结合得惟妙惟肖、天衣无缝，而绣工的精细更是耐人寻味。

蜀绣起源于川西民间，不仅受到当地的自然环境、风俗和文化的影响，而且还在一定程度上受到销售地区的反馈影响。因此，蜀绣的风格特点在很大程度上体现出我国西南和西北地区人民的性格和爱好。蜀绣严谨细腻、浑厚圆润、光亮平整、鲜艳明快、寓虚灵于朴拙。其艺术特点是丝线粗细兼用，线片平顺，运针自如，针迹平齐，绣品旋针严谨细腻而一丝不苟，针脚整齐，掺色柔和，车拧自如，劲气生动，虚实得体。针法多而细腻，现有针法12大类132种。传统针法有织金绣、平金绣、打子绣、缠针绣、锁链绣、包绣、编绣等类，约有晕针、铺针、牵针、掺针等几十种。蜀绣日用品以软缎被面为主。欣赏品的传统品种是“芙蓉、鲤鱼”和“公鸡、鸡冠花”。“芙蓉、鲤鱼”是在白色软缎面料上绣制粉红色的芙蓉花和几条大小不一、摇头摆尾的鲤鱼，针法细腻，层次分明。仅一条鲤鱼就运用了30多种针法，如用虚实针表现鳍和尾的轻薄而透明的质感。“公鸡、鸡冠花”中的公鸡尾羽以晕针绣制，针迹排列平整而光亮，充分表现了闪耀着蓝、黑色光泽的羽毛质感。公鸡的鸡冠和鸡冠花都以打子针绣制，质地厚实而丰腴，使二者取得协调的效果。

图10 粤绣

粤绣是广东刺绣艺术的总称，包括了以广州为中心的“广绣”和以潮州为代表的“潮绣”两大流派。粤绣历史久远，题材广泛，多为百鸟朝阳、龙凤等图案，技艺精湛，构图饱满，繁而不乱，装饰性强，色彩浓郁鲜艳，绣线平整光亮，纹理清晰，线条洒脱，金银垫绣立体感强，绣品富丽堂皇，具有独特的地方风格和艺术特色，在我国刺绣艺术中独树一帜，与苏绣、湘绣、蜀绣并列，被誉为中国“四大名绣”，如图 10 所示。

唐代苏鹗在所撰的《杜阳杂篇》中是这样描述粤绣精湛技艺的：“永贞元年（805年）南海（郡名，治所在番禺，即今广州市）贡奇女卢眉娘，年十四，工巧无比，能于一尺绢上绣《法华经》七卷，字之大小，不逾粟粒而点划分明，细如毫发，其品题章句，无有遗阙。更善作飞仙，盖以丝一钩分为三股，染成五色，结为金盖玉重，其中有十洲三岛，天人玉女，台殿麟凤之象，而执幢捧节童子，亦不啻千数，其盖阔一丈，称无三两煎灵香台之则，坚韧不断。唐顺宗皇帝嘉其工谓之神姑……”

在唐代至五代十国期间，由于广州属于边疆地区未受到战乱的影响，刺绣与农业、手工业一样得到长足的发展。宋代至明代，粤绣的技艺又有了进一步的提高。在清朝乾隆年间，广州和潮州等地广设绣庄、绣坊，粤绣呈现一派欣欣向荣的景象。中华人民共和国成立后，在“双百”方针的推动下，名家名作不断涌现。

随着粤绣的繁荣，粤绣的品种也越来越多，应用范围十分广泛。其中高级绣品主要有条幅、挂屏、白屏等；一般绣品则涵盖了日常生活用品的各个方面，如刺绣画片、金银线挂裙、各种绣衣、鞋、帽、头巾、戏剧服装、披巾、头巾、被面、枕套、床楣、靠垫、手袋、帐衽、门帘、台布、床罩等；也有欣赏绣品，如“九龙屏风”“吹箫引凤”等佳作。粤绣按刺绣技艺分，又有丝线绣、金银线绣、双面绣、垫绣等品种。

粤绣针法丰富，分类有基础针法、辅助针法、象形针法三大类，直针、续针、捆咬针、辅针、钉针、勒针、网绣针、打子针等 45 种。绣制时，根据设计意图及物像形状、质感和神态，巧妙地将各种针法互相配合和转换，以求达到良好的艺术效果。粤绣包括“广绣”和“潮绣”两大流派，因而其针法也因其流派的不同而不尽相同。“广绣”的针法主要有 7 大类 30 余种，包括直针、捆咬针、续针、铺针、编绣、绕绣、变体绣等，以及广州的金银线绣中的平绣、织锦绣、绕绣、凸绣、贴花绣等 6 大类 10 余种针法。而“潮绣”则有二针龙鳞转针、旋针、过桥针、凹针绣、垫筑绣等 60 多种钉金针法以及 40 余种绒绣针法，同时，艺人还运用了折绣、插绣、金银勾勒、棕丝勾勒等多种技巧，使“潮绣”在“绣、钉、垫、贴、拼、缀”等技艺上更趋完善，产生“平、浮、突、活”的艺术效果。

粤绣的特点：构图丰满，繁而不乱；图案工整，富于夸张；色彩艳丽，对比强烈；针法多样，善于变化。粤绣所运用的“水路”的独特技法，使绣出的图案层次分明，和谐统一。所谓“水路”是指在每一相邻近的刺绣面积之间，在起针点和落针点之间留出约 0.5mm 的等距离，从而在绣面形成空白的线条。例如，在花卉的每朵花瓣、鸟禽的鸟羽之间都留有一条清晰而匀齐的“水路”，使形象更加醒目。粤绣题材十分广泛，其中以龙、凤、牡丹、百鸟、南国佳果（如荔枝）、孔雀、鹦鹉、博古（仿古器皿）等传统题材为主。粤绣除采用丰富而多变的针法外，在创作设计方面还注重立意，善于把寓意吉祥和美好的愿望融入绣品中。在创作方法上源于生活而又重视传统，不满足于现实的描绘而追求更为美好的理想，与此同时，还善于汲取绘画和民间剪纸等多种艺术形式的长处，使绣品的构图饱满，繁而不乱，针步均匀，光亮平整，纹理清晰分明，物像形神兼备，充分体现了粤绣的地方风格和艺术特色。

在粤绣中值得一提的是金银线绣，又称钉金绣。它采用粤绣的传统针法，针法复杂、繁多，其中尤以潮州的金银线垫绣最为突出。金银线垫绣是在绣面上按照形象中需要隆起的部分，用较粗的丝线或是棉线一层层地叠绣至一定的高度，并做到外表匀滑、整齐，然后在其上施绣；或是以棉絮作垫底，在面层以丝线满铺绣制，然后在面层上施绣；或以棉絮作垫底，覆盖以丝绸，并将丝绸周围钉牢，然后在上面施绣。潮州刺绣“九龙屏风”，画面上为九条动态不同的蛟龙腾空飞舞，又以旭日、海水、祥云相连，组成九龙闹海、旭日东升、霞光万道的壮丽场面。绣品采用了金银线垫绣的技法，龙头、龙身下铺垫棉絮，高出绣面 2～3cm，充分表现了蛟龙丰满的肌肉、善舞的躯体及闪闪发光的鳞片，富于质感和立体感。

自中华人民共和国成立以来，粤绣出现了不少优秀作品，其中代表作品有“百鸟朝凤”“丹凤朝阳”“百花篮”“我爱小鸡”“鹦鹉”“晨曦”等。例如，“晨曦”是表现晨雾依稀，太阳初升，万物苏醒，孔雀在百花丛中开屏，翩翩起舞的美丽情景。艺人们在绣制孔雀尾时，用红、绿、蓝、黄、紫等色丝线掺和在一起，充分发挥了粤绣不同针法的特点和丝线光泽的优点，表现了由于受光部位不同而反射出不同色彩的艺术效果。艺人们又在孔雀的头、颈、胸、腹等部位，灵活地运用勾针、勒针等针法互相结合和转换，生动地表现出各部位翎羽的不同质感，活灵活现，令人叫绝。

31　另类刺绣——抽纱

抽纱又称花边、补花，是在刺绣基础上发展出来的一种工艺品，是用亚麻布、棉布或棉麻混纺布等材料，根据图案设计，在漂白或浅色地布上以手工将花纹部分的经线或纬线抽去露孔，然后加以连缀，形成透空的装饰花纹图案，故名抽纱。地布均为较稀疏的平纹组织构成，以利抽纱绣花。花纹布局是在织物的一角或对角或四周抽出纱条露出孔眼来绣成花纹图案。边形采用手绕圆形卷边。抽纱的特点是质地轻薄滑爽，光洁细致，图案布局特殊，独具精美的艺术风格，如图 11 所示。

图 11　抽纱

相传抽纱起源于意大利、法国和葡萄牙等国家，在清朝末期，法国、意大利的抽纱通过传教士之手传入我国沿海一带的烟台、上海、常熟、温州、汕头等地，并揉进我国传统的民间刺绣工艺，使我国民间抽纱的制作发生了重大的变化，形成了具有独特风格的艺术特色。

抽纱的基本针法有绣、锁、雕、抽、勒、编、挑、补八类。其制作工艺也有多种：一种是用细纱编织加刺绣，这种工艺也称花边；另一种是用亚麻布、棉布或棉麻混纺布等为地布，根据设计的图案，将花纹的部分经线或纬线抽去，形成网格组织，然后运用针线通过编、勒、织、绣等技法连缀成图案，这是一种典型的抽纱工艺；还有一种是运用扣针（蜀绣的基本针法，绣面具有凹凸效果）为主的针法，在绣出花纹后，再将轮廓内的部分纱线抽空。因其图案如雕镂而成，所以又将这种抽纱工艺称为雕绣。除此之外，还有其他抽纱制作工艺，如采用堆绫、贴绢方法制成的所谓补花等。抽纱产品多为台布、窗帘、盘垫、椅靠、手帕、服装服饰等装饰用。

20 世纪 80 年代后，随着对外贸易的飞速增长，国内形成了一批抽纱生产基地，主要分布在广东、浙江、江苏、山东、北京等地，抽纱艺人在制作中不断探索抽纱工艺与刺绣等工艺的结合，从而形成了各具地方特点的抽纱工艺品。其中比较有代表性的是汕头抽纱、萧山花边、常熟花边、烟台抽纱、北京补花等。

汕头抽纱采用优质棉布、亚麻布、玻璃纱以及化纤布料为地布，根据设计图案，用剪刀将布面中的部分经纬线挑断抽纱，然后在剩下的稀疏纱线上，运用多种针法，进行巧妙的互相交织、穿插、镶嵌、绣制而成。其特点是图案繁复多变，色调雅致柔和，绣工精致细腻，行针整齐匀称，绣面紧密有致，花纹玲珑剔透，富有立体感。主要用于手帕、台布、床罩、窗帘等。

萧山花边有万缕丝（纯线挑花）和镶边（有线结合绣）两大类。万缕丝也称万里丝，是“威尼斯”的谐音。因这种花边工艺是从意大利威尼斯城传入我国的，故此得名。采用优质棉线、亚麻布、白精纺、工艺纺、仿麻布作原料，根据设计图案，先在织物上划上许多小块，然后将每一小块衬牛皮纸，并在牛皮纸上打定线，依据所定之线绣成花纹后撕去纸稿，最后经洗烫整理而成。不仅有梅花、牡丹、葡萄、菊花、花卉、果木等植物图案，还有山水风景和动物图案，如“西湖风景”“蝶恋花”“熊猫啃竹”等，其中取材于杭州名胜的“西湖全景”大型窗帘，以细致多样的工针，挑制出巍巍宝塔、旭日倒影、苏堤六桥相连、三潭荷花吐芬、花港群鱼觅食、湖面碧波荡漾等画面，栩栩如生地描绘出西湖的绚丽景色，人见人爱，博得世人的好评。萧山花边素以构图新颖、绣工细腻、美观实用而蜚声中外，主要用于衣裙、披肩、床罩、台毯等产品。

常熟花边以雕绣技法见长，故又称雕绣。其工艺是先在织物上缝制花纹图案，然后在一定部位剪去绣地，使其镂空，以衬托和加强主题。其艺术特点是绣面明暗对比明显，立体感强。近年来，又在雕绣的基础上发展了抢绣、编织绣、彩绣等新工艺，针法丰富多变，色彩明亮而雅致，使制品或形象逼真，或虚实相映，或具浮雕效果，增强了装饰性。主要用于手帕、被面、床罩和窗帘等产品。

烟台抽纱工艺技法十分丰富，主要品种有雕平绣、满工扣锁、乳山扣眼、梭子花边、棒槌花边、手拿花边、网扣、钩针等。由于抽纱由欧洲首先传入烟台，是山东抽纱的发源地，故此得名。后虽向山东其他地区扩展，仍统称烟台抽纱。如雕平绣便产于烟台、文登、牟平、莱阳等地，其特点是在亚麻布、棉布上以丝光线绣制而成。绣制时运用镂、抽、勒、绣等多种工艺，具有图案严谨、层次分明的特点。图案常以牡丹、菊花、玫瑰、葡萄并配以各种卷草纹为主。满工扣锁产于威海，也称威海满工扣锁，其特点是先用扣针在绣面上锁好图案的轮廓，然后裁去图案以外的轮廓，以形成镂空；其绣面层次清晰，立体感强，具有雕镂的艺术效果。乳山扣眼主要产于乳山，其特点是在图案的边缘用扣针连锁，制成花纹，使绣面的图案花中有花，互相衬托，相映成辉。梭子花边主要产于蓬莱，其特点是用线缠在一种如桃叶形的小梭上，以手工穿连编织而成，用来镶拼在各种衣裙和台布等制品上，使制品更加典雅别致，美观大方，生动活泼。棒槌花边主要产于烟台、栖霞、牟平、蓬莱等地，其特点是采用优质棉线，按照设计样稿，采用数十个至上百个特制的小棒槌以手工编织而成；其工艺精巧，编制精细，玲珑剔透，花样新颖别致；主要用于装饰手帕、衣裙、枕套、被单和窗帘等。手拿花边主要产于荣城、即墨等地，其特点是工艺精湛，花样新颖，玲珑剔透，挺拔坚实；主要用于台布、床罩和其他织绣的镶边。网扣主要产于招远等地，其工艺是先用纱线根据设计的图案结成方格网布，然后在网底上用棉线连缀花纹图案；花纹图案主要有几何纹以及竹、花、果等，网眼有大有小，一般有三扣（每平方英寸内有三孔，其余类推）、四扣、五扣，最多可达十二扣。造型别致，风格高雅；主要用于床罩、台布和窗帘等装饰。钩针主要产于胶东一带；制作时，运用特制的弯曲钩针来勾拉、缠绕棉纱而编织出花纹图案，具有造型美观大方、风格高雅等特点；主要用于头巾、披肩和盘垫等产品。

北京补花是具有我国传统特色的抽纱产品，是从传统的堆绫、贴绢的工艺基础上发展而来的，即按设计先用丝织物剪成图案，然后再单层平贴在绫缎上而制成的绣品。现在的北京补花，则在堆绫、贴绢的传统技艺上融进了刺绣工艺，使其图案丰富了艺术表现力，其特点是图案造型简练，布局层次分明有致，虚实相间，虚虚实实，色彩明快，装饰性很强。主要用于餐厅用品和床上用品等。

32 通经断纬的缂丝

缂丝在古代最初称为织成，后来因其表面花纹和地纹的连接处有明显像刀刻一般的断痕，自宋代起又称刻丝、剋丝、克丝。它实际上是一种以蚕丝为经线，各色熟丝为纬线，用结织技术织作的一种高级显花织物。缂丝的起源很早，可以追溯到汉代，当时达官贵人祭祀天地和参加重要典礼的礼服就是用它为衣料制成的。据《后汉书·舆服志》记载“公侯九卿之下，（衮服）皆为织成”。晋以后缂丝织作技术有了较大进步，织品日臻精细，出现了一些以佛像、人物和各种物体作纹样主题的织物。同时它在织物中的地位也大为提高，除了皇帝的衮服逐渐地改用缂丝外，在其他需要织物显示尊贵的地方也一律以缂丝充任。例如，南北朝和唐代的内府在整理其收藏的王羲之、王献之书法时，对于上品均用缂丝装裱，较次的用锦装裱。至宋代，缂丝不仅在织作技术方面达到了完全成熟的程度，在制作原则方面，也有了很大变化，即从单纯制作服用的织物，发展为兼作专供欣赏的纯艺术品。宋、元、明、清四代出现了许多具有熟练技术的缂丝名匠，其中最为著名的有南宋的朱克柔、沈子番、吴煦，明代的朱良栋、吴圻等，他们都有不少传世佳作。如朱克柔有“莲塘乳鸭图”“山茶”“牡丹”等，其作品特点是手法细腻，运丝流畅，配色柔和，晕渲效果好，立体感强。沈子番有“青碧山水”

“花鸟”“山水”“梅花寒鹊”等，其作品特点是手法刚劲，花枝挺秀，色彩浓淡相宜。这些名家之作，不但可与所仿名人书画一争长短，有的艺术水平和价值甚至远远地超过了原作，对后世影响很大，如图 12 所示。

缂丝虽属平纹织物，但它的织法不同于一般织品，是采用通经断纬的方法织成的。所谓“通经断纬”不同于一般丝织物的提花结本，它是用小梭、拨子等工具，采用结、贯、勾、抢和长短梭等技法，将各色彩纬按经纱上所描花纹轮廓或颜色分块与经纱交织。具体操作方法是：织前，先将画稿或画样衬于经纱之下，织工用笔将花纹轮廓描绘到经纱上。织时，不是只用一把梭子通投到底，而是根据花纹图案的不同颜色，把每梭纬纱分成几段，用若干把具有各种色彩的小梭子分织。宋代庄绰曾在他写的《鸡肋篇》中对缂丝的织造特点做过详细描述：“定州织刻丝，不用大机，以熟色丝经于木杼之上，随所欲作花草禽兽状。以小梭织纬时，先留其处，方以杂色线缀于经线之上，合以成文。若不相连，承空观之，如雕镂之象，故名刻丝。如妇人一衣，终岁可得，虽作百花，使不相类亦可，盖纬线非通梭所织也。”其中所谓“盖纬线非通梭所织也”就是指断纬而言，如图 13 所示。

图 12　缂丝

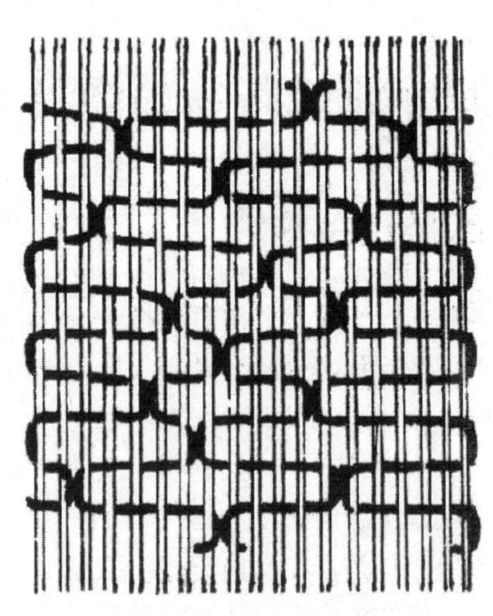
图 13　缂丝组织结构图

缂丝的织作技术与其他的织作技术相比较，在效率上诚然是低的，但因它具有制作精良、古朴典雅、精美绝伦的艺术特点，被尊为“织中之圣”，同时由于经得起摸、擦、揉、搓、洗，又赢得“千年不坏艺术织品”之美誉。

33 朴拙大方的蓝印花布

蓝印花布是指人们长期以来习惯于采用植物蓝草为染料，用黄豆粉和石灰粉为染浆，刻纸为版，滤浆漏印的灰染蓝白花布，又称靛蓝花布，古称药斑布、浇花布和豆染布等，是中国传统的印染手工艺品。它那朴拙大方的文化韵味，在中国传统民间艺术中堪称独树一帜，散发着东方文化魅人的芳香，如图 14 所示。

图 14 蓝地白花印花布

蓝印花布是采用全棉白布，用从蓝草中提取的靛蓝作染料，将镂空花版铺在白布上，用刮浆板把防染剂刮入花纹空隙漏印在布面上，待干燥后投入染缸中，下缸 20min 把布取出，让其氧化、透风 30min 后，再将其投入染缸中，一般要经过 6～8 次反复染色，使其达到所需颜色后，将其拿出在空气中氧化，待晾干后刮去防染浆粉，即可显现出蓝白花纹。由于是全手工操作，干燥后的浆不免会产生裂纹，因而形成了手工蓝印花布上特有的魅力——冰裂纹，这一现象在机印花布或不是采用传统方法加工的蓝印花布上是绝对不会发生的。蓝印花布的花纹都是一些吉祥喜庆的图案，而且都是平民百姓所喜闻乐见的。

蓝印花布一般可分为蓝地白花和白地蓝花两种形式：蓝地白花只需要用一块花版印花，构成的纹样的斑点通常是互不连接的，图案有梅、兰、竹、菊等；而白地蓝花的制作方法有所不同，通常需要采用两块花版进行套印，印第一遍的称为花版，印第二遍的称为盖版。盖版的作用是把花版的连接点和需要留白的地方遮盖起来，可更清楚地衬托出蓝色花纹。另一种印制白地蓝花的方法，是用一块单独的印花版衬以网状物，花版上的纹样无须每处都连接，刻好花版后用胶和漆把花版粘牢在大面积的网状物衬底上，然后再刮印浆料。有的蓝印花布还是双面的，这就需要在正面刮浆待干透后，利用拷贝桌在反面对准正面纹样再刮浆一次，这样染后就可得到双面的蓝印花布。蓝印花布图案题材丰富，这种简单、原始的蓝白两色，创造出一个淳朴、自然、典雅、千变万化、绚丽多姿的蓝白艺术世界。它的纹样图案都来自民间，取材于民间故事、戏剧人物以及动植物和花鸟组合成的吉祥纹样，采用暗喻、谐音、类比等手法尽情抒发了对美好未来的憧憬和信念。反映了平民百姓的喜闻乐见，寄托着人们对美满幸福生活的向往和朴素的审美情趣，无论是在题材上还是在内容上，老百姓那种健康和质朴的心灵，在民间的蓝印花布上都得到了形式和内容的完美统一，因而蓝印花布确实真实地反映了一种深厚的文化底蕴和艺术积淀。

蓝印花布起源于秦汉时期，新疆于田屋来克出土的蓝印花布，说明东汉时期蜡绘靛蓝防染的印花技艺已较成熟。蓝印花布兴盛于商业发达的唐宋时期。宋代称蓝印花布为药斑布，产于上海嘉定及安亭镇，是由一位姓归的匠师创制的。史载宋元之际桐乡蓝印花布极为繁荣，形成了当时的壮观景象——织机遍地、染坊连街、河上布船如织的繁华局面，其中石门（古称玉溪）的“丰同裕”“泰森”等染坊店一时成为行业中的翘楚，所制的有“瑞鹤鸣祥”“岁寒三友”“梅开五富”“榴开百子”等久负盛名的艺术佳品。据《古今图书集成》卷中记载：“药斑布——以布抹灰药而染青、候干，去灰药，则青白相间，有人物、花鸟、诗词各色，充衾幔之用。”另据《光绪通州志》记载：“种蓝成畦，五月刈曰二蓝，甓一池水，汲水浸入石灰，搅千下，戽去水，即成靛，用以染布，曰小缸青。”明清时期，药斑布又称浇花布，在民间广为流行，主要产于上海松江、江苏南通、海门、启东、徐州、淮阴、江都、苏州，以及浙江、安徽、山东、山西、湖南、湖北、四川、广东、河北等棉纺织手工业比较发达的地区，其中苏州的蓝印花布最为著名，被称为苏印。这些蓝印花布朴素大方，色调清新明快，图案淳朴、典丽、娟秀，深受海内外消费者的欢迎。

关于蓝印花布的来历，有一个传说故事。传说有一个姓梅的小伙子不小心在泥地里摔了一跤，身上的衣服变成了黄色，无论怎么洗也洗不掉，但人们看到后却很喜欢这种颜色，然后他就将此事告诉他一位姓葛的好朋友。后来，他们两人就专门从事把布染成黄色的职业，又有一个很偶然的机会，他们把布晾晒在树枝上，晒干时不小心被风吹落到地上，地上正好有一堆蓼蓝草，也就是现在所说的板蓝根草，草中含有一种成分叫靛蓝，可以把布染成蓝色，等他们发现这块布的时候，黄布已变成了一块“青一块、蓝一块”的花布，他们想这其中的奥妙肯定是在这个草上。于是，此后两人又经过多次研究，终于把布染成了蓝色，因此梅葛二人也就成为了印花布的祖师爷。

自 20 世纪 70 年代以来，传统蓝印花布的生产有了很大的发展，并以江苏南通、湖北天门、湖南醴陵、四川成都等地为主，特别是江苏南通地区的蓝印花布在日本等国家和有关地区很受欢迎。由于江苏南通地处于美丽而富饶的长江三角洲冲积平原，东临黄海，南倚长江，气候温宜，山清水秀，人杰地灵，物阜民丰，素有“崇川福地”之称。南通历来是人文荟萃之地，吴越文化、荆楚文化、齐鲁文化在此融汇，形成了江海平原独具特色的地域文化风情。在千余年的发展历史中，南通人民创造并发展了丰富多彩、名噪四方的民间工艺，诸如扎染、彩锦绣、木版印画、哨口风筝（板鹞）、工艺葫芦等。南通的蓝印花布始于明朝，流传至今，经过一代代民间艺人尤其是当代民间工艺家的不懈努力，从单一的土布制品发展为多种面料制品，从生活实用型发展成实用、装饰多种类型，从田野阡陌走向城市都会，创造了前所未有的辉煌。

34　色晕眩丽的扎染

扎染古称扎缬、绞缬、夹缬和染缬，是中国民间传统而独特的染色工艺。它是在织物上运用扎结成绺（或缝纫）浸染技艺印染成花纹的工艺，距今约有1500年的历史。云南大理称其为疙瘩花布、疙瘩花。宋末元初胡三省所撰的《资治通鉴备注》中较详细地描述了古代扎染的生产过程：“撮揉以线结之，而后染色，既染，则解其结，凡结处皆原色，与则入染矣，其色斑斓。”扎染工艺分为扎结和染色两步，它是采用纱、线、绳等工具，对织物进行扎、缝、缚、缀、夹等多种方法组合后进行染色，染色是用板蓝根及其他天然植物制成色浆进行染色，这是一种环保型的天然植物染料，对人体皮肤无任何伤害。扎染中各种捆扎技法的使用与多种染色技术相结合，染色后把打绞成结的线拆除，染成的图案纹样多变，各有特色，具有令人惊叹的艺术魅力，如其中的“卷上绞”，晕色丰富，变化万千而又自然，趣味无穷。更为使人惊奇的是扎结的每种花，即使有成千上万风格，染出后却不会有相同纹样的花出现，可以说这种独特微妙的艺术效果，是现代机械印染工艺难以达到的，如图15所示。

中国的扎染具有悠久的历史，但究竟起源于何时目前尚无定论。现存最早的扎染制品是东晋年代的绞缬印花绢。不过据史料记载，早在秦汉时期就有扎染，迄今已有两千多年的历史。到了东晋时期，扎染制品已经成熟，且品种繁多，扎结防染的绞缬绸已经有大批生产。当时生产的绞缬产品中，有较简单的小簇花样，如蜡梅、海棠、蝴蝶等；也有整幅的图案花样，如白色小圆点的“鱼子缬”、圆点稍大的“玛瑙缬”、紫地白花斑酷似梅花鹿的“鹿胎缬”等。在南北朝时期（公元420—589年），扎染制品被广泛用于制作妇女的衣着，在陶潜《搜神后记》一书中就有关于“紫缬襦”和“青裙”的记载。内容大意是：一个年轻的贵族妇女，上着“紫缬襦”，下着“青裙”，远看就好像梅花斑斑的鹿一样美丽。显然，这个

图 15 新疆吐鲁番阿斯塔那 85 号墓出土西凉时期的绛地白花绞缬绢

妇女穿的上衣是用有“鹿胎缬”花纹的绞缬制品做成。唐朝是我国古代经济繁荣、文化鼎盛时期，绞缬的纺织品在民间甚为流行，在宫廷更是广泛流行花纹精致秀美的绞缬绸，“青碧缬”衣裙成为唐代时尚的着装。此时扎染工艺还传入云南，由于云贵地区的水资源丰富，气候温暖，扎染得到较快发展。另据史料记载，盛唐时扎染技术传入日本等国家，日本将其视为国宝。从唐到宋，绞缬纺织品深受人们的喜爱，很多妇女都将它作为日常服装材料穿用，其流行程度在当时陶瓷和绘画作品上得到翔实反映。如当时制作的三彩陶俑、名画家周昉画的“簪花仕女图”以及敦煌千佛洞唐朝壁画上，都有身穿文献所记民间妇女流行服饰“青碧缬”的妇女造型。陶毅《清异录》记载，五代时，有人为了赶时髦，甚至不惜卖掉琴和剑去换一顶染缬帐。小小的一件纺织品，如此让人渴望拥有，足以说明绞缬制品在这一时期风行之盛、影响之深的程度。元代时，绞缬制品仍是流行之物，元代通俗读物《碎金》一书中记载有檀缬、蜀缬、锦缬等多种绞缬制品。到了明清时代，云南洱海白族地区的染织技术已达到相当高的水平，并出现了染布行会和著名的扎染品牌产品，如明朝的卫红布、清朝的喜洲布和大理布均是名噪一时的畅销产品。至民国时期，扎染在云南白族地区又有很大的发展与提高，此时居家扎染已相当普遍，周城、喜洲已成为名传四方的家家户户都有扎染作坊的中心。20 世纪 70 年代后，周城再现重要扎染基地的辉煌，不仅兴建有扎染厂，还有远近闻名的手工织染村，妇女个个在扎花，户户在入染。当地采用的染料都是生态的植物染料，如红花、紫草、蓝草等，采用的扎染工艺有米染、面染、豆染等多种。以豆染为例，采用豆面、石灰调成防染浆。或通过花板涂于布上，然后煮染，即可出现蓝地白花的效果；或根据设计图案要达到的效果，用线或绳子以各种方式绑扎布料或衣片，放入染液中，绑扎处因染料无法渗入而形成自然的特殊图案，也可将成衣直接扎染。绑扎可分为串扎和撮扎两种方式，前者获得的图案犹如露珠点点，典雅文静，而后者锋利的图案色彩对比强烈，清新而活泼。

扎染是中国一种古老的传统纺织品染色工艺，产品既有朴实浑厚的原始美，又有变换流动的现代美；既有传统中国水墨画的韵味美，又有现代神奇的朦胧美。用它做成的服装既传统又现代，视觉效果更是妙不可言。目前扎染已成为流行的手工艺，广泛应用于服装、领带、壁挂、床单、窗帘、桌椅帽、民族包、帽子、围巾、枕巾等上百个品种。

35　素雅质朴的蜡染制品

蜡缬，又称蜡染。传统的蜡染方法是先把蜜蜡加温熔化，再用三四寸的竹笔或铜片制成的蜡刀，蘸上蜡液在平整光洁的织物上绘出各种图案。待蜡冷凝后，将织物放在染液中染色，然后用沸水煮去蜡质。这样，有蜡的地方，蜡防止了染液的浸入而未上色，在周围已染色彩的衬托下，呈现出白色花卉图案。由于蜡凝结后的收缩以及织物的皱褶，蜡膜上往往会产生许多裂痕，入染后，色料渗入裂缝，成品花纹就出现了一丝丝不规则的色纹，形成蜡染制品独特的装饰效果，如图 16 所示。

图 16　蜡染

古代蜡染以靛蓝染色的制品最为普遍，但也有用色三种以上者。复色染时，因考虑不同颜色的相互浸润，花纹设计得比较大，所以其制品一般多用于帐子、帷幕等大型装饰布。

据研究，我国的蜡染工艺起源于西南地区的少数民族，秦汉时才逐渐在中原地区流行。1959 年新疆民丰东汉墓发掘出两块汉代蓝白蜡染花布，其中一块图案是由圆圈、圆点几何纹样组成花边，大面积地铺满平行交叉线构成的三角格子纹；

另一块则是小方块纹，下端有一个半体佛像。这两件蜡染制品所示图案纹样的精巧细致程度，为当时其他印花技术所不及，反映出汉代蜡染技术已经十分成熟。隋唐时蜡染技术发展很快，不仅可以染丝绸织物，也可以染布匹，颜色除单色散点小花外，还有不少五彩的大花。蜡染制品不仅在全国各地流行，有的还作为珍贵礼品送往国外。日本正仓院就藏有唐代蜡缬数件，其中“蜡缬象纹屏”和“蜡缬羊纹屏”均是经过精工设计和画蜡、点蜡工艺而得，是古代蜡缬中难得的精品。宋代时，中原地区的纺织印染技术有了较大进步，蜡染因其只适于常温染色，且色谱有一定的局限，逐渐被其他印花工艺取代。但是在边远地区，特别是少数民族聚居的贵州、广西一带，由于交通不便，技术交流受阻，加之蜡的资源丰富，蜡染工艺仍在继续发展流行。当时广西瑶族人民生产一种称为“瑶斑布”的蜡染制品，以其图案精美而驰名全国。此布虽然只有蓝白两种颜色，却很巧妙地运用了点、线、疏、密的结合，使整个画面色调饱满，层次鲜明，独具瑶族古朴的民风和情趣，突出地表现了蜡染简洁明快的风格。这种蜡染布的制作方法很独特，据周去非《岭外代答》记载：“以木板二片，镂成细花，用以夹布，而熔蜡灌于镂中，而后乃释板取布，投诸蓝中，布既受蓝，煮布以去其蜡，故能变成极细斑花，灿然可观。”这一古代传统技艺，至今仍在苗族、瑶族、布依族、仡佬族、水族、黎族中盛行不衰。20世纪70年代后，蜡染又有了新的发展，江苏（南通、南京）、河北和上海等地在传承传统的基础上进行了革新，取得了可喜的成果。现在的蜡染在艺术上借鉴了中国古代石刻图案和甲骨文、钟鼎文等书法，色彩古朴典雅，成为当代中国独特的蜡染工艺品。

关于蜡染的发明，在苗族地区的很多地方都流传有一首《蜡染歌》，叙述着有关蜡染起源的传说故事。据传说，有一个聪颖美貌的苗族姑娘不满足于身上衣着的单一色彩，总希望能在裙子上染出各种各样的花卉图案来，可是逐件衣物采用手工绘制实在太麻烦，但是，她一时又想不出什么好的办法来，总是终日为此闷闷不乐。有一天她看到一簇簇一丛丛的鲜花而久久发愣，这一美景使其在沉思中昏昏入睡。在朦胧的睡梦中有一个衣着漂亮的花仙子把她带到了一个美丽的百花园中，园里有无数的奇花异草，鸟语花香、蝶舞蜂忙。她在花园中看得入了迷，连蜜蜂爬满了她的衣裙也浑然不知，待她醒来一看，才知道刚才是睡着了，可是低头一看，花丛中的蜜蜂真的刚从身上飞走，并在她的衣裙上留下了斑斑点点的蜜汁和蜂蜡，相当难看。于是她只好把衣裙拿到存放有靛蓝的染桶中，想把衣裙重新染一次，试图把蜡迹覆盖掉。染完后，又把衣裙拿到沸水中去漂清浮色，当从沸水中取出衣裙时，奇迹出现了。深蓝色的衣裙上被蜂蜡沾过的地方出现了美丽的白花，她受此启发，立即找来蜂蜡，将其加热熔化后用树枝在白布上画出了蜡花图案，然后把它放到靛蓝染液中去染色，最后再用沸水溶掉蜂蜡，最终在布面上呈现出各种各样的白花，蜡染由此便出现了。此故事说明蜡染技艺的发明，是以人们对物质特性的重复认识和利用为基础的，并需要具备一定的环境因素和技术条件，因此它是在特定的物质条件和文化背景下产生和发展起来的。也就是说，蜡染技艺是基于人们对衣着美化的需要，在人类文明进步到一定程度后产生的，也是在多种染织工艺的基础上创造出来的。虽然如此，但由于西南少数民族集聚的地域广袤、民族多元化，因此形成了今天的不同形式与不同风格的蜡染艺术。按照蜡染的艺术风格可分为不同的类型和特征，如丹寨型、重安江型、织金型、榕江型、川南型、海南型和文山型等数种。

在印染的发展史中，蜡染的审美价值在于它在染色过程中所形成的美轮美奂的“冰裂纹”。这种纹路犹如人的指纹一样，绝不相同，展现出变幻莫测、清新自然的美感，大大提升了蜡染的艺术价值。除此以外，蜡染的文化价值也是很明显的。蜡染之所以能在少数民族地区世代相传，与它传承下来的传统图案所承载的文化内容密切相关。这些传统图案，造型不受自然形象细节的约束，出自天真的想象和大胆的夸张变化，具有巨大的神韵和魅力。既有各种几何图形，又有不同的自然现象，而且大多来自于人们的现实生活或是美丽的传说故事，具有浓郁的民族文化色彩。这也是蜡染制品一直流行不衰的真正原因，因为它那简练概括的造型，单纯明朗的色彩，夸张变形的装饰纹样，契合了现代文明的审美要求和现代时尚文化生活的需要。

36　地位显赫的龙袍

龙袍是皇家专用的礼服，又称龙衮，因袍上绣龙形图案，故名。其特点是盘领、右衽、黄色。实际上广义的皇帝礼服，无论上面有无龙形图案，都可以称为龙袍。在中国服装史上，龙袍是地位最显赫、气派最庄严、材质最珍贵、工艺最精良、文化内涵最丰富、政治气息最浓厚的传统礼仪服装，如图 17 所示。

中国龙文化背景是龙袍产生和发展的土壤，是龙文化辐射到服饰艺术上的一种具体表现。在古代中国人的意识中，龙无所不能，既能乘云上天，布云施雨，也能潜入深渊，兴风作浪。所以在中国流传的古代神话中，常把对人类发展具有盖世贡献的英雄和领袖人物尊奉为神，同时也视他们为龙或龙的化身。根据考古的发现，在距今约 8000 年前的辽宁省阜新市查海村新石器遗址中就出土有大型龙形堆塑，在其后的各个不同文化时期的遗址中几乎都曾发现过龙形纹样图案，且数量众多。到了夏王朝时期，中国的龙蛇纹样逐渐由原始氏族社会的神权象征转

图 17 龙袍

化为奴隶社会的王权象征。《虞书·益稷》云："予欲观古人之象，日、月、星辰、山、龙、华虫作会，宗彝、藻、火、粉米、黼、黻、絺绣，以五采彰施于五色，作服汝明。"这是帝舜训示夏禹的一段讲话，由于没有标点，历代学者曾有许多不同的解说，但大意是说国王的礼服要用 12 种含有政治意义的纹样作装饰，以作为王权的象征。即光照大地的日、月、星辰，人所仰望、能兴云雨的山，能够神变的龙，纹彩华丽的华虫（即雉鸡），纪念祖先的宗彝，象征文藻的藻（即水草），光炎向上的火（火苗），能够养人的粉米，象征决断权力的黼（斧），象征君臣关系和善恶的黻（两弓相背纹）等，合称"十二章"。说明从那个时期起君王的礼服上可能已出现了龙形纹样。不过从那个时期到以后的很长时间，龙袍都被称为龙衣，纹饰也与人们印象中的龙袍不同，上面的龙纹形象远不如后期的那么突出。

大约在元代，龙袍上才开始真正以龙纹为主题纹样，龙袍一词亦始见于文献中，并逐渐取代了以前"龙衣"的称谓。如"风清双雉扇，天近五龙袍""犹恐九霄风露早，明朝拟送衮龙袍"，这是见于《元诗选》中的两例。在《元史》中也出现了"五色绝生色云龙袍""金盘袍"两名称。在明代记载基层民众生产领域工艺流程和工具的书《天工开物》中，则出现了龙袍的产地和制作工艺等内容，谓："凡上供龙袍，我朝局在苏杭。其花楼高一丈五尺，能手两人，扳提花本。织过数寸，即换龙形。各房斗合，不出一手。赭黄亦先染丝，工器原无殊异，但人工慎重与资本皆数十倍，以效忠敬之谊。其中节目微细，不可得而详考云。"值得注意的是，在关于记录元明两代服饰典章的文献中，以龙纹为主题纹样的袍服都未以龙袍相称。由此可推知龙袍一词应该源自民间口语，并且在当时已有相当共识。

到了清代，龙袍一词正式载入服饰制度，成为一类服装。《皇朝礼器图式》对皇帝、皇后、皇太后、皇贵妃、贵妃、妃、嫔、皇太子和皇太子妃的吉服袍称为“龙袍”。《清会典》亦有类似记载。龙袍一词从民间口语，到成为典章中的正式服装类型词汇，犹如龙的出现，先有人们对龙的崇拜，才有龙与皇权的结合。龙袍亦是如此，先有人们对龙袍的认同，认为皇帝应该身着龙袍，龙袍加身是皇帝身份的象征。

明代以龙纹为主题纹样的袍服较多，按照衣服的形制和龙纹的分布大致可以分为衮服、常服、蟒服、龙纹大袖衣几种。

衮服之制初定于洪武十六年。据《明史》记载：“衮，玄衣黄裳，十二章，日、月、星辰、山、龙、华虫六章织于衣，宗彝、藻、火、粉米、黼、黻六章绣于裳。”洪武二十六年又改制为玄衣纁裳。依据《三才图会》中所绘的玄衣纁裳，日、月、星辰饰于两肩，山、华虫饰于袖端，龙纹饰于两袖，左袖升龙，右袖降龙，裳之纹样为对称的两列，自上而下依次为宗彝、藻、火、粉米、黼、黻六章。

常服之制初定于洪武三年，为四团龙窄袖袍。据《明史》记载：“皇帝常服，洪武三年定，乌纱折角向上巾，盘领窄袖袍，束带间用金、琥珀、透犀。”又于永乐三年明确规定皇帝常服袍用黄色，且袍之前后及两肩饰以织金盘龙纹。皇太子、皇子、亲王、郡王及世子之常服，袍用赤色，盘领窄袖，前后及两肩亦各织金盘龙纹。文武官员之常服，洪武三年定制，一品至六品穿四爪龙，许用金绣为之。洪武二十四年，又改文武官员之常服补子以禽鸟纹和兽纹为之。

蟒服本为赐服，蟒纹与龙纹相似，只少一爪，非特赐不许擅服，因而尤显珍贵。但明永乐以后非常流行，屡禁不止。在明代权臣严嵩家产查抄目录《天水冰山录》中记录有大量的蟒服以及蟒服件料，如“大红织金过肩蟒缎衣九件”“青织金妆花蟒龙缎衣二十件”等。其制据《明史》引《大政记》记载：“永乐以后，宦官在帝左右，必蟒服，制如曳撒，绣蟒于左右，系以鸾带，此燕闲之服也。次则飞鱼，唯入侍用之。贵而用事者，赐蟒，文武一品官所不易得也。单蟒面皆斜向，坐蟒则面正向，尤贵。又有膝襕者，亦如曳撒，上有蟒补，当膝处横织细云蟒，盖南郊及山陵扈从，便于乘马也。或召对燕见，君臣皆不用袍而用此。第蟒有五爪、四爪之分，襕有红黄之别耳。”

大袖衣，又称大衫，是明代女子常服的组成部分。据《明史》记载，洪武三年定制，皇后常服由“真红大袖衣霞帔，红罗长裙，红褙子”构成，其中“衣用织金龙凤纹，加绣饰”。永乐三年又更改服制，规定“大衫霞帔，衫黄，霞帔深青，织金云霞龙纹，或绣或铺翠圈金，饰以珠玉坠子，象龙纹”。

1957 年，在北京十三陵定陵发掘中有很多龙袍实物出土。这些龙袍的款式主要有五种：十二团龙十二章衮服；四团龙袍，在前胸、后背和两肩各饰团龙纹一个，其中胸背为正龙，两肩为行龙；柿蒂形龙袍，在盘领周围的两肩和前胸、后背部分形成柿蒂形装饰区，两肩为行龙，前胸、后背为两条正龙或两条行龙；柿蒂形过肩龙袍，柿蒂形内为两条过肩龙，龙头为正面，居于前胸、后背，龙尾向肩部分绕；过肩通袖龙裥袍，即在柿蒂形过肩龙袍形式基础上在两袖各列一条立龙龙襕，另外在前大襟、后襟下摆的当膝位置为饰有行龙四条的横襕，袍身的其他部位通织暗花。

清代冠服制度所指的“龙袍”实际上只包括皇帝和皇后的吉袍服，有冬服和夏服之分。皇帝冬服为明黄色，基本款式是由披领和上下衣裳相连的袍服相配而成，质地多用织成妆花缎等厚重织物，袍边缘处裱以紫貂。下裳与上衣相连之处有襞积，其右侧有一小正方形的衽，缝于下衫右侧边的外面。袍面上分布以龙纹为主题的“十二章”纹饰，间以五色云。其中有一款是在上衣两肩和前胸、后背各饰有正龙一条，下裳襞积饰有行龙六条。另有一款是在上衣两肩和前胸、后背饰正龙各一条，腰帷行龙五条，衽正龙一条，襞积前后身团龙各九条，下裳正龙二条，行龙四条，披领行龙二条，袖端正龙各一条，饰有行龙六条。夏服样式与冬服二款相同，质地改为妆花纱或缂丝等轻薄织物，边缘处裱以织金缎或织金绸。皇后的冬袍有三种样式。一式为圆领曲襟右衽，马蹄袖端，袍身无襞积，饰金龙九条，披领有行龙二条，袖端正龙各一条，接袖行龙各二条。二式为腰下有襞积，前胸、后背正龙各一条，两肩行龙各一条，腰部行龙前后各二条，下幅行龙前后各四条。三式除袍身加后裾外同一式。夏服则随季节以纱或缎为面料，式样如冬服二式或三式。

清代袍服制度对使用龙纹有着严格规定：五爪之龙用于皇族，四爪之蟒用于百官。宗室之外的大臣如蒙皇帝恩赐，赏穿五爪龙袍，要先挑去一爪，以别身份。如果在臣子的家中发现私藏或私自置备有正龙、升龙形象的五爪二角龙袍，就被视为欲谋大逆，要定僭越之罪。

龙袍的颜色也并非全是黄色。唐代以前，不同的朝代，不同的君王、皇帝，对袍服的颜色，时有规定，时无规定，往往会根据当时的观念和自身喜好而有所变化。如秦朝的龙袍颜色就为黑色，这是因为按五行说，始皇帝嬴政认为，秦之克周，犹如水之克火。既然周是“火气胜金，色尚赤”，那么秦就是水。因此，在秦朝黑色是最尊贵的颜色。西汉前期，国祚色几经改易。史载：“高祖之微时，尝杀大蛇。有物曰：蛇，白帝子也，而杀者赤帝子。”刘邦建汉后以此确定服色尚赤，皇袍用红绸，皇城宫殿四壁为紫红。汉文帝十三年（公元前 167 年），鲁人公孙臣上书，认为汉朝尚赤不合“五德终始论”，秦既为水德，汉取而代之，当为土德，服色应尚黄。但他的建议当时并没有被采纳。直到武帝继位三十多年后的元封七年（公元前 104 年），才正式宣布改制，颁行“太初历”，改元封七年为太初元年，以夏正为准，建寅之月（即今正月）为岁首；服色也从尚赤改为尚黄。据崔寔《四民月令》记载“柘，染色黄赤，人君所服”，表明东汉时柘木所染的柘（赭）黄已是皇帝服色之一。从隋唐开始，到明朝结束，柘（赭）黄这种黄中带赤的颜色，一直是皇帝的常服颜色。据《唐六典》记载：“隋文帝著柘黄袍、巾带听朝。”据《宋史·舆服志》记载：“衫袍，唐因隋制，天子常服赤黄、浅黄袍衫、折上巾、九还带、六合靴。宋因之，有赭黄、淡黄袍衫、玉装红束带、皂文靴，大宴则服之。又有赭黄、淡黄褛袍、红衫袍，常朝则服之。”因黄色是皇帝的常服颜色，在唐及以后文学作品中柘黄或赭黄的衣袍便成为天子的代称。如苏轼《书韩干牧马图》诗句：“岁时翦刷供帝闲，柘袍临池侍三千。”欧阳玄《陈抟睡图》诗句：“陈桥一夜柘袍黄，天下都无鼾睡床。”再如张端义《贵耳集》卷下记载：“黄巢五岁，侍翁父为菊花联句。翁思索未至，巢信口应曰：堪与百花为总首，自然天赐赭黄衣。巢之父怪欲击巢。”黄巢是唐末农民起义的领袖，在公元 880 年兵进长安，于含元殿即皇帝位，国号“大齐”，公元 880 年兵败人亡。这首诗是他少年时所作，反映出他少有大志，自信天生可以做皇帝，难怪其父听后惊吓得要打他。到了清代，龙袍的颜色虽然仍是黄色，但被改为明黄色。据《织染局簿册》记载，所用染材为黄栌和槐子，工艺为复染，两者拼色染即可得到饱和度较佳的明黄色。

在唐高宗总章年间（668—670 年），民间禁用黄色服装。据《新唐书·车服志》记载：“唐高祖以赭黄袍、巾带为常服。……既而天子袍衫稍用赤子黄，遂禁臣民服。”从此各代袭承。元代曾明令“庶人唯许服暗花纻丝、丝绸绫罗、毛毳，不许用赭黄”。明代弘治十七年（1504 年）禁臣民用黄，明申“玄、黄、紫、皂乃属正禁，即柳黄、明黄、姜黄诸色亦应禁之”。清代因用明黄服饰获罪的最著名案例发生于清初，当时顺治帝出于削减摄政多年的睿亲王多尔衮势力，借口多尔衮死后“僭用明黄龙衮”为敛服，并将此作为“觊觎之证”，追责其谋逆罪，剥夺一切封典，并毁墓掘尸。

37 乌纱帽趣史

我们在看传统戏剧特别是京剧时，常见到舞台上的“官员”头上戴有两翅的乌纱帽，现已成为博物馆展品和民间收藏品，如图 18 所示。乌纱帽到底是何物？又起源于何时呢？

乌纱帽是由男子穿礼服时所戴的“弁冠”转变而来。据《唐书·舆服志》记载，公服中的“弁冠”是由六块鹿皮缝合而成的尖顶帽子。后来渐以乌纱代替鹿皮，虽然形式依旧，但颜色已不同，名称亦被改成了乌纱帽。这种改变并不始于

图 18　乌纱帽

唐代，可以上溯至更早的南北朝时期。据记载，早在东晋成帝时，凡是在都城建康（南京）宫中做事的人，都戴一种用黑纱做成，称为“乌纱帢”的帽子。到了南北朝时，这种黑纱帽子流入民间，成为民间百姓常戴的一种便帽，人称“乌纱帽”。隋唐时，天子百官士庶都戴这种便帽。但为适应封建社会的等级制度，在乌纱帽上加饰玉块，并按玉饰多寡来显示官职大小。据记载，一品有九块，二品有八块，三品有七块，四品有六块，五品有五块，六品以下就不准装饰玉块了。宋太祖赵匡胤登基后，为防止议事时朝臣交头接耳，就下诏书改变乌纱帽的样式，令在乌纱帽的两边各加一个翅，这样只要脑袋一动，两只软翅就会忽悠忽悠地上下颤动，皇上居高临下，就会看得清清楚楚；并在乌纱帽上装饰不同的花纹，以区别官位的高低。明代开国皇帝朱元璋定都南京后，于洪武三年（1370 年）做出决定：凡文武百官上朝办公时，一律要戴乌纱帽、穿圆领衫、束腰带。另外，取得功名而未授官职的状元、进士等，也可戴乌纱帽。从此，乌纱帽遂成为官员的一种特有标志，平民百姓就不能问津了。

关于乌纱帽的具体发明人，据《宋书·五行志》记载：“明帝初，司徒建安王休仁统军赭圻，制乌纱帽，及抽帽裙。民间谓之‘司徒状’，京邑翕然相尚。”休仁是南朝宋文帝第十二子，元嘉二十九年封建安王。从这则记载来看，他发明的乌纱帽有别于当时常见的黑纱帽子，因其身份特殊，仿效之人甚众，一发不可收拾地成为时尚流行的帽子。另据《隋书·礼仪志》记载：“高祖常著乌纱帽，自朝贵以下，至于冗吏，通著入朝。”可见隋朝的开国皇帝杨坚，也是这种乌纱帽的爱用者。因为杨坚是皇帝，戴起来意义不同，上行下效的结果，使乌纱帽在朝廷和民间愈加流行。并佐证了乌纱帽在荣登官场之前，仅是一顶普通的便帽。

关于乌纱帽的制作，最初是用藤条编织，以草茎为里，纱为表，并涂上黑漆。后来官员戴用乌纱帽时由于纱经过涂漆后坚固而又轻便，于是去掉藤里不用，并在纱帽上“平施两脚，以铁为之”，这就是在帽子的两侧伸出两支硬翅。自宋初开始，此两翅逐渐加长。到了明代，乌纱帽已成为一种官帽，其形制是以铁丝为框，外蒙乌纱，帽身前低后高，两旁各插一翅，通体皆圆，帽内另用网巾以束发。乌纱帽的帽翅形状因戴用者的官职、身份不同而各有差异。按规定，文武百官在上朝朝拜或处理公务时均可戴之，一般与圆领衫配套穿戴，但官职如被罢免，则不得再戴。到了清朝，乌纱帽虽被红缨帽所取代，但乌纱帽仍成为人们口头上称呼官员的代名词，“丢掉乌纱帽”就意味着削职为民了，在民间一直沿用至今，乌纱帽被引申为官职的代名词。

38　明清时期官服上的“补子”

明清时期官服前胸和后背缀有用金线和彩丝绣制的各种禽兽图案的方块纹样，这就是“补子”，又称“官补”或“背胸”，简称“补”。不同等级官员的补子的图案不同，而文官和武将的补子又不同。文官的补子的图案用飞禽，武将的补子的图案用猛兽。官服上的补子，是识别官员等级的一种标识。补子随官职而存在，且受到朝廷的限制，不能大量制作。因此，有极高的工艺价值和历史价值。如今，它已成了一种珍贵的文物藏品。

在中国历史上，以服装上饰有的纹样图案显示穿用者的等级、职务由来已久。据《周礼》注及疏记载，当时就已规定天子祭祀时穿用的“玄衣纁裳”上面绘绣十二章纹，即日、月、星辰、山、龙、华虫、宗彝、藻、火、粉米、黼、黻，公爵绘绣其中的九章，侯、伯绘绣其中的七章、五章，以示等级。汉以后，十二章纹成为历代帝王的服章制度，一直沿用到近代袁世凯复辟帝制为止。不过，单纯以“补子”上的动物纹饰标明穿用者的等级、职务的历史，或仅可以追溯至武则天时。据《旧唐书·舆服志》记载：“延载元年五月，则天内出绯、紫单罗铭襟、背衫，赐文武三品以上。左右监门卫将军等饰以对狮子，左右卫饰以对麒麟，左右武威卫饰以对虎，左右豹韬卫饰以对豹，左右鹰扬卫饰以对鹰，左右玉钤卫饰以对鹘，左右金吾卫饰以对豸，诸王饰以盘龙及鹿，宰相饰以凤池，尚书饰以对雁。”从中可知，唐代曾出现靠服装上的动物纹样图案表示身份等级的事情，但其与明、清补子存在什么样的关系或是否有直接关系，尚需材料进一步证明。元代时，出现了前胸、后背处织有方形装饰图案的服装，而且实物在考古中有发现，方形纹饰多作花卉状，这种“胸背”在当时似乎并没有被作为官阶的标志，但不可否认，蒙元时期的胸背对于明代常服补子的产生具有一定的直接影响。

1368 年，明太祖朱元璋建立了明朝，采取了一系列措施，在政治上进一步加强中央集权制，以巩固其统治地位，并下诏书禁止穿胡服、姓胡姓、讲胡语。服制仍沿袭唐、宋之制，变化不大，但在品官服饰上更加注重等级标志。在颁布官服制度中，不同等级从头至脚都有所区别，使封建社会的等级观念在服饰上的表现达到登峰造极的程度。据《明会典》记载，洪武二十四年（1391 年）规定，补子图案公、侯、驸马、伯绣麒麟、白泽；文官绣禽，以示文明，其中，一品仙鹤，二品锦鸡，三品孔雀，四品云雁，五品白鹇，六品鹭鸶，七品鸂鶒，八品黄鹂，九品鹌鹑，如图 19 所示；武官绣兽，以示威猛，其中，一品、二品狮子，三品、四品虎豹，五品熊罴，六品、七品彪，八品犀牛，九品海马；杂职绣练鹊；风宪官绣獬豸。从此，代表官位的补子制度正式出台，并沿用到清朝灭亡。

明代的文武官员，在朝奏事及待班、谢恩以及每天升堂处理事务时，都要穿盘领式的袍服，即“工作服”。规定文官的袍服身长离地一寸，袖长过手，复回至肘。武官的袍服身长离地五寸，袖簏七寸，袖口仅出拳。公服的颜色和面料，一品至四品服色为绯色（红色），五品至七品为青色，八品至九品以及未入流的杂职官均为绿色。袍服的花纹以花径的大小来区别品级，如一品用大独科花，直径五寸，以下品级递减其花径大小。头戴漆纱幞头，两侧展角各一尺三寸。腰带一品用花玉或素玉，二品用犀，三品、四品用金荔枝，五品以下用乌角。袜皆青革，靴皆用皂。明示官位的补子即补缀于品官袍服的前胸、后背之处。补子大者可达 40cm，其形都是以方补的形式出现的，前后胸背一般都是整块，但也有对襟的服装，前片对剖为二。从色彩和纹样来看，以素色为多，底子大多为玄色（黑色），上用金线绣成各种规定的图案。五彩绣补较为少见。补子四周一般不用饰边，文官四品至八品的补子常织绣一对禽鸟。明代官员补子图案见下表。

图 19　明代文官补子图案

明代官员补子图案

品级	补子		服色	花纹直径
	文官	武官		
一品	仙鹤	狮子	绯色	大朵花，径五寸
二品	锦鸡	狮子	绯色	小朵花，径三寸
三品	孔雀	虎豹	绯色	散花无枝叶，径二寸
四品	云雁	虎豹	绯色	小朵花，径一寸五
五品	白鹇	熊罴	青色	小朵花，径一寸五
六品	鹭鸶	彪	青色	小朵花，径一寸
七品	鸂鶒	彪	青色	小朵花，径一寸
八品	黄鹂	犀牛	绿色	无纹
九品	鹌鹑	海马	绿色	无纹
杂职	练鹊			无纹
风宪官	獬豸			

清朝承袭明朝补子制度，在外褂上加饰表示官职差别的补子。外褂的服式短于袍，长于马褂，圆领，对襟，长袖，平袖口，以扣襟系结。为了便于行走、闲坐、请安，在补服的前后左右两侧缝自胯而下开长衩。与明代相比，清代补子仍是以鸟、兽作为图案内容，但形状有方、有圆，皇子、亲王、贝勒、贝子等皇亲可用圆形补子，其他品官只能用方形补子。补子的尺寸也相对较小，方补大约为30cm。补子左右前后成对，但前片一般是对开的，后片则一整片，主要原因是清代补服为外褂，形制是对襟的原因。色彩和纹样大多为彩色，底色很深，有绀色、黑色及深红色等。各种品级补子全都只缀绣单个鸟、兽，四周全部饰有花边。

在《大清会典舆图》中有对清代各品级补子的详尽图文记载。皇子，龙褂用石青色，绣五爪正面金龙四团，前后两肩各一团，间以五彩云。亲王，绣五爪金龙四团，前后正龙，两肩行龙，用石青色，凡补服的服色都如此。郡王，绣五爪行龙四团，前后两肩各一团。贝勒，绣四爪正蟒两团（前后各一团）。贝子、固伦额驸，绣五爪行蟒两团（前后各一团）。镇国公、辅国公、和硕额驸、民公、侯、伯同，绣五爪正蟒二方（前后各一方）。凡方补之形制，下达庶官都如此。都御史、副都御史、给事中、监察御史、按察使等主管监察的官员，一律绣獬豸。凡耕农官，绣彩云捧日。神乐署文武生袍用方襕，销金葵花，和生署乐生则绣黄鹂。官兼文武，则用其高品补子。诰命夫人所用补子与丈夫或儿子的品级相同，如丈夫或儿子是武官，则用相同等级的文官补子，以表示女性不尚武。并特别强调应严格按品级缀用，不能混乱，更不能冒用，否则要受到处罚。清代官员补子图案见下表。

清代官员补子图案

品级	文官补子绣饰	武官补子绣饰
一品	鹤	麒麟
二品	孔雀	狮
三品	孔雀	豹
四品	雁	虎
五品	白鹇	熊
六品	鹭鸶	彪
七品	鸂鶒	犀
八品	鹌鹑	犀
九品	练鹊	海马

39　对襟盘扣的马褂

马褂是一种穿于袍服外，对襟、平袖端、盘扣、身长至腰、前襟缀扣襻五枚的短衣，本为满族人骑马时穿的服装，故名马褂，如图20所示。后逐渐成为日常穿用的罩于长袍外面的便服或礼服，有“长袍马褂”的称谓。

图20　马褂

马褂在满人初进关时，只限于八旗士兵穿用。直到康熙和雍正年间，才开始在社会上流行，并发展成单、夹、纱、皮、棉等服装，成为男式便衣，士庶都可穿着。之后更逐渐演变为一种礼仪性的服装，不论身份，都以马褂套在长袍之外，显得文雅大方。1912年，北洋政府颁布的《服制案》中将长袍马褂列为男子常礼服之一。1929年，国民政府公布的《服制条例》正式将蓝长袍、黑马褂列为“国民礼服”，凡出入重大的社交场合，均需穿马褂。清朝覆灭之后，冠服制多有废除，唯马褂得以保存。20世纪40年代之后，由于中山装的流行，马褂日渐衰落而退出历史舞台。现在，偶尔还有人穿着马褂出入于社交场合。

马褂是有袖上衣，不同于无袖的马甲。样式多为圆领，对襟、琵琶襟、大襟、人字襟；有长袖、短袖、大袖、窄袖，均为平袖口，不作马蹄式。其中对襟马褂又称得胜褂，乾隆年间，傅文忠领兵征全川穿此服，得胜而归，人皆称得胜褂，因而也常用作礼服。它的衣长不过腰，下摆左右开衩，衣袖长及腕部，短至肘间。领、袖之边多有镶滚，随着流行款式的起伏和审美观的更替，其边有时尚宽，有时尚狭。从整体来看，清中期尚宽，而两头尚狭。琵琶襟马褂，因其右襟短缺，又称缺襟马褂，穿上它可以行动自如，多作为出行装。大襟马褂则将衣襟开在右边，平袖及肘，衣长及腰，四面开衩，四周用异色作为缘边，一般作常服穿用。民国初年被定为男子礼服的马褂，其制为对襟，褂长及腹，袖长至肘，左右及后下端开衩，以天然纤维面料制作，黑色，五粒纽扣。

马褂按季节又可分为单式和夹式两种，其面料除绸缎、棉、毛、麻等织物外，还有皮毛等，但不能使用亮纱。夏季的面料多采用纱、绸，冬季多用呢、缎或翻毛制品制作。达官贵人喜用玄狐、紫貂、海龙、猞猁、干尖、倭刀、草上霜、紫羔等面料制成马褂。

马褂的服色在清代有严格定制：亲王、郡王以下文武品官用石青色；领侍卫内大臣、御前大臣、护军统领、侍卫班领等职官员用明黄色；八旗中正四旗副都统用金黄色；正黄旗统下亦用金黄色。其余则各按旗色。至于其他官吏，若有功勋，经皇帝特赏，也可穿着明黄马褂，以显示其获得的极高的政治殊荣。平民百姓除不得穿黄马褂外，其余颜色可以任选。在各个时期，服色均有变化，清初用天空色，至乾隆年间用玫瑰紫色（红紫色），末年多穿称为“福色”的深绛色；嘉庆时用泥金色或浅灰色；光绪、宣统年间尤其在南方多用天青色、库灰色，甚至有用大红色的。作为正式出行装的马褂喜用天青色，夏天多用棕色。

20 世纪 90 年代后，时装界兴起中国风，使中国一些传统服饰的样式成为流行元素，马褂就是其中一例。有著名时装设计大师将马褂的形制移植到妇女晚礼服的设计上，而北美的女性则将其用作睡衣或家居服，并在衣身上面加绣花或蕾丝，以削减马褂原有的阳刚之气，使之女性化，富于阴柔之美。由此反映出中国服饰文化的丰富底蕴以及对世界服饰潮流的影响。

40　中山装的由来

中山装是以中国革命先行者孙中山的名字命名的男用套装，是中国现代服装中的一个大类品种，如图 21 所示。这是辛亥革命后流行起来的服装，因革命先行者孙中山先生做临时大总统时穿用而流行于世，故此得名。它具有造型简约、穿着简便、舒适挺括、严肃庄重的特点。在民国 18 年（1929 年）曾规定特、简、

图 21　中山装

荐、委四级文官宣誓就职时一律穿中山装。中华人民共和国成立后，著名的领导人如毛泽东、周恩来、邓小平等也都经常穿着中山装出席各种活动。尤其是毛泽东主席对中山装十分欣赏，他一直坚持穿中山装直至逝世。由于革命领袖大多都穿中山装，于是中山装在社会上流行非常广泛，在很长时间里一直是中国男装一款标志性的服装。

关于中山装的由来众说纷纭，其中有资料称：1919 年，孙中山先生在上海居住期间，请上海亨利服装店将其由日本带回的一套日本陆军士官服改成便服自己穿用，要求店主王财荣以此装为基样，并按他的想法，专门设计一件服装，其要求是按中国传统把该服装的领子改成直翻领，以显示严谨治国的理念，胸腹前各做两大两小有袋盖的四只贴袋，两只小贴袋盖做成倒山形笔架式，称为笔架盖，意指革命要重用知识分子。这一款式成样后，经孙中山先生试穿，果然合适而又美观。孙先生十分欣慰，遂又要求店主将原来的七粒扣改为五粒，意思是代表当时的五权宪法。因为该款式是由孙中山先生自己设计的，故店员便称这一款式为“中山装”，并一直流传到现在。由于孙中山先生在海内外声望很高，这种服式便迅速流传至全国各地，而且在海外华侨中也广为流传，成为代表具有悠久历史的中华民族的“国服”。另有资料称：1923 年孙中山任广东大元帅所穿的第一件中山装，是以当时南洋华侨中流行的“企领文装”上衣为基样蓝本，由 1902 年就追随孙先生的老裁缝黄隆生设计并制作而成。而 1929 年 5 月出版的《北洋画报》则称：“昔先总理在粤就大元帅职后，一日，拟检阅军队，欲服元帅装，则嫌其过于隆重不适于时，西服亦无当意者，正检阅行箧中，得旧日在大不列颠时所御猎服，颇觉其适宜，于是服之出，其后百官乃仿而制之，称之曰中山装，至今式样已略有变更，非复先总理初时所服者矣。”

最初款式的中山装背面有缝，后背中腰有节，上下口袋都有“襻裥”。后来又经过不断的改进，逐渐演变成关闭式八字形领口，装袖、前门襟正中钉有 5 粒明扣，后背整块无缝（表示国家和平统一之大义）。孙先生在设计时根据《易经》、周代礼仪等内容寓以含义，如依据国之四维（礼、义、廉、耻）而确定上衣前襟设有 4 只明口袋，左右上下对称，有盖，钉扣，上面两个小口袋为平贴袋，底角呈圆弧形，袋盖中间弧形尖出，左上袋盖右线迹处留有 3cm 的插笔口，下面两个大口袋是老虎袋（边缘悬出 1.5～2cm），前襟为 5 粒纽扣，袖口还必须钉有 3 粒纽扣，袖口可开衩钉扣，也可开假衩钉装饰扣或不开衩不钉扣。裤子有 3 只口袋

（两个侧裤袋和一只带盖的后口袋），挽裤脚。很显然，中山装的形成在西装的基本形式上又糅合了中国传统意识，整体轮廓呈垫肩收腰，均衡对称，穿着稳重大方。

中山装做工精细考究，领角要做成窝势，后过肩不应涌起，袖子同西装袖一样，要求前圆后登，前胸处要有胖势，4 只口袋要做得平服，丝缕要直。在工艺上可分为精做和简做两种：前者有夹里和衬垫，一般用于礼服和裤子配套穿用；后者不加衬料，适用于日常作便服穿用。中山装的优点主要是造型均衡对称，外形美观大方，穿着高雅端庄，活动方便，行动自如，保暖护身，既可作礼服，又可作便服；其缺点是领口紧、卡脖子等。

中山装的色彩很丰富，除常见的蓝色、灰色外，还有驼色、黑色、白色、灰绿色、米黄色等。一般来说，在南方地区人们偏爱浅色，而在北方地区人们则偏爱深色。在不同场合穿用，对其颜色的选择也不一样，作礼服用的中山装，色彩要庄重沉稳；而作便装穿用时，色彩可以鲜明活泼些。

中山装的面料选用也有所不同，作为礼服使用的中山装面料，要求挺括，棱角分明，多为平素色，宜选用纯毛华达呢（包括缎背、单面等）、驼丝锦、凡立丁、派力司、毛涤纶、凉爽呢、板丝呢、啥味呢、麦尔登、海军呢等，这些面料的特点是质地厚实，手感丰满，呢面平滑，光泽柔和，与中山装的款式风格相得益彰，使服装更显得沉稳庄重；而作为便服使用的中山装面料，选择可相对灵活些，可用棉卡其、华达呢、士林灰布、士林蓝布、凡拉明蓝布、各色斜纹哔叽、苎麻的确良、苎麻棉混纺平布、亚麻粗布、化纤织物以及混纺毛织物。与中山装配套的裤子，一般采用同料同色的西式裤。

41　唯有旗袍真国色

旗袍是我国特有的一种传统女装，也是袍子的一种，富有浓郁的民族韵味，如图 22 所示。追根溯源，旗袍始于清代，清太祖努尔哈赤领军南征北战，统一了关外女真族各部，设立了清军中的红、蓝、黄、白四正旗，入关后又增添镶黄、镶红、镶蓝、镶白四镶旗，以此来区分、统驭所属军民，这就是后来人们所称的满族八旗人或在旗人，称作“八旗”。八旗所属臣民的妇女习惯穿长袍，是满族妇女的土著服装，后来慢慢演变为中华民族女性的常服。在“袍”前加一“旗”字，故此而得名，这也正好说明了这一服装的来源。

图 22　旗袍

旗袍是清宫相沿袭的服制，经过多次的改进而演变成今天的各种款式，大多是直领，右开大襟，紧腰身，衣长至膝下，两侧开衩，并有长短袖之分。袖端及衣襟、衣裙上还要镶嵌各种不同花纹和色彩的镶边、滚边等配衬，非常讲究。自清皇室逊位后，旗袍开始由宫廷传入民间，首先是北京、天津一带的妇女竞相穿着，其后逐渐在南方妇女中流行。最初的旗袍，下摆不过脚，只有姑娘出嫁时穿的婚礼服才过脚。由于贵族女子和宫廷里的嫔妃都穿鞋底中间有三寸多高的呈喇叭形的高底鞋，所以她们穿的旗袍也过脚，掩住脚而不让人看见。它以其秀美、温文尔雅，给人以修长贤淑、挺拔庄重的观感，并逐渐为广大妇女所喜爱。以它为基础，几经沧桑又融汇了各国服装裁剪的技巧，与时代气息相融合，成为当今风行中外的为世界广大妇女所接受的“中国式旗袍”。

在清初顺治元年，世祖爱新觉罗·福临入关，迁都北京，满族妇女的长袍款式有了较大的改进，逐渐成为苗条淑女的时髦装。在清末至辛亥革命期间，满族妇女穿的旗袍式样仍十分保守，其特点是腰身宽松、平直，袖长至腕，衣长至踝，而所选用的衣料大都是绣花缎，在旗袍的领、襟、袖的边沿部位都采用宽图案花边镶滚，称为长马甲式旗袍。由于受到世界服装潮流变化的影响，旗袍的款式也产生了一些变化。在 20 世纪 20 年代，旗袍开始普及，并逐步改进形成淑女式旗袍。其特点是腰身宽松，袖口宽大，袖长及臂腕以下10cm，身长适中覆小腿肚，开衩及中便于行走。但不久，由于受到欧美服饰的影响，袖口缩小，滚边改窄，衣长仅过膝，比以前更称身合体了。1929年，当时的国民政府颁布服制的条例，规定旗袍为“齐领，前襟右掩，长至膝与踝中点，与裤下端齐，袖长至肘与手脉中点，色蓝，纽扣六”，这是典型的旗袍式样。

20世纪30年代，旗袍在全国已经盛行。当时的式样变化主要集中在领、袖及长度等方面。先是流行高领，领子越高越时髦，即使是酷暑难熬的盛夏，在薄如蝉翼的旗袍上也是配以高耸及耳的硬领；不久又盛行低领，领子越低越摩登，即使是在寒冬之日，亦仅缀一道狭边。袖子也是如此，时而兴长，长过手腕；时而又兴短，短至露肘。同时，衣长的变化也是一个时期流行长，长到下摆曳地数寸；一个时期又兴短，短至下摆不过膝盖。两边的衩开得很高，里面衬马甲，腰身变得很窄，称身贴体，能充分地显示女性的曲线美。至30年代末期，由于受到欧美国家长裙渐盛的影响，旗袍又盛行加长，长及脚面，而开衩却提高到大腿，腰身紧缩，以达到显示女性身段修长为目的。

20世纪40年代，旗袍的款式又有了重大变化，袍身再度缩短，下摆至小腿肚处，袖子缩短至肩下5～8cm，乃至全部取消，同时领高降低，省去了烦琐的装饰，使旗袍更加简洁、轻便和得体，从此以线条流畅充分显示女性风姿风韵为特点的流线型旗袍时代开始了。

近些年来，旗袍款式又有了新的改革，经过20世纪西风投影的变异催化，结合西装的裁剪方法，更加体现了“中衣为表，西式利用”的立身原则，出现了衣片前后分离，有肩缝、垫肩、装袖，前片开刀，后片打折，突出乳房造型等的裁剪技巧，出现了众多的款式，使旗袍更加烘托出女性体态的曲线美，其造型更加端庄秀丽，线条益趋流畅、匀称、健美。例如，适宜于青年妇女穿的旗袍有前胸缉塔克短袖旗袍、鸡心领旗袍、露臂式旗袍、女式三角西服领短袖长旗袍、小方反领短袖长旗袍、小露肩方形领短袖长旗袍、扣边圆形领短袖长旗袍等，适宜于中年妇女穿的旗袍有中（短）袖旗袍、仿古旗袍等，中青年妇女皆适宜的旗袍有方驳领短袖旗袍、对门襟长旗袍、尖角驳领短袖长旗袍等，适宜于孕妇或家庭便服的旗袍有长方领旗袍，这些优雅浪漫的旗袍既简约无比，又风情各异，可以传递出魅人的风情。

特别是旗袍面料的选择很有讲究，使用不同质地的面料做成的旗袍其风格和韵味是截然不同的。用深色的高级丝绒或羊绒面料做成的旗袍显示出雍容雅致的气质；采用织锦缎制作的旗袍则透露出典雅迷人的东方情调；用优质丝绸缝制的旗袍有大家闺秀温文尔雅的韵味。一袭玫红色的乔其纱旗袍，性感朦胧，散发出令人无法直视的绚烂，鲜艳或素雅的美丽旗袍将一个个妙龄女郎打扮得曼妙至极，如梦如幻，再加上穿着者的那种婉约、娇媚传情的眼神，可产生一种柔媚无比的情致，散发出时代的芳香。特别是作为礼服和节日服的旗袍，其色泽与面料要求艳丽而不轻浮，漂亮而不失庄重，给人以典雅、名贵、高级之感。

随着时代的变迁和社会的进步，以及改革开放和对外交流的进一步加强，近年来在旗袍的结构上也发生了一些明显的西派变化。如目前深受国内外青年妇女喜爱的袒胸露背式旗袍，其结构是在直领前下方开成心形式、滴水式前窗，乳沟隐约可见，背后自领、肩至腰身开成纺锤形背洞，就整体造型而言，仍不失旗袍的风采，但融合了西方暴露性感，中青年妇女穿上这种款式的旗袍，无论是在庄重的社交场合，还是在演出舞台上，都更能显示出妩媚和婀娜多姿，给人一种美的享受。又如双臂全露的无袖式旗袍，使穿着者更显得苗条修长、挺拔而富有青春活力。还有紧贴手臂的短袖式、中袖式、无袖式旗袍，都能充分衬托出穿着者的丰满英姿，线条优美而又不失庄重，深受青年妇女的钟爱。再如旗袍下摆的开衩问题，由古典的及膝高而提高到大腿根部，这种旗袍不仅使穿着者行动方便，便于腿的踢抬和跑跳，而且也增加了旗袍的悬垂性和摇曳的动感，还能充分显示女性的体态美。

由此可见，旗袍的设计构思甚为巧妙，结构十分严谨，造型质朴而大方，线条简练而优美。旗袍自上至下由整块衣料裁剪而成，各部位的衣料没有重叠之处，整件旗袍上没有不必要的带、襻、袋等装饰，能充分体现妇女的体态，产生女性人体曲线的自然美。旗袍的卡腰、门襟、领等款式，妩媚而婀娜多姿。由于较贴身，使富于青春美的三围曲线隐约可见，下摆则开衩，不仅行走方便，而且行走时给人以轻快、活泼之感。每当微风袭来或随步移动时，轻盈飘拂，柔和飘逸，舒适典雅。紧扣的高领，使人感到雅致、庄重；低领或无领也不失庄重，给人以随和与活泼之感；束紧的腰部，穿在身上合体伏贴，可充分显示出人体曲线美。而且旗袍还能自然地与各种发式、帽子、头巾、项链、项圈、披肩、套衫、外套、大衣等相匹配，烘托出自然和谐的观感。因此，旗袍不仅深受我国各族妇女的青睐，而且国外的妇女也竞相仿效或穿用，就连国外的服装设计师也时常把旗袍作为时装在他们的展示会上发布。其款式真是层出不穷，有的适宜在工作、学习场合穿着，有的适合在居家外出甚至在宴宾会客等社交场合穿着。当旗袍作为晚礼服或宴宾服时，也可在旗袍上增添各类装饰物，以增加喜庆的气氛。当今的旗袍还融合了各式时装的领式，已发展成高立领、矮立领、无立领、大小翻领等。除了正常镶边、滚边装饰以外，更多的是采用胸花贴绣，而前后身下摆则使用印花、手绘，使旗袍更趋雍容、华贵、典雅。若女性穿上这样一件适体而华丽的旗袍，会给人留下一种精致、高雅的美和层次清晰、均衡自然的脱俗之感。如果旗袍的材质选用丝绸或是丝绒质地，更加衬托出旗袍的韵味，走跑时随着身体的自然摆动，流光熠熠，摇曳生姿，丝光隐隐地渲染出一派绚丽而迷人的美。难怪旗袍成为各国妇女爱不释手的时髦装，成为现代服饰观念中的传统国粹。

时下，在传统旗袍不断改革与发展的潮流中，艺术旗袍也在时代气息的推动下步入舞台或电影画面中，这种艺术旗袍在继承传统旗袍的基础上，结合了解构主义与简约化原则，进行了款式上的突破和创新，在裁剪方法上更加注重女性完美的曲线轮廓与修身的效果。如裁剪腰部时，可通过衣片结构和腰省合成具有纵向的内凹结构，但仍留有较大的宽松度。这种裁剪方法的奇妙之处，不仅适用于蜂腰一握的婀娜多姿的妙龄女郎，即使是粗腰见凸的中老年女性，仍有想象中的苗条与干练。如果忽略腹前的不明显的曲线条后，反而显现出这种穿着具有传统的富态美，真是妙不可言。其款式真是五花八门，既有圆领、对襟、衣裙两截式，又有高开衩、一步裙式，还有尖角下摆的不对称，甚至色彩的不对称而促成花型不对称，恰到好处地突出东方女性的高雅、妩媚与婀娜多姿的艺术效果。更令人叹服的是可以淡化穿着者年龄上的明显界限，成为不同年龄女性的“公众情圣”，在目前是任何一种时尚服饰都难以达到的境界。这种艺术旗袍在表现方法上也有其特点，它不仅继承了注重丰富意韵传统的东方风格，而且在细节的刻画上能做到丝丝入扣而无懈可击，既能做到端庄而不失妩媚，又能体现出典雅而别具活泼。各种绣饰或饰件的有机组合，都是紧密地围绕着女装的整体的性感而展示开来，使女人味纤毫毕现，再加上巧妙地运用现代色彩观念的创意，衬托出当今时尚女性的开朗性格和开放意识，从而拓宽了衣着色彩的意韵空间。女性穿上这种旗袍，不仅能在霓虹闪烁的夜景里呈现出惹人注目的摇曳身姿，而且在休闲生活中也能显现出纤柔婉约和婀娜多姿的风韵，因此获得了广大女性的青睐。

随着文化交流的深化，旗袍的设计及工艺也有了新的变化。近年来，由于欧洲、日本等国际品牌的流入，特别是从 1996 年“中国风”流行以来，各顶级时尚品牌纷纷采用中国民族服装的元素，如中式立领、滚边、偏襟、盘扣等与时尚面料相结合，创造新的潮流，也就是“东西方融合”。它在工艺上采用了现代服装的处理方法，如偏襟加盘扣开关改为后开拉链，使人们便于穿着，又节省时间。裙长由以前的 125cm 左右改成目前多见的 80～100cm 且两侧开衩，这种旗袍为职业女性的穿着提供了方便。

旗袍深受国内外女性的喜爱，优点甚多，理应广被穿着，但由于制作方法必须度身缝制，服装厂无法大量制售。同时，缝制一件合身适体的旗袍，费时较多，手工费较贵，因此，在一定程度上影响到它的推广与普及。

纵观旗袍的发展史及近年来的演变，使我们感到不同时代的服装是与它存在的历史背景、人们的生活习惯相符合的，因为服装不仅是挡风蔽体的必需品，而且随着人们生活水平的不断提高，它也是美化生活、提高生活水平的一个方面。让我们继承并发展中式旗袍，使之在世界服装之林永远立于不败之地。

42 素纱中单——汗衫

汗衫，古时称汗衣，又称汗襦。《释名·释衣服》所云："汗衣，近身受汗垢之衣也。"即指贴身受汗的内衣。"汗衫"这个名称的来历，据古书记载，古者朝燕之服有素纱中单，郊飨之服，又有明衣。汉高祖刘邦与楚霸王项羽交战后归帐，汗透中单，遂改中单为汗衫之名也。此外，汗衫虽然也称为汗襦，但是实际襦和衫在词性上是有所区别的。衫与襦形制一致，衫为亲身衣，襦则有时是指亲身衣外的外衣，因也为单层制式，故又呼为禅襦、汗襦。但作为外衣的襦如果为单层，则只能称为单襦，而不能称呼为衫。吐鲁番曾出土北凉赵货随葬男女衣物疏，从其内容来看，衫虽然与襦形制相同，均是用白布（如白练、白绢、白绫）制作，但其无装饰或太多纹饰，且不置袖端。但襦却是以彩色为主，绣花印花，图案多样，不论有里无里，纳不纳絮，都能穿在衣物最外层，有加袖端的，也有不加袖端的。

现在的汗衫又称汗背心，通常为圆领、短袖。无袖汗衫俗称背心。汗衫属于贴身内上衣。纯棉汗背心具有轻、薄、细、爽的优点，涤棉及棉与其他纤维混纺汗背心强度大，吸汗，透气性好，适合体力劳动和运动时穿着。采用平针组织或罗纹组织针织物缝制。汗背心的挖肩比一般内衣大，前、后领口也较深。汗背心可分为男汗背心、女汗背心和儿童汗背心。

男汗背心有折边汗背心、加边汗背心和弹力汗背心等。折边汗背心由汗布缝制，袖口、挖肩和领口用双纱汗布或1+1罗纹织物滚边，滚边的颜色可以与大身相同。弹力汗背心由1+1或2+2罗纹织物缝制，领口和挖肩用滚边，底边为折边。

女汗背心可分为三种：第一种是乳罩女汗背心，大身一般用精梳棉汗布缝制，其领口和挖肩采用折边，并用"三针车"缝折边，也有用花色缝纫机缝制成曲牙边，下摆为1+1罗纹织物，缝制时要缝胸省，以使汗背心的胸部隆起，起乳罩的托持作用；第二种是弹力女汗背心，常用2+2罗纹织物缝制，领口和挖肩采用折边，并用花色缝纫机缝制成曲牙边，底边为折边；第三种是普通女汗背心，是用汗布缝制的，领口和底边均为折边，采用三针六线绷缝机缝制，底边用折边。

儿童汗背心的缝制同男汗背心，所不同的是在衣前身常印有各种图案。

43 唯有绛衲两当衫——内衣

内衣是指紧贴人体皮肤表面穿着的衣服，其历史源远流长。我国古代最早把内衣称为“泽”或“亵衣”。据《庶物异名疏》记载：“诗岂曰无衣与子同泽。注云：泽里衣以其亲肤近于垢泽，故谓之泽。笺云：亵衣近污垢。疏云：衣服之暖于身犹甘雨之润于物。故言与子同泽。”春秋以前，亵衣的颜色是非常讲究的，多取以“正色”，而摒弃“间色”。所谓正色是青、赤、黄、白、黑；间色则是绿、红、碧、紫、骝黄（硫黄）。而从春秋时期开始，这种讲究逐渐被人们忽视，出现了各种颜色的亵衣，以致春秋期间，孔子有感于当时礼崩乐坏，特别强调：“君子不以绀（泛红光的深紫色）、緅（绛黑色）饰，红紫不以为亵服。”拿现代的话说就是绀、緅、红紫都是间色，君子不以之为内衣或祭服和朝服的颜色。对当时齐桓公好服紫，一国尽服紫的现象，孔子有“恶紫之夺朱”的抨击，孟子有“正涂壅底，仁义荒怠，佞伪驰骋，红紫乱朱”的议论。因亵衣是内衣，直接穿着见客人有轻薄、不尊重客人的意思。据《礼记·檀弓下》记载：“季康子之母死，陈亵衣。敬姜曰：‘妇人不饰，不敢见舅姑。将有四方之宾来，亵衣何为陈于斯？’命彻之。”另据《荀子·礼论》记载：“设亵衣，袭三称，缙绅而无钩带矣。”杨烺注：“亵衣，亲身之衣也。”亵衣在汉朝亦称为抱腹、心衣。抱腹即为现在的兜肚。据《释名·释衣服》记载：“抱腹，上下有带，抱裹其腹，下无裆者也。”抱腹是心衣的基础，心衣是将抱腹上端不用细带子而采用“钩肩”及“裆”形成的。二者的共同点就是在背部无后片而呈袒露。抱腹和心衣的面料一般为平织绢，质地较轻薄，绸面细密、平整、挺括，穿着舒适，冬暖夏凉，一年四季穿着皆宜。素色面料较少，大多采用各色丝线绣出美丽的花纹图案，图案多以“爱情”为主题，说明爱情是永恒的。到了魏晋时期，发展成为“裲裆”（同两当），即现在的背心。据《南史·柳元景传》记载：“唯着绛衲两当衫。”它与抱腹、心衣的最大区别是它有后片，“既可当胸又可当背”，材质大多为手感厚实、色彩丰富的织棉，是一种有花纹或字画的彩色丝织物，采用双层缝制，内有衬棉。这是当时北方游牧民族经常穿的服饰，后逐渐传入中原地区。唐朝是我国历史上最为繁荣昌盛的朝代，服饰亦有很大的发展。到了唐朝，去掉了内衣肩部的带子，而成为一种无带的内衣，当时称为“诃子”。宋高承所撰的《事物纪原》中把诃子归入“抹胸之类”的服饰。何谓“抹胸”？就是现在的兜肚。据徐珂在《清稗类钞·服饰类》中记载：“抹胸，胸间小衣也，一名抹腹，又名抹肚，以方尺布为之，紧束前胸，以防风内侵者，俗谓之兜肚。”因为唐朝国富民强，各种服饰大量出现，尤其是女子，她们喜欢穿“半露式裙装”，并将裙子高束在胸际，然后在胸下部系一阔带，两肩、上胸及后背袒露，再外披透明罗纱，内衣若隐若现，当时人们的心理状态可见一斑。这种时髦的装束，自然要求内衣面料十分考究，色彩缤纷。穿上这种无带的内衣，能勾勒出窈窕淑女的生动形象，这与当今时髦女郎的“内衣外穿”颇为相似，具有异曲同工之妙。宋朝的内衣也为抹胸。穿上这种抹胸，上可覆胸，下可遮肚，把整个胸腹全部掩遮住，因而又称“抹肚”，其形式有单的也有夹的，多用纽扣或带子系结。其面料大有讲究，富裕人家及贵族多用丝织品，并在其上绣有各种花卉，显得华贵高雅。而一些平常人家则用素织布（即土布）缝制，以求遮体保暖之需。华贵高雅的抹胸，上面的纹饰不仅有绣制的，更有手绘的。有这样一首形容手绘抹胸的诗：

曹郎富天巧，发思绮纨间。规模宝月团，浅淡分眉山。
丹青缀锦树，金碧罗烟鬟。炉峰香自涌，楚云杳难攀。
政宜林下风，妙想非人寰。飘萧河官步，罗抹陵九关。
我家老孟光，刻画非妖娴。绣凤褐颠倒，锦鲸弃榛菅。
忍将漫汗泽，败此修连娟。缄藏寄书篆，晓梦生斓斑。

此诗题名《谢曹中甫惠著色山水抹胸》，作者陈克，字子高，号赤城居士，北宋末南宋初词人。从中既可想见手绘山水抹胸之幽丽清奇，又可了解宋代女装虽然受程朱理学影响，趋于拘谨和质朴，没有唐代的开放，但也未曾受到太大的束缚。宋代还出现了一种由后（背）向前（胸）系束的“合欢襟”内衣，与现在的衬衣有些相似。在胸前用一排扣子系合，也有采用绳带系束的。面料大多采用丝织物锦，图案为四方连续。明朝的内衣称为“主腰”，其外形与背心十分相似。采用开襟，在两襟各缀有3条襟带，肩部有裆，裆上有带，在腰侧还各有系带将所有的襟带收紧后形成明显的收腰，这样能充分显示出身材的曲线美。到了清朝，“抹胸”又称“肚兜”，现在有的农村妇女和小孩也时有穿着。肚兜一般做成菱形，上有带，穿时套在项间，腰部另有两条带子束于背后，下面呈倒三角形，遮过肚脐，达至小腹。大多采用棉布或丝绸缝制，所采用的带绳很有讲究，富贵人家多用金链，中等人家多用银链、铜链，小家碧玉则用红色丝绸，也有用棉布制成的。为了美观，常在肚兜上绣上各类精美的刺绣。面料的颜色多为红色，也有采用其他颜色的。总之，肚兜的颜色和各种刺绣或印花要体现吉祥和喜庆的氛围。到了20世纪初叶，出现了小马甲，其形制窄小，一般采用对襟缝制，襟上也用纽扣系束，穿时将胸腰部裹紧。后来又进一步发展变成现在的胸罩。同时出现的还有汗衫、背心、衬裤、三角裤、棉毛衫裤等。由此可见，服饰的发展是与当时的政治、经济、文化有相当密切的关系，服饰的发展与社会的进步、生产的发展及人民生活水平的提高是同步的，也是息息相关的。

现在的内衣有吸汗、矫形、衬托身体、保暖及不受来自身体的污秽危害的作用，有时还会被视为性特征。它的品种很多，如衬衣、衬裤、三角裤、抹胸、乳罩、汗衫、背心乃至肚兜、棉毛衫裤等都是内衣家庭的成员。内衣按其功能的不同可分为贴身内衣、补正内衣和装饰内衣三类。贴身内衣是指接触皮肤、穿在最里面的衣服，如汗衫、背心、内裤等；补正内衣是指弥补人体缺陷、增加人体曲线美的衣物，如乳罩、腹带、束腰、臀垫、裙撑等；装饰内衣是指穿在贴身内衣与外衣裙之间的衬装，它能衬托外衣的完善，还能使外衣裙穿脱时光滑，行走时不贴体，如蕾丝内衣、连胸长衬裙、短衬裙等。

内衣的材质大多选用针织品，但也有一些是由机织物缝制成的，均以天然纤维为主。因为天然纤维具有轻、薄、细、爽的特点，是内衣的理想材质。针织内衣分为汗衫裤、棉毛衫裤、绒衫裤三大类，每一类根据其原料、坯布组织、成衣式样、加工方式等又可分为许多种类。

随着化纤工业的发展和产量的提高，也有部分内衣采用化纤为原料。例如，黏胶人造丝汗衫、背心、三角裤等；锦纶丝汗衫裤、锦黏混纺棉毛衫裤、锦棉混纺汗衫衣裤和棉毛衫裤；维棉混纺汗衫裤；腈纶棉毛衫裤、腈纶与棉交织绒衣裤；氯棉混纺棉毛衫裤等。

由于内衣是紧贴人体皮肤表面穿着的衣服，特别是在强调“以人为本”的今天，绿色环保内衣已成为人们的追求，穿出健康已成为人们穿衣的主题，因此内衣必须具有良好的保暖、吸汗、透气、防污等性能。其功能除了保持身体表面卫生、防止沾污外装以外，还把它作为外装的内衬，对体态进行美容补正，使外装穿着容易等。因此，在选择材质时，应选用易吸湿透气、保暖性好、弹性佳、质轻坚牢、易洗快干的面料。为了确保人体的健康，在染整加工过程中，要避免使用甲醛树脂、有机汞、有机锡、酚醛、硫酸酯、多元醇脂肪酸酯等有害化学物质，当内衣上含有这些物质超过一定量时容易引起过敏性皮炎。在购买时，最好用鼻子闻一闻，不能有刺激性的气味。为了万无一失，购买内衣后，最好投入清水中浸泡数小时，然后再用干净水冲洗 2～3 遍。经过这样的处理，不仅可除去残留在内衣上的有害化学物质，而且还可以使新购内衣更加柔软，穿着更为舒适和健康。

近年来，随着科学技术的发展和人民生活质量的提高，内衣在服饰中所处的地位得到了很大的提升，档次也有所提高。在国内外市场上，保暖内衣和减肥内衣成为内衣市场上的两个亮点。国内各厂家相继推出了形形色色的保暖健康适用保健内衣，逐渐成为人们所关注的消费热点之一。设计师把时尚和社会发展紧密地结合在一起，将内衣世界不断推陈出新，努力去圆无数女性舒适浪漫的梦。在内衣功能的创新性和多样性方面，不断研制开发出新产品，其特点是大多采用几丁质生命素的高新科技成果，与磁疗纤维、远红外纤维、莱卡纤维等新材料相结合，把女性最为关注的丰胸、减肥、提臀、排毒等健美的时尚与养生保健功能融入到一套轻柔舒适的内衣之中，在贴身内衣的呵护之下，变得更加健康、美丽，永葆青春活力。在人人享有健康理念的倡导下，有必要重新审视女性美和内衣功能如何有机地结合。因为任何时髦的内衣服饰终会过时，而漂亮的形体永远令人羡慕。根据这一理念，设计师们牢牢把握"以人为本"的设计思想，一改过去以影响和牺牲女性健康为代价的"挤、压、捆、绑、托"等传统的塑形方法，突出健康活力是女性美的真谛，并把中医药学、人体工程力学、生命能量学、脊柱经络学等原理引入这一领域，以全新的设计理念与方法，不断开发出女性内衣的美体功能和保健功能，使薄薄的内衣质料给女性带来美和健康的享受。通过内衣的科学设计，使穿用者获得健康的脊柱，丰胸缩腰，身材凹凸有致，并改善微循环，通络排毒，增强活力，也有助于许多女性疾病的预防与治疗。在国际市场上，减肥内衣受到人们的青睐，给肥胖者带来了福音。众所周知，人体中的水分是造成肥胖的原因之一，人们从拳击和举重运动员通过洗桑拿浴大量出汗可在短时间内明显减轻体重的事实中得到启发，根据这一道理，各种减肥紧身内衣就应运而生。据说这种内衣是采用法国生产的合成纤维加工制成，其保暖性要比棉制品高 3 倍，穿后可使人体大量出汗，从而达到减肥的目的。

近几年来，随着人们对审美理念的深化与提升，设计师们通过大胆的构思和创新，把内衣设计成既富于艺术魅力又与人们生活紧密联系起来，出现了以内衣特征设计为外衣穿着的风尚，主要表现为把胸衣、花边内裤用于外衣组合中，或作为外衣的构成元素，给人以一种特殊的印象，太薄太透的面料能造成内衣春光乍现的效果，在视觉上与外穿没有太大的差别。其实，前者往往更性感。前几年甚为流行的吊带裙，就是内衣外穿风尚的一个典型例子。在炎炎的烈日下，新晒黑皮肤的少女像在原来白净的皮肤上披上了一层透明的黑纱，真是风情动人，美不可言，所以在大街小巷里见到这种婀娜多姿、青春活泼的少女形象就不足为奇了。随着高科技的发展、人民生活水平的提高和审美情趣的提升，或是健康保健的需要，功能更多、更加美丽舒适的内衣将会不断出现，纯情、诱惑和多彩将成为内衣流行的主要趋势。在内衣上点缀一些精巧的装饰物，会给人一种轻巧的感觉，柔软、透明的面料可产生奶油般的手感，再加上花朵和折枝图案的花边彼此重叠，穿上后令人心旷神怡。内衣的魅力还在于新鲜和自然，各种流行色调可激起意外的欲望，特别是有东方异国情调的绣花的巴厘纱和透明薄纱、蕾丝花边，繁花似锦的绣花，加上闪光面料和丝薄透明纱搭配，或是针织面料的厚薄组合，可产生强烈的对比和情趣，具有强烈的诱惑。多彩是现代生活赋予内衣的审美观，具有最神秘的深色调和最佳的图画效果。其装饰性与性感程度和舒适性一样出色，如具有水彩效果的印花、多功能的文胸、深色的蕾丝。在设计上，从低领上装到饰有荷叶或滚边的低腰下装，明亮的底色和戏剧性对比色调的运用，主要是强调细节的夸张，这就形成了当今内衣的多彩性。在“以人为本”的今天，随着高新技术的发展与应用，有一些更符合人体美学的新型材质纷纷亮相，不仅延展性好，触感柔细，而且吸汗透气性好，易洗快干，大大丰富了内衣的花色品种。此外，在内衣外穿潮流的带动下，“可换式肩带”和“隐痕系列”已成为最新潮流。可以预言，内衣时装化将是时代发展的必然趋势。

44 流行全球的“世界服”——西装

西装又称西服、洋装。广义是指西式服装，是相对于“中式服装”而言的欧系服装。狭义是指西式上装或西式套装。通常是公司、企业和政府机关的从业人员在较为正式的场合男士着装的首选。西装之所以长久不衰是因为它拥有深厚的文化底蕴和内涵。主流的西装文化常被人们打上“有文化、有教养、有绅士风度、有权威感”等标签。“西装革履”常被用来形容文质彬彬的绅士。西装的主要特点是外观挺括，线条流畅，穿着舒适。若再配上领带或领结，则更加显得高雅质朴，如图 23 所示。

图 23 西装

西装的结构源于北欧南下的日耳曼民族服装。据传是当时西欧渔民穿的，他们终年与海洋为伴，在海里谋生，着装散领、少扣，捕起鱼来才会方便。它以人体活动和体型等特点的结构分离组合为原则，形成了打褶（省）、分片、分体的服装缝制方法，并以此确立了流行至今的服装结构模式。也有资料认为，西装源自英国王室的传统服装。它是以男士穿同一面料成套搭配的三件套装，由上衣、背心和裤子组成。在造型上延续了男式礼服的基本形式，属于日常服中的正统装束，使用场合甚为广泛，并从欧洲影响到国际社会，成为世界指导性服装，即国际服。自 20 世纪开始，妇女纷纷走上社会参加工作后，以仿效男式西套装为时尚，于是女式西装套装应运而生，并正式进入女性服装的行列，用来表现女性和男性一样的独立和自信，故也有人称女式西装为女人的千变外套。其形式多以外衣和紧身套裙相结合，款式十分丰富。西装中比较考究的是背后开衩的燕尾服，它原是中世纪马夫的装束，后身开衩是为了上、下马方便。西装的硬领是由古代军人防护咽喉中箭的胄甲演变而来的。西裤原取自西欧“水手服”的样式，主要是便于捋起来干活。领带则是北欧渔民系在脖子上的“御寒巾”，以后改进成西装重要的装饰品。

现代的西服形成于19世纪中叶，但从其构成特点和穿着习惯上看，至少可以追溯到17世纪后半叶的路易十四时代。当时长度及膝的外衣“究斯特科尔”和比其略短的“贝斯特”以及紧身和体的半截裤“克尤罗特”一起登上历史舞台，构成现代三件套西服的组成形式和许多穿着习惯。例如，究斯特科尔前门襟扣子一般不扣，要扣一般只扣腰围线上下的几粒，这就是现代的单排扣西装一般不扣扣子不表现为失礼、两粒扣子只扣上面一粒的穿着习惯的由来。

大概在19世纪40年代前后，西装传入中国。1879年，宁波人李来义在苏州创办了中国人开的第一家西服店——李顺昌西服店。1911年，国民政府将西装列为礼服之一。1919年后，西装作为新文化的象征，在冲击传统的“长袍马褂”的同时，西装业得以发展，逐渐形成一大批以浙江奉化人为主体的“奉帮”裁缝专门制作西装。1936年，留学日本归来的顾天云首次出版了《西装裁剪入门》一书，并创办西装裁剪培训班，培育了一批制作西装的专业人才，为传播西装制作技术起了一定的推动作用。20世纪30年代后，上海、哈尔滨等城市出现一些专做高级西装和礼服的西服店，使中国西装制作工艺在世界上享有一定的盛誉。

西装的基本形制为：翻驳领；翻领驳头、戗驳角和平驳角，在胸前空着一个三角区呈V字形；前身有三只口袋，左上胸为手巾袋，左右摆各有一只有盖挖袋、嵌线挖袋或贴线袋；下摆为圆角、方角或斜角等；有的开背衩两条或三条；袖口有真开衩和假开衩两种，并钉衩纽三粒。按门襟的不同，可分为单排扣和双排扣两类。在基本形制的基础上，部件则常有变化，如驳头的长短、翻驳领的宽窄、肩部的平跷、纽数、袋型、开衩和装饰等，而面料、色彩和花型等则随流行而变化。做工分为精做和简做两种：前者采用的面料和做工考究，为前夹后单或全夹里，用黑炭衬或马鬃衬作全胸衬；后者则采用普通的面料和简洁的做工，以单为主，不用全胸衬，只用挂面衬一层黏合衬，也有采用半夹里或仅有托肩。其款式也随着时间的变化而有所变化。在20世纪40年代，男式西装的特点是宽腰小下摆，肩部略平宽，胸部饱满，领子翻出偏大，袖口裤脚较小，较明显地夸张男性挺拔的线条美和阳刚之气，此时的女式外套也同样采用平肩掐腰，但下摆较大，在造型上显示女性的高雅之美。到了50年代前中期，男式西装趋向自然洒脱，但变化不很明显。同期的女式外套则变化较大，主要变化为由原来的掐腰改为松腰，长度加长，下摆加宽，领子除翻领外，还有关门领，袖口大多采用另镶袖，并自中期开始流行连身袖，造型显得稳重而高雅。在60年代中后期，男式西装和女式外套普遍采用斜肩、宽腰身和小下摆。男式西装的领子和驳头都很小；女式外套则较大，直腰长，其长度到臀围线上。袖子流行连身袖及十字袖。西装裙臀围与下摆垂直，长度达膝盖。裤子流行紧腿裤和中等长度的女西裤。此时期的男女服装具有简洁而轻快的风格。到了70年代，男式西装和女式外套又恢复到40年代以前的基本形态，即平肩掐腰，但领子及驳头较大。男式西装后摆开衩达腰部，裤子流行喇叭裤（上小下大）。女装前期流行短裙，后期则有所加长，下摆也较大。这一时期的男女式西装带有复古的倾向，具有庄重而典雅的线条美。随着时间的推移，在70年代末期至80年代初期，西装又有一些变化。主要表现为男式西装腰部较宽松，领子和驳头大小适中，裤子为直腿形，造型自然匀称。而女式西装则流行小领和小驳头，腰身较宽，底边一般为圆角。女式西装的下装大多配穿较长而下摆较宽的裙子。这些服装的造型古朴优雅并带有浪漫的色彩。西装的主要特点是外观挺括，线条流畅，穿着舒适。若配上领带或领结后，则更显得高贵典雅、潇洒大方。所谓“西装革履，绅士风度”即是言此。

西装按类型分，可分为男式西装、女式西装和儿童西装三类。男式西装一般分为三件套西装（包括背心，也称马甲）、两件套西装和单件式西装三种。它又可分为美式、欧式与英式三种基本式样。美式西装的主要特点是单排扣，腰部略缩，后面开一个衩，肩部自然，垫肩柔软精巧，袖窿裁剪较低，以便于活动，翻领宽度中等，两粒扣或三粒扣。欧式西装的主要特点是裁剪合体，装有垫肩，腰身适中，袖窿开得较高，翻领狭长，大多采用双排扣。英式西装的特点是垫肩较薄，贴腰，采用闪亮的金属扣，后身通常开两个衩。在这三种款式的西装中，以美式西装的穿着最为舒服，而贴身的欧式西装则适合于身材修长的男性穿着。

正规西装应为同一面料的上衣、背心、裤子三件套，这种配套方式可显示出矜持、稳重、高雅而具有绅士风度，适用于广大中老年男士们在重大正规场合穿用。要求外套与背心穿着伏贴，互为一体，切忌内松外紧，必须严格掌握尺寸的大小。在一般情况下，西装背心应与外套和裤子同色同料，但目前比较开放、自由，西装背心可以单穿或与便服配用，故也可以采用背心与套装异质异料。如选用各种皮革制作的背心，带有阳刚之气；若选用苏格兰格子呢制作，可在严谨中透出几分倜傥帅气，很适合于青年人穿着。背心常采用V字领，较易与外套、领带等组合成最佳的搭配。两件套西装由外套与裤子组成，其穿着范围比较广，无论是上班、赴宴、出席会议等正规场合，还是小憩咖啡馆、酒吧或是散步、会友等休闲活动，都显得雅致而得体。两件套西装以内穿衬衫为宜，最多再加上一件羊绒衫（或羊毛衫），若里面穿得太多，致使西装不平挺，有失美观与风度。三件套西装和两件套西装均属正统西装，穿着时既要遵守传统的规范，又要使其与穿着者本身交融合一，其关键就是西装的颜色和谐协调，正统西装的颜色一般为蓝色、灰色和棕色。若采用蓝色、灰色、棕色的混合体，只要能保持色泽清楚、浓淡适宜，也是可以的。但单一的深棕色以及一些叫不出名称的鲜艳色应尽量不用，如果使用不当会影响到整体美。另外，有些人喜欢使用黑灰、烟灰、藏青、深棕、浅褐、米黄等色，大多采用隐条隐格的图案，也不失庄重规范。至于单件式西装，无论是款式造型和色彩，还是穿着方式等方面，都趋于自由和随意，穿着也很舒适，迎合了不少青年人的喜好。这种西装可以是镶拼式（如驳领处镶皮革），也可以是宽身裁剪，呈 H 形，其最大好处是可以不系领带，而且下身可配牛仔裤，不必穿正统西装，也不受任何限制，活动自如，方便劳动。在正统西装的款式造型上，驳领的宽窄、高低、长短直接影响到西装风格，它取决于穿着者的体型。如欧美式西装驳领较宽、较长，最宽的可达 8cm，显得粗犷、豁达。日本式西装则相对窄些、短些，比较适合东方人的身材特点。西装的面料以毛料为最佳，更能显示出高雅的风度，其他如毛涤混纺面料、毛型化纤面料也较为流行，在织物品种中以花呢类较为常见。对于单件式西装，则面料使用范围更广，可以是各种天然纤维质地，也可以是纯化纤质地。在选择西装面料时，双排扣和单排扣也是有所区别的。双排扣面料要求能充分反映出穿着者的个性和身份，一般在正规场合成套穿着，因此面料比较考究，大多以光洁平整、丰糯厚实的精纺毛料为主，各种花呢、贡呢、驼丝锦是传统的面料。自 20 世纪末期以来，大多选用缎背华达呢，该面料具有手感滑爽、质地柔软、厚薄适中等特点，适合于制作春秋季西装。颜色一般选用较稳重、朴素的素色，如常用的有藏青色、黑灰色、蓝灰色、棕色等。青年人喜欢追求时髦而采用米黄色、浅蓝色、浅青色以及其他较饱和的色彩。单排扣西装既可作正规场合用套装，又可作便服使用。其特点是：简便、明了、实用、随意；它不像双排扣西装那么讲究，可以敞开衣襟；也可穿套装，还可以单穿，可以不系领带或领结，而且还可以把过长的袖口卷起，也可以与套衫、T 恤衫等相搭配。近年来，西装日趋便装化，出现了宽松轻薄、犹如夹克的单排扣西装，穿着自由、潇洒，深受青年人的青睐。单排扣西装的面料与颜色根据穿着场合的不同而有所不同。一般来说，在正规场合作为礼服穿用时，要求与双排扣西装相似。如作便服穿用，则比较随意，只要自由潇洒、落落大方就行。厚型西装是采用高档全毛织物以精工细巧的工艺缝制而成，颜色以蓝色、灰色、棕色及白色、黑色为主，是出席宴会、庆典等活动的首选服装。薄型西装则讲究“轻、薄、软、挺”，穿上后颇有轻飘如云、轻装上阵而无压肩重负的感觉，这是从 20 世纪 90 年代初开始在全球流行的西装。

女性穿男装由来已久，传说中的花木兰从军就是女扮男装。在欧洲普及则是在20世纪妇女离开家庭专职主妇的岗位走向社会和妇权运动蓬勃开展以后的事。特别是从第二次世界大战以来，妇女参加工作越来越多，有的还身居要职。随着妇女地位的提高，她们需要威严、尊重，力求像男性一样给人们留下一个扎实能干、沉稳老练的好形象，她们纷纷仿效男性穿着潇洒的西装，于是女式西套装应运而生，为众多的职业女性所穿用，一般为上衣下裤或上衣下裙。女式西装受流行因素影响较大，但根本性的一条是要合体，能够突出女性身材的曲线美，应根据穿着者的年龄、体型、皮肤、气质、职业等特点来选择款式。如年龄较大和体态较胖的女性，宜穿一般款式的西装；年轻少女宜穿花式西装，以突出青春美；皮肤较黑的女性不宜穿蓝、绿、黑等颜色较深的西装；身材瘦小的女性宜穿浅色西装，可对穿着者起到一种放大的视觉效果。女式西装的特点是：刚健中透出几分娇媚，除了西装领外，还常用青果领、披肩领、圆领、V字领；上装可长可短，长者可达大腿，短者至齐腰处；腰身可松可紧，松身式基本上不收腰或少收腰，有的宽大盖住臀部，造型自然、流畅，追求的是一种自由、洒脱、漫不经心的衣着风格，是目前欧美广为流行的一种着装形式。紧身式与男式西装较为相似，收腰、合臀，并用垫肩加高以扩大肩部，使肩部平直挺拔，其造型呈倒梯形，线条硬挺，平添了几分英武帅气，尤其适合于职业女性穿着，可烘托出穿着者的干练、自信的风度与气质。在门襟、袖口、领口处还可饰以花边，或是采用镶拼工艺，既可系领结，也可系各种花式蝴蝶结，赋予西装典雅、文静的职业女装风格。按照传统的习惯，女式西装配穿裤子时，可将上装做得稍长些，如与西装裙配穿时，则上装应做得稍短些。但太短会显得不够庄重，而太长又会使人显得很不精神，故一般选择裙长至小腿最丰满处为佳，这样可充分显示女性腰部、臀部的曲线美。

在选配西装和裙子时，还应根据年龄来合理选配。如中老年女性可选择上小下略大的式样，可显示穿着者的稳重、大方，而年轻的姑娘或少女则宜穿直筒的西装裙，也可选择类似旗袍裙上大下小的款式，可使穿着者产生婀娜多姿、亭亭玉立的青春美。

女式西装与裤子或裙子搭配时，大多采用同一面料做套装，可增强上下一致的整体感，也可采用不同颜色的面料相配，但要注意色彩的上下和谐与轻重关系。缝制高档西装宜选择纯毛花呢、啥味呢、海力蒙、巧克丁等精纺面料，也可选用毛涤混纺织物。缝制中档西装时，大多选用毛涤混纺织物、粗纺花呢或中长仿毛花呢等。在颜色选择方面，一般以灰色调为主，既可以与办公环境相协调，也适宜与衬衫、丝巾、挎包、饰品等搭配，其常用的色彩主要有炭黑色、烟灰色、雪青色、藏青色、宝蓝色、黄褐色、米色、暗紫色、深红褐色、暗土黄色等。上下装可采用同色，也可采用异色。上下装同色显得庄重而有成熟感，这是较为常见的搭配。上下装的色彩互相对比，上浅下深或上深下浅，上简下繁或上繁下简，这样搭配极富动感和活力，适合于年轻的女性穿着。此外，在穿西装裙时，不宜穿花袜子，两只脚也不宜平行站立，在重要场合，还应注意皮鞋、皮包的式样和颜色与西装颜色的搭配，以及发型、化妆与西装的协调配合等，使其产生更美的效果。

45　系出优雅魅力的领带

领带是领部的饰件之一，广义上包括领结，是正面打结、主体呈带状的装饰品。通常戴在衬衫领下与西装配穿，是西式装束的男性象征。领带与西装的配套使用可起到画龙点睛的作用与效果，因为西装上衣的设计给领带的使用留出了恰到好处的空间，从脖子到胸前空着一个三角区，自然而然地形成了一个装饰区，而领带的佩戴正好是这个装饰区内的装饰点，成为西装不可缺少的附件。在漂亮的西装上佩戴一条醒目的领带，既美观大方，又给人以典雅庄重之感，会使使用者显得气质不凡。现在不仅男士喜欢佩戴领带，而且职业女性（如售货员以及银行、邮政、税务、公检法、工商、海关的职员等）也纷纷仿效，成为现代服饰文化的一个亮点。

领带起源于欧洲。据说，古时候住在深山老林里的日耳曼人从事狩猎，身披兽皮衣御寒，为了不使兽皮衣从身上脱落下来，就用草搓成的绳子扎在脖子上，后来逐渐演变成最原始的“领带”，而其后的演变历史却众说纷纭。据传说，最早的领带可以追溯到古罗马帝国时期。那时的战士胸前都系着领巾，那是用来擦拭战刀的擦刀布，在战斗时把战刀往领巾上一拖，可以擦掉上面的血。因此，现代的领带大多用条纹形的花纹，起源就在于此。到了17世纪，这种领带又为克罗地亚士兵所采用，而后逐步得到普及。虽然人们普遍认为扎领带的习惯起源于克罗地亚士兵，后来领带在法国流传很广，但是对于领带是如何传入法国的却有两种说法。一种说法认为这种领带可能是1600年前后“三十年战争”时期传到法国的，当时与瑞典人并肩作战的法国人发现这种打结的领巾很实用；第二种说法认为这种领带是1668年克罗地亚雇佣军到达法国时带来的，法国国王路易十四在巴黎检阅克罗地亚雇佣军，雇佣军官兵的衣领上系着的布带就是史料记载的最早领带。1692年，在比利时的斯腾哥尔克的城郊，英军偷袭了法军兵营，在慌乱中，法军军官无暇按照礼节系扎领带，只是顺手往脖子上一绕就投入战斗。结果法军击溃了英军，于是斯腾哥尔克的英雄们便名噪一时，连妇女们也竞相系扎斯腾哥尔克式领带。1795—1799年，在法国又兴起了新的领带浪潮。

中国在改革开放后已形成了国际著名的领带设计、制作、生产、销售基地和产业集群。许多世界顶级品牌在中国均有加工生产。生产基地集中在浙江嵊州，有“中国领带名城”之称，比较有名的领带品牌有COVHERLAB、瓦尔德龙、巴贝/皮尔卡丹、金利来等。

领带的面料比较考究，一般选用丝绸、精纺毛呢、化纤仿丝绸织物、皮革等挺括材料，而以柔挺型细毛织物作面衬，制作工艺要求高。

领带一般可以分为三类。传统型的尺寸规范，大领前端呈 90°箭头形，单色或斜条带小花点图案，一般配领带夹，使用较为广泛，尤其适用于西套装。新潮型的形状短宽，色彩艳丽，饰以立狮、马具、恐龙、足球、名画、名人头像等醒目图案，在佩戴时松结呈随意状，非常适宜休闲装束。变体型的选料别出心裁，有线环、缎带、皮条、片状或围巾状多种式样，通常是在特殊场合使用。

按照领带的式样又可分为六类。四步活结领带以四个打结步骤而得名。通常为斜裁，内夹衬布，长、宽时有变化。温莎领带。由英国温莎公爵所创造的结法而得名。黑色丝质的温莎结曾是 19 世纪末艺术家的象征。细绳领带，又称牛仔领带。黑色的细绳领带是 19 世纪美国西部、南部绅士的典型配饰，特称上校领带、团长领带、警长领带。保罗领带，又称快乐领带。是以滑动金属环固定的细绳领带。蝶结领带，又称蝶结。一般采用丝质缎带或编织带制成。末端可尖可方，系成蝴蝶结状。在正式场合，白蝶结常与燕尾服搭配使用，黑蝶结常与晚礼服搭配使用。方便领带，又称简易领带。做成固定的领结（内附硬衬，以保持形状），领带内倒装拉链，戴用时上下调整位置即可。在佩戴领带时，常常配合使用领带夹、领带别针、领带扣针等一些附加饰物。

领带颜色的使用应与使用者的年龄相协调，青年人应选用花型活泼、色彩强烈的领带，以增加使用者的青春活力；年龄较大的人宜选用庄重大方的花型；女性宜选用素色的领带。同时，还应该注意领带和西装配色的协调性，以增加优雅脱俗、风韵倍增的效果。例如，黑色、棕色西装配银灰色、蓝色、乳白色、蓝黑条纹、白红条纹的领带，显得庄重大方；深蓝色、墨绿色西装配以玫瑰红色、蓝色、粉色、橙黄色、白色的领带，具有深沉的含蓄之美；褐色、深灰色西装与蓝色、米黄色、豆黄色的领带配伍，具有秀气、飘逸的绅士风度；银灰色、乳白色西装配大红色、朱红色、海蓝色、墨绿色、褐黑色的领带，可给人飘逸、文静和秀丽的感觉；红色、紫红色西装配乳白色、乳黄色、米黄色、银灰色、翠绿色和湖蓝色的领带，具有典雅、华贵、得体生辉的效果。此外，领带除与服装搭配协调外，还必须与使用者的体型、肤色相匹配。高个子应系朴素大方的单花领带；矮个子则宜系斜纹细条的领带，可使身材显得高一些；体胖的人宜系宽领带；脖子长的人则宜系大花领带，而不宜戴蝴蝶结；脸色红润的人宜系黄素色绸布料的软质领带；而脸色欠佳的人则宜系明色的领带。因此，选用领带应围绕装饰性原则来进行，以达到锦上添花的效果。领带的保养也很重要，任何质料的领带脏了，只能干洗而不能水洗，因为领带的面料和里料不一样，下水后会褪色或缩水，从而引起领带变形。熨烫时，可用熨斗不用垫布进行明熨，但宜采用中低温度，熨烫速度要快，以免出现泛黄和“极光”现象。

46 职场必着装之西式衬衫

西式衬衫又称衬衣或内衣，英文为 shirt，起源于欧洲。14 世纪时，诺曼底人穿的衬衫开始有了衫领和袖头。16 世纪时，欧洲盛行在衬衫的领部和胸前绣花，或是在领口、袖口、胸部装饰花边。18 世纪末，英国人开始穿硬高领衬衫。到了维多利亚女王时期，高领衬衫被淘汰，从而形成了现代的立翻领西式衬衫。19 世纪 40 年代初，西式衬衫传入中国，开始在中国流行起来。最初的衬衫多为男士穿用，直至 20 世纪 50 年代才逐渐被女子穿用。当今，衬衫已成为男女老少的日常服装，在服装中处于十分重要的位置，对穿着者的形象和服饰美产生非常重要的影响，如图 24 所示。

图 24 西式衬衫

衬衫就其本质来说是一种西式单上衣。狭义的指基本型衬衫；广义的除基本型衬衫外，还包括夏恤衫、秋恤衫、香港衫、夏威夷衫、运动型衬衫、猎装型衬衫和各种花式衬衫等。可分为内衣类衬衫和外衣类衬衫两类。根据穿着对象不同，又可分为男、女衬衫以及男、女童衬衫等。目前，对衬衫面料的花式、品种、质量等要求越来越高，比较流行轻、薄、软、爽、挺和透气性好的面料。在某种意义上说，它可以显示穿着者的地位、身份和审美感。

男衬衫按照穿着场合可分为正规衬衫和便服衬衫两大类。

所谓正规衬衫是指可以在正式社交场合穿着的衬衫，正统的穿着应系领带或打领结，以显示严肃、稳重的气质。对这种衬衫的质量要求较高，一般由纯白色厚上浆的纯棉或亚麻织物缝制而成。衬衫的前胸应平挺或打褶，门襟上饰有贵重的饰品，袖口中还应有与之相配的链扣。便服衬衫主要追求合体、舒适、潇洒，一般采用收腰式和中筒式两种造型，下摆有圆摆和平摆两种，但在正规场合穿用时必须塞入裤内。正规衬衫的款式变化较少，衣领是衬衫的重点部位，常用的领型有小方领、中方领、扣子领、圆领、尖领、翼领等。普通西装衬衫一般采用张角在 75°左右的正规型方领。扣子领具有装饰性，故适合于年轻人或爱时髦人士穿用。圆领具有柔和的视觉效果，适宜与古典式西装相配。尖领的大小要根据穿用者的脸型和西装驳领的宽窄而定。翼领要系领结，外面适宜穿大礼服。门襟可选简单的内卷式或褶裥式。袖口可采用法国式袖克夫，这种袖比较庄重、雅致。衬衫作为内衣或外衣穿着，要求舒适、保暖、美观、透气并符合时代的潮流，面料可选用全棉精梳高支府绸，经树脂整理后，质地轻薄，手感柔软，透气性、吸湿性好。其中，全毛高支纱单经单纬毛织物（如麦斯林等）衬衫面料是高档男衬衫面料的精品，以其薄如蝉翼、质如绢丝、手感滑爽、穿着舒适、端庄高雅而深受欢迎。也可选用真丝塔夫绸、绉缎、绢丝纺、杭纺、杭罗、柞丝绸等作为面料，不仅轻薄柔软、平挺滑爽，而且飘逸透凉、光泽柔和、穿着舒适。此外，仿麻、仿真丝绸、纯涤纶薄型织物等都可作为新型高档男衬衫面料，其洗涤简便、无伸缩、不出现皱纹、无须熨烫，其触感并不亚于真丝绸，甚至可以以假乱真。中档衬衫面料可以采用涤棉细纺、涤棉府绸、涤棉包芯纱细布、纬长丝涤棉细纺以及小提花织物和牛津布等，此类面料具有质轻、平整、易洗快干、防缩防皱等特点，而且花型变化多而灵活，质地柔软，光泽好，但吸湿性较差。至于低档的衬衫面料，可选用全棉细布及其混纺织物。正规衬衫面料的选用非常重要，单色衬衫一般采用最浅淡、最柔和的颜色，如白色、象牙色、淡褐色、浅蓝色、淡黄色等，这些颜色丰醇漂亮，非常适宜于工作时间和正式场合使用，尤其是白色，象征高雅、纯洁。条纹衬衫一般采用宽度较窄的条纹，明细条纹的优质面料具有华丽、端庄的风格。格子衬衫不如条纹衬衫正宗，其颜色宜浅淡而不宜浓艳，否则显得过于花哨，有失庄重。

男式便装衬衫不同于传统的正规男衬衫，它所追求的是穿着者潇洒不凡的气质和高雅气派的风度，要求穿着轻松、舒适随意而又不失风度。其款式较多，风格各异，可分为劳动衬衫、运动衬衫和休闲衬衫数种。劳动衬衫属于大众型，一般以硬翻领为主，也有采用立领的，衣摆较长，便于塞进裤腰。面料要求质地坚牢厚实、柔软吸湿，通常选用丝光全棉或涤棉混纺的方格布、华达呢、纯棉精梳丝光卡其、纯棉蓝斜纹布或四枚缎牛仔布，颜色以蓝、灰、黄、黑为主，这种衬衫可以外穿夹克及套装，也可系领带。运动衬衫则一般不配领带或领结，否则会变成不伦不类。运动衬衫的款式很多，衣领可有可无，袖子可长可短，颜色较多，纹样图案题材广泛，面料可选用机织物，也可选用针织物，其取舍全凭使用场合的要求和穿着者的喜爱。休闲衬衫丰富多彩，没有严格的规定，只要讨人喜欢就行，典型的要数时下流行的 T 恤衫，以其轻便、舒适、随意为特点，穿在身上显得精神抖擞、简洁干练，给人一种朝气向上的感觉。休闲衬衫用的衣料选择范围广泛，面料的色彩和花型变化范围很大，具有很大的随意性。

女式衬衫是女性一年四季必备的衣物。每当夏季，年轻的女性穿上结构简洁、装饰适当、色彩调和、穿着舒适的衬衫，下身再穿上一条石磨蓝色斜纹布裙子，披着长长的乌发，抹上红红的樱唇，可显示出纯情少女那种热情似火、天真无邪的风貌。女式衬衫与男式衬衫不同，所追求的不是稳重和大方，而是时尚与风韵。因此，它的款式变化节奏快，样式也显得漂亮、花哨，每个女性可根据自己的喜好和生活方式随意选择。就领型而言，有端庄文雅的硬翻领衬衫、适用面广的开领衬衫、简洁明快的无领衬衫、秀气脱俗的立领衬衫、领子和衣身浑然一体的趴领衬衫、装饰味浓烈的飘带式或荷叶边衬衫等，真是五花八门，可显示出穿着者的个性、气质和审美观。从衬衫的轮廓造型来看，大致有宽腰直身式衬衫、收腰紧身式衬衫、下摆收口式衬衫和放摆蓬松式衬衫等，可显示穿着者对造型美的追求。从衬衫的结构设计来看，也是变化多端，一般是通过衣片的分割组合和拼接，形成衣襟在衣前离合的正穿式衬衫、衣襟在背后离合的反穿式衬衫和套头式衬衫。门襟可正可偏，叠门有单有双，袖型有装袖、插肩袖、灯笼袖、短连袖、泡泡袖和蝙蝠袖等，装饰加工的工艺更多，常见的有机绣、手绣抽纱、贴花、嵌滚、镶拼、缉裥、明线等。以上这些变化与穿着者的年龄和喜好有关，只要穿着适体、得当，可使穿着者显得端庄、雅致，或绚丽多彩，或婀娜多姿，美丽动人。女式衬衫的色调常用流行色，更加烘托出女性的魅力和韵味。例如，纯洁的白，明亮的黄，热烈的红，安宁的绿，富丽的紫，平衡的蓝，高雅的灰，神秘的黑等。但色彩的选用必须与穿着者的性格、年龄、体型（高矮、肥瘦）、肤色有关，穿着适当，可显示穿着者的个性、气质、涵养和审美观。

时下，女装男性化风气正盛，大有方兴未艾之势，一些追赶时髦的女性喜欢女扮男装——女性穿男式服装，这是近年来较为流行的时尚。究其原因，早在妇权运动日趋高涨时期的欧美妇女中就已流行。由于男性服装总带有一种阳刚之气，以表达类似旭日磅礴、劲松古柏风格的服装美，而女性服装则注重于阴柔风格，以借指那种近于月华朦胧、小桥流水和垂柳新藤般的意境，女装男性化可起到阴阳相辅、刚柔并济的审美作用。女性穿上仿男式女衬衫，再配上深色调的靛蓝短裆牛仔裤和白色耐克鞋，可表现出女性服饰的阳刚之美，别有一番情调，于妩媚绰约之中隐现雍容遒劲，真是风度超凡、高雅大方、帅气十足，是一个现代女性的绝好写照。仿男式女衬衫一般采用硬折领，背后无过肩，采取收腰式，且有中腰、胸省或肩省。典型的仿男式女衬衫外形为方领或小尖领，反贴边，双贴明袋，高收腰，圆下摆，装袖且多为单克夫式。为了时髦，有的还在领角、袖克夫及贴边、袋口部位绣有同类色小花纹，以求装饰美。在服饰配套方面，一般是上穿仿男式女衬衫，下着西装套裙，系上领带或领结，这就是一个职业女性的标准装束。衬衫面料色彩常用白色、象牙色、浅蓝色、浅红色、浅绿色等，对休闲用仿男式女衬衫的颜色要求则比较随意，如湖蓝、橘黄、玫红、翠绿等女性传统色以及流行色。对面料的要求与男式衬衫相似，夏季一般穿着的轻薄飘逸女衬衫，要求选用平滑挺括、轻薄细腻、手感柔软、悬垂性好、吸湿透气、舒适而不粘身的面料，真丝双绉、绉缎、软缎、绢丝纺、提花印花绸以及真丝砂洗绸、高支苎麻织物、高支纯棉府绸和细纺是仿男式女衬衫高档面料的首选。春秋季衬衫一般选用中厚型面料，要求织物平整丰满，厚实细密，柔软吸湿，耐洗耐穿，日常穿着的面料可选用纯棉或涤棉府绸、细布，高档的有真丝绉缎、绸类织物、纯毛凡立丁、单面华达呢、彩条格呢、细条灯芯绒等。

在选择衬衫的款式时，必须注意与其他衣服的协调关系。例如，白色衬衫应用范围较广，可以随意和其他颜色相配，格、条、花布可与素色相配，青年人宜穿浅淡色的各种大、中、小花布，衬衫的穿用还应与个人的年龄、职业和身材等相称。如工作和学习时，应选择款式朴素、大方美观的衬衫，色彩要文雅柔和，给人以一种落落大方的印象，可表现出穿着者的事业心和责任感。在喜庆或节日盛会的场合，则应穿着精工细做，款式新颖别致，色泽丰富多彩，能充分表现其个性化，并可渲染喜庆欢乐的愉悦气氛。在社交场合，应穿有领有袖的衬衫，具有一种既庄重又严肃的气氛；而无领无袖的衬衫虽很凉爽，但不够严肃，一般只适合于家常穿着。短袖衬衫不宜选用透明的面料，穿着这种透明的衣服，待人接物不严肃，有失文雅和礼貌。从季节来看，春秋季衬衫的款式和色彩应与外衣相配，当外衣的款式和花色较朴素时，则衬衫的款式和花色可丰富多变；如果外衣的款式和色彩已经入时，则应选用款式和色彩较为朴素的衬衫。例如，身穿一套深蓝色或黑色的西装，配上一件白衬衫，会给人一种高雅纯洁和庄重恬静的沉稳感觉，若配上暖色调的大花或大格的飘带领衬衫，则给人一种热情、奔放、活泼、可亲的印象。冬季的衬衫主要是作内衣穿着，应以保暖性为主来选择衣料，其色彩应选择稍深的暖色调。

47　不失庄重的夹克衫

夹克一词来源于英文 jacket 的谐音，即短外套或短上衣，是休闲服的一种，泛指下摆和袖口收紧的上衣，有单衣、夹衣、棉衣、皮衣之分。在国外，非正规的短外套，包括不太正统的西装上衣，都称为 jacket。在国内，夹克则一般指非

图 25 夹克衫

传统、非正规且长及腰臀的长袖罩衣。夹克作为一种着装，其最大优点是松肩紧腰，穿着舒适，轻松时尚，方便随意，短小精悍，轻便实用，穿着精神抖擞，上下装搭配灵活，无论是在社交场合还是家居或是室外活动都可穿着，是人人爱穿的一种上衣，它与T恤衫、牛仔服一样，是深受人们青睐的三种经久不衰的服装款式，如图25所示。

夹克又名夹克衫，是男女老幼都能穿着的短上衣总称，是从中世纪男子穿用的叫jack的粗布制成的短上衣演变而来。15世纪的夹克袖子是鼓起来的，但胳膊并不穿过袖子，而只是一种装饰，耷拉在衣服上。到了16世纪，男子所穿的下衣裙要比夹克长，用带子将其扎起来，在身体周围形成衣裙。1440年，由英国亨利六世在伊顿创立一所伊顿公学，这是一所贵族子弟的名牌学校。该校的学生制服是一种大翻领、身长较短、前面敞开的夹克，称为伊顿夹克。在法国革命时期，法国市民把在南法工作的意大利工人穿的夹克作为短马甲而流行，一直到1792年在巴黎仍为马赛义勇军战士所穿用，并取名为卡尔马尼夭尔夹克，这是来自意大利西北部城市卡尔马尼夭尔的译音。这种夹克在腰部以下扎着短巴斯克（类似裙子一样的东西），高翻领，有背心口袋，钉有金属或骨制的扣子，这种衣服常与前开门的马甲（多为红色）、法国国旗颜色红、白、蓝的条纹裤子及红帽子等组合在一起穿着。近代夹克是由第二次世界大战时美国空军飞行服逐渐演变而成的。常见的有翻领、关领、驳领、罗纹领等；前开门，门襟有明襟和暗门襟之分，关合用拉链或拷纽；下摆和袖口用罗纹橡筋、装襻、拷纽等收紧；衣身可有前后育克；有的肩部装襻；一般采用分割、配色、镶拼、绣花和缀饰等工艺而形成各种款式。林德柏夹克是由1927年第一个横跨大西洋从美国单独飞行到法国的飞行员乔尔斯·林德柏喜穿的飞行夹克演变而来的。这种夹克是一种口袋很深、腰部和袖口都用松紧材料收紧的服装，不仅结实耐磨，而且保暖性极佳，与肩部和腕部都有御寒设计的体育用夹克十分相似。英国是一个十分讲究服饰礼仪的国家，在第二次世界大战前，一些讲究的饭店，在进餐时，身穿普通西装的食客是不允许进餐厅用餐的，必须穿上晚餐夹克方可入内就餐。晚餐用夹克，夏季是用白色的亚麻布制作，而冬季则是用黑色毛织物制作，这种夹克属于半礼服性质，利用率很高，除作晚餐用以外，还可代替燕尾服参加一些简单的晚会、舞会或音乐晚会时穿用。

夹克衫自出现以来，经过多次款式的变化，千姿百态，成为人们喜爱的服装，展示出不同时代、不同经济和政治环境以及不同场合、人物、年龄、职业、性别等对夹克衫款式产生的影响。目前，夹克普及率相当高，流行甚广，已形成系列产品，成为服装中非常兴旺的一个重要“家族”。而且除普通夹克之外，还有各种功能性的夹克不断问世。它们或以专业或用途来命名，如飞行员夹克、运动员夹克、摩托夹克、击剑夹克、猎装夹克、侍者夹克、夏奈尔夹克、爱德华夹克、森林夹克、探测夹克、围巾领衬衫袖夹克、翘肩式偏襟夹克、组合式夹克等；或以款式来命名，如普通拉链三兜夹克、牛仔夹克、翻领夹克、罗纹夹克、青果领夹克等。可以说夹克是当今世界上发展变化较快的服装之一，既可作为生活穿用的服装，也可作为旅游、社交活动穿用的服装。

夹克虽是男女老幼都爱穿的服装，但其要求却不尽相同。在世界范围内，男式夹克可以说是与西装并驾齐驱的两种重要款式，要求具有整齐、大方、沉稳、持重、简练、利索等特点。能适用于不同气质的男性在不同场合穿用，并要求穿着轻松适意，上下搭配灵活。如简洁、凝重的夹克配上一条西裤，可使穿着者在正规场合轻松自如；轻灵花哨的夹克再配上一条靛蓝牛仔裤，组成较为理想的休闲服装。轻快活泼的夹克是年轻人的“宠儿”，而稳健端庄的夹克则为老年人所青睐。战斗式夹克衫（又称艾森豪威尔夹克）是一种紧身短小精悍的款式，适宜于青少年男子穿用，其特征是多胸袋，翻领，有肩襻，紧下摆，紧袖口，使穿着者显得潇洒、英俊、强健有朝气。猎装被国际上誉为当代的“万能服”，青年男女均爱穿着，其特征是大多带有肩章式襻带，有多个贴式或打裥口袋，西装领，翻驳头，收腰身并有腰带，圆筒袖，具有西装和纯夹克的优点，非常适合于青年男女旅游、狩猎或日常生活等各种场合穿着。近年来，在服装市场上还有一种较为流行的适合于青年男子穿着的镶嵌配件夹克，一般在夹克的胸前育克处镶有高档毛织物或皮革等物，色彩近似，但又有稍微差异，应注意领、肩、胸、袋口、摆镶嵌配件的相互协调性，这种夹克可产生美观、醒目的效果，给人以朝气蓬勃的美感，从而博得青年男性的偏爱。除此之外，还有卡曲衫、香槟衫、拉链衫等均属于男式夹克系列产品。男式夹克品种繁多，其造型变化一般是通过对前后衣片进行各种形式的分割组合的方法并采用诸如肩襻、袖襻、腰襻、腰带等附件来达到的，大多都具有宽肩、窄腰、露臀的特点。在衣服的色调方面，除传统的蓝色、黑色、藏青色、灰色外，近年来又发展到白色、米色、浅棕色、银灰色、海蓝色等中间色调，有的还把红色、绿色搬到了夹克上来。

近年来，随着女性参与社会活动越来越多，女性为了穿着方便而又不落俗套，纷纷效仿男性盛行穿着夹克去上班和参加各种社交活动，确实使上班族女性感到轻松方便而又惬意大方，使得夹克成为女性衣柜里不可缺少的衣物，而且使用范围很广。既可在春光明媚的较暖和的春末夏初穿着，又可在寒风凛凛的秋冬季穿着；不仅在外出时可穿着，而且又可权充家居便服。如何穿得更美，关键在于如何与下裳搭配。一般而言，女式夹克如恰当地与连衣裙、长短裙、一步裙及女裤配伍，可以达到惟妙惟肖的神奇效果，这是因为女式夹克几乎包括了所有外轮廓造型、细节造型和构成手段。刺绣、镶嵌、滚、拼等各种传统的工艺方法，常为女式夹克注入绢秀和美观。女式夹克一般可分为长、短两类：长的衣长盖臀，清新流畅，恬静脱俗；而短的衣长仅至腰节，精悍自然，潇洒大方。在造型上，宽松舒适的夹克则隐约可见女性的曲线美。宽松蝙蝠袖夹克尤其适宜于青年女性的穿着，别有一番情趣，其特点是袖口和底摆为紧身型，或是采用松紧毛线织罗口配边，用以突出宽松的身、袖特有的蝙蝠外形，有的在身、袖之间还有明、暗裥褶和各种装饰配件，以突出其时装化，穿着时如配穿多袋牛仔裤或紧身裙，则可平添几分魅力，显得自由洒脱，更能突出女性的形体美。宽肩收腰的夹克则大有男性的风范，是女装男性化的杰出代表。女性夹克的领型变化较多，有立领、翻领、驳领等式样。门襟常用拉链或按纽。袖型则有长袖、半长袖，也有泡泡袖、接袖、插肩袖等。在服装结构上，采用较多的是利用分割组合的方法，以求得服装的外形变化，同时还可利用各种颜色和不同质地的织物进行镶拼。在工艺的使用上，大多采用缉明线、打裥、省道的方法进行装饰。也有的女式夹克采取“拿来主义”的方式，把男式夹克原封不动地搬来照用，这就成了名副其实的“两性夹克”或“中性夹克”。

时下，儿童夹克已成为童装市场上的一道亮点。不少家长都希望把自己的孩子打扮得漂亮、活泼、逗人喜爱，纷纷把目光投向了儿童夹克。儿童夹克的设计充分考虑了儿童的心理特点和体型特征，并以儿童的心态和眼光看世界。现代儿童的特点是好奇心强，善于模仿，有强烈的求知欲。因此，一件合适的儿童夹克不单纯是一件用于御寒遮体的生活用品，更重要的是通过服装款式、色彩、图案可对儿童进行启蒙教育，这对提高儿童的智力、增加知识可产生潜移默化的效果。儿童可分为学龄前儿童和学龄儿童两类，同时还有男童和女童之别。对于学龄前男童来说，他们最突出的特点是好动，喜欢摸爬翻滚，同时他们的身体生长快，观察力、模仿力也强。夹克应力求新颖活泼，穿着舒适，简单宽松，便于活动，耐脏耐磨，易洗快干，价格适中。这类夹克领型变化较多，一般是前开襟，宽腰式。在腰部大多装有松紧带和纽带或腰襻，既可使服装利索简洁，又可适应身体生长的需要。衣片结构一般采用各种分割组合的方法，可方便于各种形式的镶嵌拼接，使其新颖别致。考虑到既要美观又要实用，常在经常摩擦的部位（如肘部、口袋等）缝上各种活泼有趣的图案贴布，常用的图案有动物、木屋、原野、山川、绿洲、英雄人物故事等，不仅使幼童产生较强的兴趣，而且还有利于培养男童从小就具有阳刚之气。为了装饰，也常用刺绣、滚边等多种传统工艺使其产生活泼可爱的艺术氛围。而颜色则以烟灰、棕褐和海蓝等中间色调为主。面料的选择不宜过分讲究，而以耐磨、耐脏、吸湿、透气、易洗、穿着舒适为佳。对于学龄儿童的夹克，应与年龄及其身心健康的发展相适应，服装款式既要简练大方而又不失童趣，要能充分体现出“小小男子汉”的英勇气概，为此大多使用衣片分割组合和不同衣料的拼接及扣、襻、滚、嵌等手段来达到要求。在选择面料的颜色时，一般以米、棕、咖、黄、蓝、青等色调为主，这样既活泼生动又利索大方。对面料的质地要求不高，主要是耐洗耐磨，价格适宜，经济实惠，大多选用华达呢、卡其、府绸、劳动布和细帆布等中低档面料。

女童夹克与男童夹克有所不同，要求能充分反映女童天真活泼、灵巧可爱的特点。同时，女童的爱美天性是人所共知的，对美的洞察和模仿也是非常突出的。因此，女童夹克应力求色彩艳丽，花式新颖，造型格调清新活泼，图案美丽，具有较强的趣味性和审美性。女童夹克和男童夹克一样，也可简单地分为学龄前女童夹克和学龄女童夹克两种。学龄前女童纯洁恬静、天真烂漫，特别宠爱洋娃娃。根据其生理和心理特征，服装要宽松，造型款式应简练多变，领、袖、袋可以进行各种变化，立领和翻领、平袖和泡泡袖、贴袋和挖袋都可应用，还可根据其不同肌里色调的面料做成形态各异的领、袖、袋，极富童趣。在服装结构上，常采用各种形式的衣片进行分割组合，并用各种面料进行拼接，以形成绚丽多彩的风格。总之，学龄前女童夹克既要新颖活泼，又要大方美观，还不能过分离奇古怪，这样有利于女童的身心健康发展，适应社会生活环境，合群随和，自幼养成良好的着装习惯。在夹克的装饰和点缀方面，应选用适合于她们心理特点如滚、镶、嵌、绣、贴及花边、带襻、按纽等工艺手段，以贴花绣、挖花绣、绒绣、丝绣等独特的工艺处理方法，在领、袖、胸前等醒目的部位及袖肘、袋口等容易磨损处绣上蝶飞鸟鸣、草绿花香、卡通人物、原野牧童、白雪公主等极富童话情趣的各种花型图案。在面料颜色的选择方面，应尽量选用桃红、浅绿、湖蓝、银灰等明丽、轻快的中浅色泽，而应尽量避免过于鲜艳的大红大绿色调，因为这种色调在阳光下产生强烈的反射作用会对幼童的眼睛产生不良的影响，因此，宜选用各种清雅秀丽的条格和印花织物。对学龄女童来说，随着年龄的增长，在她们的心目中已隐约有了自己崇拜和追逐的偶像，喜欢模仿这些偶像的言行举止和服饰衣着习惯。因此，学龄女童夹克应以简练明快、大方得体为设计原则，在结构上仍以衣片分割排列组合为主，在造型上应由繁入简，在装饰上宜用一些小型图案作点缀，在色调上宜选用富有女孩子情趣的洋红快绿、淡咖浅棕等快乐隽秀、富于幻想的色彩，在面料的选择上常以大众化的中低档织物为主。总之，学龄女童夹克的设计制作应根据其年龄和心理特征进行，这样既能满足她们对美的追求，又能使她们健康成长。

在夹克衫的选择方面，也有许多学问。在款式上，外形轮廓都要求有适当的夸张的肩宽，配上下衣后，要能形成上宽下窄的T字体型，给人以潇洒、修长的美感。具体而言，对于肥胖体型的人，夹克宜采用竖线分割的各种条形装饰线，穿上后给人以挺拔、秀丽的视觉效果；对于瘦长体型的人，夹克宜采用横线分割和装饰线，以增加穿着者体宽的感觉；青年人特别是女青年应选购斜条分割和多装饰的夹克，也可选购横直线条分割或多种几何图形装饰的夹克，给人以活泼、有朝气、充满青春活力的感觉。还应注意领口和袖口或袖口与下摆的面料色彩一致，肩、袋、袖、胸等各种装饰件或线条的形状、色彩须相呼应，既可避免杂乱无章的视觉效果，又可达到造型活泼利落和相互协调的美感。面料的选择也很重要，应根据款式恰到好处地选用不同质地的面料，做到款式和面料相互协调，此外，夹克的缝制质量和辅料配件的质量与装饰性能也十分重要。

48 男子的“万能服”——猎装

猎装，又称卡曲服，是一种具有狩猎风格的缉明线、多口袋、背开衩样式的流行上衣。据传，它起源于欧美猎人打猎时所穿的一种衣服。其基本款式为翻驳领，前身的门襟用纽扣，两小带盖口袋，两大老虎袋，后背横断，后腰身明缉腰带，袖口处加袖襻或者装饰扣，肩部通常有用肩襻，具有防露水和子弹袋收腰结构。猎装虽起源于欧美，但首先流行于菲律宾和东南亚各国，后来才在欧美流行，成为风靡欧洲半个世纪的时尚坐标，并以其可以适应各种不同年龄男子穿着的风格特点，发展成为人们日常交往、娱乐、上班穿着的便服，被誉为男子的“万能服”，如图26所示。

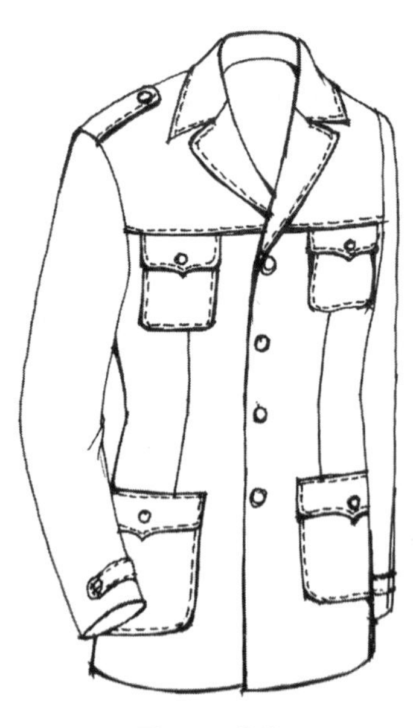

图26 猎装

最初的猎装是狩猎人穿着的外套。其特点是一般在肩部设有带襻，作用是可防止背猎枪时发生滑脱，并在衣身上设有大小各异的四只袋盖式口袋，便于携带子弹等物品。衣身采用在腰部略收紧，圆筒袖，明扣。猎装成为世界流行性的服装之后，一般具有如下特征：翻领走线，贴袋打裥，前胸后背加线。传统猎装根据具体情况选用厚型或薄型耐磨面料，可以用高级呢料或丝麻织物缝制，也可用化纤织物缝制，如皮革、棉织物或化纤混纺织物等。猎装的颜色多为单色，如米黄色、银灰色、浅蓝色或丝麻本色，多以黑色、灰色为主。猎装既可上班工作时穿着，也可出外旅游或者参加一般性的社交活动时穿着。

口袋是猎装极为重要的装饰，也是猎装具有代表性的特点。猎装口袋最大的特色就是用明线在衣服外部勾勒口袋的轮廓，也有将四个口袋的其中两个处理成暗藏式或者加大口袋盖。而一些加入毛皮镶边处理的细节更是将猎装的冷硬和毛皮的柔软协调地融合出细腻、浪漫的味道。

猎装既有短袖和长袖之分，也有夏装和春秋装之别。一般猎装翻驳领，口袋较多，有贴袋式，也有插袋式，腰间系腰带，单排纽、双排纽都有，并缝有肩襻、袖襻等装饰。有的还做成育克式或分割式。常见的品种有八类。

开身猎装的特点为开身明扣，前后身有过肩，斜插袋，外翻衣盖，前身断开，翻领，大袖断开，袖口有袖襟，后身有育缝。

翻边猎装的特点为仿衬衫式，翻领，前门襟外翻边，四个明扣贴袋，有肩襟，过肩背缝下边开衩，中腰佩腰带，紧袖口，全身缉双明线。面料通常选用较厚的棉、毛、丝、麻、化纤织物。

戗驳头猎装的特点是外观基本同翻边猎装，但前门襟不翻边，四明扣，戗驳头大领，显得格外大方，前后有过肩，四个口袋当中有活褶，后背有缝和腰带，背缝下面开衩。

双排扣猎装的特点是大西装领，双排扣，两上小袋为明盖暗袋，两下大袋为略斜的明袋，过肩、袖口均有襟带，中腰佩腰带，筒袖。

披肩猎装的特点是大翻领，前后披肩，前披肩盖住小口袋，背缝下面开衩，仿西服样式。面料多用西服毛织物和中长仿毛织物。

叠背式猎装的特点是翻领，四个明扣贴袋，前披肩盖住口袋，后背有左右对称的暗褶，有腰带。面料多用毛织物或中长仿毛织物。适合于青年人穿着。

三袋翻领猎装的特点是小驳开领，做小圆头，一小暗袋，两大明贴袋，西服袖。多用粗纺毛织物或中长粗纺仿毛织物制作。

短袖猎装的特点是大翻领，四个贴袋，前后身有过肩，背缝下面开衩，全身缉双明线。短袖猎装是夏季比较流行的款式，多用纯毛或毛混纺凡立丁、派力司、毛涤纶或中长仿毛织物、毛涤凡立丁或亚麻、苎麻织物缝制。

由于猎装的款式轻松、明快，四个口袋实用、美观，后背横断，行动自如，端庄洒脱，而且猎装的款式富于变化，只要在腰节、门襟、口袋、后身等部位稍做修改，便能取得风格迥然、时尚气息浓厚的式样来，给人以豪放、潇洒、利落、适体的感觉和视觉效果。

49 老少皆宜的轻便装——两用衫

两用衫穿着时，领口下的第一颗纽扣可扣可不扣，摊开或翻驳式，所以，习惯上称它为两用衫，是老中青妇女的基本服饰，同时，这种服装大多适宜在春秋两季穿着，故也可称为春秋衫。这是一种既可作外衣又可作内衣穿着的衬衫款式，是春夏秋季男女老少皆可穿用的轻便装。其款式很多，但基本上可分为男装两用衫和女装两用衫两大类。

两用衫的款式设计和选择，可以因穿着者的喜好、年龄等而异。在结构上有正穿衫、反穿衫和套衫，最流行的款式特征是采用美观、恰当的分割线和多块面的主体组合，一般有直线分割、横线分割、斜线分割、弧线分割和T形分割等。两用衫的式样有直腰式、紧腰式等。领型的款式特别多，有仿生设计的关门领和驳领、仿古设计的各式立领，还有抽象设计和意识设计的立体领等，通常以各式驳领最为常见。省位有直省（即肩省）、横省（即胸省）、领省等。袖子的种类也非常多，常见的有装袖、装连袖、连袖、套袖和泡泡袖等。袋型的变化也很多，一般分为贴袋、插袋、贴插袋、开袋、盖袋等。在工艺上有缉、嵌、贴、绣、包、滚、配色、镶拼、滚边等。两用衫有作为单衣的，也有作为半里或全里的；有用半衬的，也有用全衬的。

斜插袋男装两用衫的特点是多为西服领，上为两个富于变化的贴袋，两个下大袋为斜插袋，故此得名。面料多选用耐洗涤的较紧密的平纹织物，如丝光府绸、棉涤府绸、毛涤纶、中长纤维等。也有采用高支斜纹织物，如纱卡其、线卡其、涤卡等。色泽多为中浅色，如灰色、驼色、米色等。适合于中青年人穿着。

衬衫领男装两用衫的特点是衬衫翻领，多为富于变化的三贴袋，有背缝和卡腰带，类似于夹克衫，但不紧袖。面料以平纹组织的棉、毛、丝、麻和化纤为主，要求挺爽，易于洗涤和熨烫。是春秋季中青年人喜爱的款式。

西服领贴袋男装两用衫的特点是有西服领，上两袋为暗袋，袋口用拉链，下两大口袋为贴袋，有袋盖。面料多选用较硬挺的斜纹织物，如棉涤卡其、毛哔叽、毛华达呢、毛花呢、毛派力司、中长化纤、条绒和色卡其等。色泽多以灰色、蓝色、咖啡色、驼色为主。可充西装便服穿着，适宜中青年人穿用。

蟹钳领男装两用衫的特点是有蟹钳领，四个口袋富于变化，袖有襟饰。面料多选用硬挺的织物。色泽以杂色为主。适宜于青少年人穿着。

西服领断育克男装两用衫的特点是西服领，四个口袋富于变化。面料多选用较硬挺的斜纹织物，如棉涤卡、条绒、色卡其、毛哔叽、毛华达呢、毛花呢、毛派力司和中长化纤等。色泽多选择灰色、蓝色、咖啡色和驼色等。适宜于中青年人穿用。

西服领脱止口男装两用衫的特点是西服领，两下大暗袋带盖，袖有襟，3粒明扣，前片有装饰条。面料可选用毛、化纤及其混纺织物，但要求织物紧密，洗涤方便。色泽以中浅色为主，也有选用杂色或混色。是青年人喜欢穿用的款式。

带复势男装两用衫的特点是西服领，前片对称开刀，下沿和袖口部分扎有明线。款式时髦，舒适贴体，美观大方。面料多选用棉、毛和化纤及其混纺织物，但要求织物紧密，洗涤和熨烫方便。色泽以中浅色为主，也有选用杂色和混色。是中青年人爱穿用的款式之一。

披肩袋男装两用衫的特点是西服领，有卡腰带，有四个口袋，两上袋带胖裥，口袋有盖。面料多选用坚挺的织物，如坚固呢、条绒，也有选用较挺、薄的毛涤纶和毛涤派力司缝制。色泽以中浅色为主，也可选用杂色和混色。一般为春秋季中青年人穿用。

装连袖男装两用衫的特点是西服领，款式较简洁，三个明扣，一般只有两个下大明袋，有腰襟带。面料一般选用棉、毛、化纤及其混纺平纹织物。适宜于中青年人穿用。

夹克式男装两用衫的特点是在汲取了夹克紧袖口、紧下腰款式的基础上，采用西服领，肩襟，四个明扣，前片对称开刀，两侧袋。面料一般选用滑爽、紧密的平纹织物，如棉、毛和化纤及其混纺织物。是中青年人喜爱的便装，多作为外衣穿用。

男装两用衫面料的选择如下：棉布类，如各类细布、府绸、色织布、棉派力司、卡其、华达呢等；毛呢类，如精纺纯毛或混纺花呢、凡立丁、派力司、毛涤纶、啥味呢、粗纺法兰绒、花呢等；丝绸类，如各类绉、绸、纺、绢及其部分锦、缎、呢等挺爽丝织物；麻布类，如各种麻类平布、细布、印花布、涤麻混纺布等；化纤布类，如各类混纺仿毛、仿麻、仿丝细布、色织布、印花布等。两用衫的色泽多以中浅色为主，也有印花的，如浅灰色、中驼色、本白色、漂白色、浅天蓝色以及中深色的格条的印花产品。

V 形领女装两用衫的特点是 V 形大开领，衣下有两暗兜，三个明扣。面料一般选用较柔软、弹性好的针织物，如毛法兰绒、啥味呢等。适宜于中年女性穿用。

连领脚燕子领女装两用衫的特点为燕子领，三个明扣，两侧有两插袋，是女装两用衫中较常用的款式。面料选择范围广，棉、毛、丝、麻和化纤织物均可。色泽一般为灰色、蓝色、咖啡色，也有漂亮的浅灰色、天蓝色、枣红色、橘黄色、葱绿色等。适宜于中青年女性穿用。

尖角领断育克女装两用衫的特点是翻领，两明下大袋多变化，前襟常有装饰性缝线或绣饰品，卡腰。面料与色泽范围较广。适宜于中青年女性穿用。

大青果领女装两用衫的特点是大青果翻领，两明下大袋多变化，前襟常有装饰性缝线或绣饰品，卡腰。面料与色泽范围较广。适宜于青少年女子穿用。

西装类驳领女装两用衫的特点是西服领，斜插兜，三个明扣，卡腰。面料采用较为硬挺的毛料、色织坚固呢、卡其以及条绒和化纤仿毛产品。色泽以平素为主，也有选用格条花型。适合于青少年女子穿用。

西服驳领脱止口女装两用衫的特点是大翻领，前襟捏褶，卡腰，下有两明兜口暗袋。面料多采用西装面料，如较为硬挺的毛料、毛织坚固呢、卡其以及条绒和化纤仿毛产品。色泽以平素为主，也有选用格条花型。

方驳角领女装两用衫是两用衫中较为大众化的款式，其领可以变化多样，如大小方驳角领、小翻领、西服领等。衣面变化少，简洁，明快，裁剪方便，常被中老年女性选作春秋装。棉、毛、丝、麻和化纤织物均可选作面料，但一般多选用棉、毛和化纤织物。色泽以平纹素色为主，也有选用斜纹格条花型。

四角领女装两用衫的特点是四角翻领，卡腰，有襟带。面料多选用棉、棉与化纤混纺、化纤仿毛产品。色泽范围广。是青少年女子较为喜欢的两用衫款式。

连领脚立领女装两用衫的特点是连成领脚立领，一般有斜插兜，最适宜作为中式罩衣穿用。面料范围广，棉、毛、丝、麻和化纤织物均可。因个人的爱好和年龄而异，可选用平素、印花、绣花或格条色织以及提花绸缎等。是中青年女性喜欢穿用的款式。

铜盆领连袖女装两用衫的特点是铜盆翻领，明贴兜，连袖，小卡腰。面料选用范围很广。由于款式零碎少，易于裁剪、洗涤和熨烫。是青少年女子常用方便款式。

紧袖口连育克女装两用衫的特点是V形大翻领，仿夹克式紧下襟，紧袖口。面料多选用较紧密、较厚重、较坚挺的衣料，如棉坚固呢、色织涤卡、条绒、化纤仿毛华达呢、克罗丁，也有用毛啥味呢、毛法兰绒、毛涤纶和花呢等。色泽范围广，通常以中浅色、灰色、烟色、栗驼色为多见。

女装两用衫的面料选择一般如下：棉布类，如各类鲜艳的印花细布、府绸、色织布、提花布等；毛呢类，如各种精纺薄花呢、麦司林、毛涤花呢、派力司、凡立丁、粗纺法兰绒、粗纺花呢、火姆司本等；丝绸类，如各类绉、绸、纺、绢、纱、锦、缎及其部分呢、绒等丝织物；麻布类，如各种印花或色织平布、细布及其混纺麻类产品；化纤布类，如各种印花或色织仿毛、仿麻、仿丝织物。

色泽的选择，夏季多以中浅色为主，如浅粉色、草绿色、姜黄色、藕荷色、天蓝色等鲜艳漂亮色，以及美丽活泼的花卉、动物等印花产品。也有各种深浅、粗细不同的格条等色织、提花产品。秋冬季多选用中深色的红色、黄色、绿色、蓝色等印花或色织提花的、质地与花色协调的漂亮色。

50　自然飘逸的裙子

裙子是指围穿于人之下体的服装，因其通风散热性能好、穿着方便、行动自如、美观大方、样式变化多端诸多优点而为人们所广泛接受，其中以女性和儿童穿着较多，如图27所示。

图27　裙子

据历史资料，裙子的最初的雏形出现在上古时代，当时世界各地包括我国很多地方都在穿用。如原始人穿的草裙、树叶裙、兽皮裙，古埃及人穿的用麻布制作的透明筒状裙，古希腊人穿的褶裙，克里特岛人穿的钟形裙，两河流域苏美尔人穿的羊毛围裙，古印度雅利安人穿的纱丽裙。而接近现在样式的裙子，世界各地出现时间不一。以我国为例，先秦时期，男女通用上衣下裳的“深衣”。所谓“深衣”是将上衣与下裳连接在一起，类似于现代的连衣裙，当然两者还是有区别的。汉代时，深衣逐渐演变成裙子，在长沙马王堆汉墓中，曾发现完整的裙子实物，它是用4幅素绢拼制而成的，上窄下宽，呈梯形，裙腰也用素绢为之，裙腰的两端分别延长一截，以便系结。整条裙子不用任何纹饰，也没有“皱褶”，称为“无缘裙”。大概在西汉末年，裙子上出现了“皱褶”。说起这种裙子，还有一个典故。据传汉成帝的皇后赵飞燕在太液池畔翩翩起舞时，由于风大，加上赵飞燕瘦弱轻盈，风便把她吹了起来。汉成帝急忙让侍从拉住赵飞燕，她这才没有被风吹走，但裙子却被扯出许多皱褶，不过非常好看。于是宫女们竞相效仿，制成了当时流行的“留仙裙”。在中国历史上，赵飞燕以美貌著称，并因舞姿轻盈如燕飞凤舞而得名“飞燕”。所谓“环肥燕瘦”讲的便是她和杨玉环，而燕瘦也通常用以比喻体态轻盈瘦弱的美女。魏晋南北朝时期，直襟式长裙开始时兴，有单裙（衬裙）和复裙（外裙）之分，见于文献的有绛色纱复裙、丹碧纱纹双裙、紫碧纱纹双裙、丹纱杯纹罗裙等名目。成语“裙屐少年”一词就出现在这个时期，可见裙子为当时男女常见装束。隋唐时期，裙子更加风行，有的裙子增加了裙幅，使裙子更加蓬然丰满。全唐诗中描写裙子和穿裙子的风姿的诗作将近有三百多篇。如王昌龄《采莲曲》中“荷叶罗裙一色裁”，比喻罗裙和荷叶一般青翠。白居易《小曲新词》中“红裙明月夜”，比喻月色和裙色相映生辉。杜审言《戏赠赵使君美人》中“红粉青娥映楚云，桃花马上石榴裙”，比喻人面桃花相互映衬，很是美丽，尤其是马背上美女的石榴裙。据传杨贵妃最爱穿石榴裙，俗语“拜倒在石榴裙下”就来自于她与唐玄宗的轶事。唐代以后，裙子的品种更加繁多，款式也是多姿多彩。综观历史，比较有名的裙子有夹缬花罗裙、单丝花笼裙、石榴裙、翠霞裙、隐花裙、百鸟翎裙、双蝶裙、郁金裙、月华裙、凤尾裙、弹墨裙、鱼鳞百褶裙、彩绣马面裙等。到了近代，西式裙传入我国，成为人们日常穿着的重要服装，并逐渐取代了以前传统的裙子。20世纪50～60年代，受前苏联影响，流行布拉吉连衣裙。“文革”期间，裙装受到严格限制。改革开放后，裙装重新流行，超短裙、吊带裙等纷纷传入我国内地，裙子的种类日渐增多。

现在世界各地的裙子种类和款式很多，一般都由裙腰和裙体两部分构成，但有的裙子只有裙体而无裙腰。如果对不同类型的裙子进行细化分类，通常有七种方法：按面料分，有呢裙、绸裙、布裙和皮裙；按裙长分，可分为长裙（及踝）、超长裙（拖地）、中长裙（裙摆至膝以下，及腿肚）、短裙（裙摆至膝盖以上）、超短裙（含特短裤、热短裙，又称迷你裙，裙摆仅及大腿中部以上）；按裙腰在腰节线的位置不同分，可分为高腰裙、齐腰裙（中腰裙）、低腰裙和装腰裙；按款型分，有窄裙、直筒裙（统裙）、蓬裙、宽幅裙、圆裙、半圆裙、扇形裙、分层裙、两节裙、三节裙、多节裙、四片裙、马面裙、多片裙、百裥裙（百褶裙）、喇叭裙、A字裙、裤裙、细裥裙、折褶裙、阴扑裥裙、偏襟裙、镶嵌裙、花边缀裙、分割式裙、无腰裙、连腰裙、背带裙、西装裙、旗袍裙、定型裙等；按构成层数分，有单裙和夹裙；按裙体外形轮廓分，有筒裙、斜裙和缠绕裙；按造型风格分，有古典式（裙身直长或稍微扩展，2～6片结构，用料紧密，严谨，色调沉稳，外观端庄）、运动式（全毛或毛混纺面料的各种褶饰裙和牛仔布、棉布制作的开门襟，上下装拉链或缀纽扣）、梦幻式（由太阳裙或水平分割基础上发展起来，结构较复杂，款式华丽，装饰多样，如低腰裙、塔裙、花瓣裙、手帕摆缘裙等）、民族式（源于裹裙、沙笼裙，结构较简单，着装别具情趣，可作浴场装和新潮夏装）。

虽然分类方法很多，但是实际上就其实质而言，裙子的类型可归纳为统裙、斜裙和连衣裙三大类。

统裙，又称筒裙、直裙、直筒裙，是指从裙腰开始自然垂落的筒状或管状裙，裙腰可有小褶，整个裙身无褶，显得平坦、秀气，再配以优质衣料，表现出优美而不失庄重、秀丽而不庸俗。其特点是纤巧秀丽，简洁轻盈。常见的款式有旗袍裙、西装裙、夹克裙和围裹裙等。

旗袍裙，属于上宽下狭的式样，左右侧缝开衩。因造型与旗袍中腰以下部分相同而得名。多选用丝绸、丝绒、锦缎、羊绒等面料制成，穿上后会显得端庄、大方、典雅。

西装裙，通常采用上宽下狭、收省、打褶等方法使裙身合体，因与西装上衣配套穿着而得名。多选用呢绒、化纤混纺织物和针织面料缝制，穿上后显得落落大方、端庄而典雅。

夹克裙，这种款式的裙子注重拼缝装饰，在缝合处缉明线，装有横插袋或明贴袋，后裙摆开衩或前中缝开门，也可采用暗褶。因与夹克衫的装饰特点相近似而得名。该裙大多采用坚固呢（劳动布）、小帆布等比较厚实的面料裁制。

围裹裙，该裙从裙腰至摆开口的裙片，通常在前身交叠，采用纽带系合。因围裹式穿着而得名。使用的面料广泛。也可不用纽带，围裹下体后将余幅塞入裙腰。

斜裙是指由腰部至下摆斜向展开呈A字形的裙子。大多采用棉布、丝绸、薄呢料和化纤织物等裁制。按照裙型的构成可分为单片斜裙和多片斜裙两类。前者又称圆台裙，是将一块幅宽与长度等同的面料，在其中央挖剪出腰围洞的裙，多采用软薄的面料裁制。后者则是由两片以上的扇形面料纵向拼接构成。通常以片数来命名，有两片斜裙、四片斜裙、十六片斜裙等。常见的品种有钟形裙、喇叭裙、超短裙、褶裙和节裙。

钟形裙，顾名思义，该裙的外形酷似钟。在裙的腰部常以褶饰使裙体蓬起，内加衬里或亚麻布质的衬裙。

喇叭裙，裙体的上部与人体的腰臀紧密贴附，由臀线斜向下展开，形似喇叭状，故此而得名。

超短裙，又称迷你裙。是具有时代感并使女性显示出青春魅力的裙子。长度仅至大腿中部，具有梯形轮廓的斜裙。它最早是由英国伦敦青年女装设计师玛丽·古温特（Mary Quant）设计的。1965 年，在她的位于伦敦国王路的“巴扎尔”时装店首次展示了第一件迷你裙，古温特突破长裙的传统服饰，不顾当时舆论的压力，亲自试穿这种短裙。由于这种裙子很短，能充分体现女性美、青春美和时代感，很快由巴黎库里斯公司推广并风靡全球。1968 年，迷你裙销售达到高峰。英国妇女界把迷你裙的流行看成是英国妇女的骄傲。起初，迷你裙只是微露膝盖，后来却变得越来越短，到了 20 世纪 60 年代末，竟然短到整个服装史上前所未有的程度。70 年代初，裙子的下摆开始放长。到了 80 年代初，裙子的下摆已经放长到小腿中间。尽管如此，一些服装设计师仍对迷你裙抱有偏爱，认为它更能体现女性的魅力。1977 年以后，迷你裙又恢复了 60 年代的长度。迷你裙宜选用针织、皮革、仿皮革等面料裁制。

褶裙，是指有定型褶的裙子，其特点是整个裙面均匀布满定型褶，通常由左至右向着一个方向捏褶呈扇形，其式样美观，宽大舒适，潇洒飘逸。一般采用可塑性高、抗皱性好的化纤长丝面料，加热压出褶形，其裙褶多而自然，灵动多姿。品种有百褶裙、褶裥裙等。百褶裙与褶裥裙的区别在于，百褶裙的裙体为等宽一边倒的明褶和暗褶，而褶裥裙通常在臀围以上部位为收拢缉缝的裥，臀围线以下为烫出的活褶。褶裥裙的褶裥一般比百褶裙宽，并富于变化。

节裙，又称塔裙。裙体采用多层次的横向多片剪接，外形如塔状，故名。通常为曳地长裙，每节裙片抽碎褶，产生波浪效果。19 世纪初，该裙盛行于欧洲皇室，多在隆重的社交场合穿着。现已将节裙改短，以便于日常穿着。

连衣裙，又称连衫裙、连裙装。是指上衣和裙子连为一体的服装，款式变化万千，自古以来都是最常用的服装之一。中国古代衣裳相连的深衣，古埃及、古希腊及两河流域的束腰衣，都具有连衣裙的基本形制，男女均可穿着，仅在采用的面料和装饰上有所区别。在时下的女装、时装中，连衣裙是非常重要的品种之一，被誉为“时尚皇后”。它具有整体形态感强、造型灵活、展现女性优美身姿、夏季穿着凉爽、方便舒适、用料省、适用不同服用要求的特点。连衣裙不仅在城市，而且在农村的老、中、青、少年妇女都有穿用。因其款式多样，品种十分繁多，一般按下述几种方法进行分类：按季节分，有春、夏、秋、冬四类；按裁剪方法分，有连腰节和断腰节两类，前者是指腰围无须缝合，又可分为标准型、宽松型、束腰型和管状型，后者是指上下分别裁剪再缝合，能产生丰富多彩的服饰效应；按开门形式分，有开襟式、套襟式和反穿式（后背开门）；按裙长短分，有短裙式、中长式、长裙式和曳地式；按袖子的长短分，有长袖、中袖和短袖；按其身形分，有紧身型、直身型和宽松型；按其腰身位置分，有高腰式、中腰式和低腰式；按穿用场合分，有日常型和礼服型两大类。细分可分为家居用（以棉麻织物为面料，供家务及休息用）、上班用（如衬衫形式连衣裙，以质朴、端庄、适度装饰见长）、外出用（以上班连衣裙配搭饰品派生而来，可上剧院、做客或观展）、夜晚聚会用（选料高档，突出性感，款式变化多，有吊带式、背心式、露背式、镂空式，并配搭附件饰物，尤显雍容华贵）、迪斯科舞会用（款型和用料前卫，娱乐性强，特别适宜于时髦青年女性穿着）。

裁制连衣裙的重要工艺是运用“省”的变化产生各种款式。可根据需要和爱好的不同，分别选胸省、腋下省、腰节省和领省等。在保持连衣裙整体协调的前提下，也可将大身、下裙分别进行变化。如大身中的领子部分分为有领和无领两种：有领的又分为关领、立领和驳领等；无领的可进行领圈变化，有方形、圆形、鸡心形等自由配合。在下裙方面也可进行一些变化，制成各种款式的裙子，如斜裙、西装裙、旗袍裙、折裥裙、喇叭裙、阴裥裙等。通过在领、袖、襟、摆及腰节等部位的变化，可形成各种款式的连衣裙，现将最常见的几种连衣裙介绍如下。

直身裙，此款上下宽度基本相同，呈直筒袋状，故又称布袋裙。其特点是裙体宽松，领口和裙摆收拢。该款曾于20世纪20年代流行，50年代再度流行。

A字裙，该裙上狭下宽类似牵牛花，典雅流畅，充满活力。其特点是侧缝由胸围处向下展开至腰底摆，外形与A相似。1955年由法国时装设计师克里斯·迪奥（Christian Dior）推出。

露背裙，此裙从后背裸露至腰，形式多种多样。宜选用柔软、悬垂性较好的面料裁制。这种款式曾于19世纪中期在欧洲贵族妇女中盛行一时，后于20世纪80年代再度流行。

礼服裙，又称晚礼服裙。这种连衣裙的特点是肩、领设计较低，裙摆宽大，裙长及踝。大多采用华丽昂贵的绸缎、丝绒等面料缝制，并在裙上装饰花边、缎带。

公主裙，该裙的特点是上身非常合体，下摆稍微展宽，没有腰节缝。采用公主线裁剪方法缝制，故此得名。公主线是由法国著名时装设计师夏尔·弗雷德里克·沃斯（Charles Frederick Worth）为欧仁妮公主所设计，从肩至下摆呈一线纵向裁剪，由6块裙片组成，款式简洁轻盈，潇洒典雅。

也有人将连衣裙的款式分为有领连衣裙与无领连衣裙两大类。

凡是连衣裙带有领子的一律统称为有领连衣裙，其领子的样式有立领、披肩领、方领、西服领（包括各种样式）、扎结领等。

立领春秋连衣裙多选用呢绒或较厚重的棉织物（如坚固呢等）缝制，适宜于中青年女性穿用。披肩领连衣裙适合于青少年女性穿用。方领式连衣裙主要适合于青年女性穿用。西服领连衣裙主要适合于中青年女性穿用，是时髦女裙。荷叶领连衣裙是时髦女装，主要适合于中青年女性穿用。扎结领连衣裙适合于青少年女性穿用，袖口收线克荡条。一字领连衣裙适宜于青年女性穿用。

无领连衣裙的领口一般较大，形式多样，大多在胸前绣花，在连衣裙中是一种变化较多、较时髦的品种，适宜于青少年和文艺工作者穿用。

小开口无领连衣裙的特点是无领无袖，紧身，面料多采用印花棉布或丝绸缝制，适宜于青少年女性穿用。露臂连衣裙造型简单，适宜于青少年女性穿用。静闲连衣裙造型美观大方，适宜于青少年女性穿用。庄美连衣裙款式新颖，造型美观大方，适宜于青少年女性穿用。破袖连衣裙造型美观，潇洒大方，适宜于青少年女性穿用。分割插袋式连衣裙款式时髦别致，适宜于青少年女性穿用。分割式连衣裙造型美观，适宜于青少年女性穿用。日本式连衣裙的特点为蝙蝠袖，有腰带，适宜于青少年女性穿用。朝鲜式连衣裙款式为鸡心领，有腰带，适宜于青少年女性穿用。背带式连衣裙款式新颖，造型美观，适宜于青少年女性穿用。

衬裙是指穿于长裙内的装饰性内裙。它起源于中世纪的欧洲。衬裙比外裙略短，裙脚和胸部通常采用花边和刺绣等装饰，以衬托外裙。衬裙也可在卧室内作睡裙用。衬裙用料较考究，宜选用丝绸和较薄的化纤织物，大多为浅色。

裙撑是指妇女们为使裙子鼓起来而使用的支撑裙。据史料记载，裙撑是 16 世纪后半期在西班牙发明的带有骨轮的贴身内衣。初期的形状呈吊钟式圆锥形，是在布里缝入几层鲸鱼骨轮或藤轮而制成的。在裙撑外再套上裙子，这样就可以使裙子变成固定的形状，这种裙撑很快便传遍了整个欧洲。大约过了 20 年，法国在此基础上又发明了新式裙撑，呈轮形，使裙子在腰间放射突出后再垂下。此一新式裙撑一出现，马上又风行欧洲，尤其是在英国最为流行。到了 18 世纪，奢侈豪华的法国宫廷中出现了“母鸡笼”女裙，这种裙子的构造十分复杂，内部由鲸鱼骨、藤、钢条等制成裙环，把女裙的下摆展宽为“母鸡笼”的形式。到 1725 年，底部最宽达 6m，而上部也有 3m 之多。到了 18 世纪末，就被路易十六的皇后安东尼特所摒弃。后来，逐渐以长裙取代，有的拖曳在地，有的在腰部以下开襟，并在下摆处饰以荷叶边。现代的裙撑最早出现于 1846 年，它是用法国人乌迪诺（Oudinot）在 1830 年为使军人的领带挺直而发明的马鬃织物做成的。但是这种织物价格昂贵，而且由于衬裙的尺寸不断增加，很快就出现了用鲸鱼骨和弹性金属圈做成的鸟笼式支架裙撑。在裙撑的各种革新中，最著名的是法国人塔韦尼埃（Tavernier）于1856年发明的“钢骨衬架”和汤姆森（Thomson）于同一时期发明的“笼式美国衬架”。

用于裙子的面料品种很多，如呢绒、丝绸、棉布及混纺织物、羊皮等。在选择面料时，应考虑下半身的动作、裙子款式、穿着季节和穿着场合以及穿裙者的年龄与职业等。同时，还应考虑如何与上装组合配套协调。面料的颜色也是选择的一个重要因素，一般而言，深色的裙子显得整洁，即使脏了也不显眼，适宜于不同年龄的女性穿着，而白色或浅色的裙子则会使年轻的姑娘显得更漂亮，婀娜多姿。又如，盛夏季节穿的裙子以采用全棉细布、府绸、涤棉细布、丝绸为宜。性格活泼的青年女性宜选用色泽艳丽的印花面料，而性格恬静的青年妇女则宜选用白色或浅色面料。中老年女性则宜选用花型素雅的印花面料或深杂色面料。夏季的裙料不宜过薄，过薄的裙料应配衬裙。白色衬衫应配深色的裙子等。

51 经久不衰的牛仔装

所谓牛仔装，是指以牛仔布（坚固呢）为主要面料缝制而成的套装，如图28所示。主要由牛仔夹克衫与牛仔裤或牛仔裙配套组成。此外，还有牛仔衬衫、牛仔背心、牛仔帽、牛仔泳装、牛仔靴等配套品种。

回顾牛仔装的历史，它是以牛仔裤为基础发展起来的。牛仔裤是一种男女均可穿用的紧身便装，第一条牛仔裤为1850年美国拓荒时期，德国人李维·史特劳斯(Levi Strauss)以帆布依照得克萨斯牧童的浅裆紧身裤制成，而后逐渐演变成现在的款式。牛仔裤于20世纪30年代开始流行，并以美国西部牛仔的名字命名，前身开门，两侧有弧形切开式斜插袋，后背育克和两个贴袋，在前后袋口两角铆有铜铆钉，右后袋上方铆有金属或皮塑商标，门襟采用拉链。臀部和裤管窄小，缝工精细坚牢，缉线绽露，外观具有美洲乡土风味，被称为“牛仔风貌”。60年代，美国和西欧一些国家在牛仔裤的基础上发展生产牛仔装，相继出现了牛仔夹克衫、牛仔裙等配套产品。中国于80年代开始流行牛仔裤，并逐渐向牛仔装发展，先后在广州、上海、天津等城市建有专门生

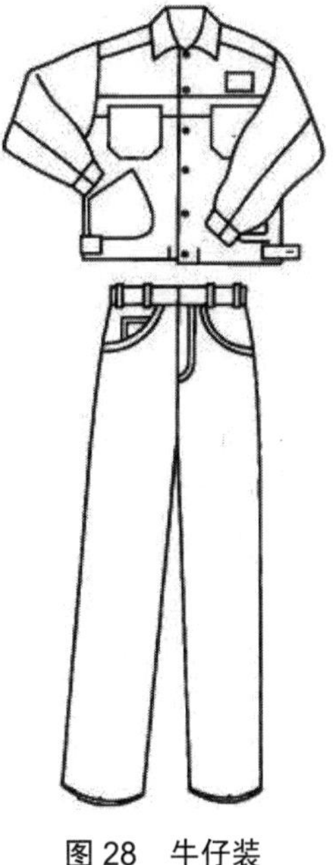

图28 牛仔装

产牛仔装的企业。

牛仔装大多以牛仔布（又称劳动布、坚固呢）为面料。牛仔布是一种坚固耐磨的单纱斜纹色织棉，以粗特（支）纱线织成，多用转杯纺纱作原料，主要采用三上一下斜纹，也有用平纹、二上一下斜纹、破斜纹、复合斜纹或小提花组织织制。按重量可分为轻型和重型两种。

除纯棉面料外，现已开发出涤棉牛仔布、弹力牛仔布、毛涤牛仔布、真丝牛仔布等。在织造方面，已开发出条格、提花、电子机绣、嵌金银丝等品种。牛仔布的颜色已由传统的靛蓝色拓展出浅蓝、白、煤黑、铁锈、孔雀绿、杏黄等多种颜色以及双色、印花等，但仍以靛蓝色最为流行。

牛仔装的款式除传统的紧身式外，还有宽松式。款式变化很快，现已从保守走向夸张，装饰手法有钉珠、贴皮、花边、喷色、补丁、拼接、破洞等多种变化。牛仔裤男女款式相同。牛仔背心和牛仔短裤在底摆和裤腰处配用针织面料，起到收紧的作用。牛仔裙有超短裙、筒裙等款式。儿童牛仔装还饰以彩色动物、卡通等图案。传统型牛仔装比较强调配件和饰物的应用，如牛仔腰带、牛仔领带、子弹袋、套马绳等，而运动型牛仔装则注重简练、明快，不披挂附件，穿着后便于活动。

在制作工艺上，牛仔装通常使用橘黄粗线缝制，内缝线链式结构套结缉缝，门襟用粗牙拉链，裤袋缝口处用金属铆钉铆合。将缝好的成衣与一定数量的浮石放入石磨水洗机中，通过成衣与浮石反复摩擦，使其表面产生一种“褪色磨毛”的效果，致使坚硬的牛仔布料变得柔软，通称石磨蓝。此外，还有酸洗和雪花洗等工艺，可使面料上产生美丽的色斑。

52 传统的御寒服——棉袄

棉袄是我国传统的用于冬季御寒的棉上衣。一般由面、里组成，中间絮以棉花或其他填料。面子是采用一些较厚的颜色鲜艳或有花纹的布料，里子一般是采用较薄的布料。还有一种棉袄是把面子和夹有棉花的保暖层分开制作的，这种棉袄就有了四层，穿的时候只要把保暖层套在里子里就行了，它们用拉链或扣子相连接。棉袄的样式比较丰富和多变，有长式、中长式和短式。其中以女式棉袄的样式最为丰富。棉袄品种较多，一般可分为中式棉袄、中西式棉袄和绢线棉袄等数种。

中式棉袄有男式和女式两种。男式一般为对襟、暗纽、直身形，两侧摆缝插袋，摆缝下端开衩，门襟首粒纽常用葡萄直脚纽，用来扣紧衣领，其下为6粒暗纽。女式棉袄除对襟外，也有偏襟、琵琶襟等，有直腰和紧身两类，两侧暗插袋，摆缝开衩或不开衩，前门襟采用5对葡萄纽或盘花纽，常用滚边、嵌线、荡条、缀花边等工艺装饰。中式棉袄的面料常用纯棉织物、丝绸或化纤仿丝绸织物，里料一般为棉布（细平布或长丝仿丝绸织物），填料有棉絮、腈纶絮、三维卷曲涤纶絮、太空棉、喷胶棉、驼毛、骆驼绒、丝棉、羽绒等，但习惯上仍统称为棉袄。为了保持外观整洁，通常在面与里之间增加一层胆料，填料充在胆与里之间，称为脱胆棉袄。其特点是平面裁剪，立领，衣袖连体，衣长至臀，保暖性好，穿着舒适，活动方便，外观文雅大方。

中西式棉袄是指中式与西式相结合的女棉袄。在款式上吸收了西式收腰、装袖、开袋等优点，但也保留了中式立领、对襟、扣合至领等特点，有时还保留中式摆缝袋与下摆开衩的优点，也可采用镶、嵌、荡、滚等传统的制衣工艺。面料和填料与中式棉袄相同。中西式棉袄较中式棉袄挺括，保暖性好，穿着舒适。华北与长江中下游地区人民如在冬季举行婚礼时，常以做工精致的棉袄为礼服。

缉线棉袄是一种表面有缉线的紧身棉上衣。其特点是紧身，保暖。多用作中山装、军装等制服的内衬棉衣。裁剪时要考虑因缉线所收敛的尺寸，采用登领或无领，5粒明纽，由襻相连，无口袋，但在左上胸有一只里贴袋。腰间装襻带可收紧。絮料一般用棉絮、驼毛和化学纤维絮（如腈纶絮、三维立体卷曲涤纶絮、喷胶棉等）。在衣身和衣袖缉有纵向平行的缉线，以保护絮料不致散落。

还有一种棉袄是把面子和夹有棉花的保暖层分开制作的。这种款式的棉袄共有4层，穿的时候只要把保暖层套在里子里就行了，用拉链和扣子将它们相连接。棉袄的样式比较丰富和多变，有长式、中长式和短式之分。

53　见证幸福时刻的婚礼服

结婚是人生的一件大喜事，在婚庆喜事的这一天，新郎、新娘都要穿着婚礼服，让幸福的时刻充满着喜庆的色彩，给以后的生活留下最美好的回忆！

长期以来，婚礼服随着时代的步伐而发生变化，经历了多次演变，但万变不离其宗，都突出表现了当时最为时尚的服装。周代《诗经》中有新娘“衣锦褧（罩在外面的单衣）衣”的描述。汉代曾采用12种色彩的丝绸设计出不同身份的人穿用的婚礼袍服。到了唐代，则将贵重的钿钗礼衣（发簪金翠花钿，身穿大袖衫长裙，披肩）用作新娘礼服。在隋唐实行科举制度的影响下，婚礼服也曾发生过变化，唐代曾出现过“假服”，即当时的贵族子孙在婚娶时可以使用冕服或弁服，官员的女儿出嫁时可以穿用与母亲的身份等级相符的命妇服，平民百姓结婚时也可以穿用绛红色公服。“假服”发展到清代，新娘通常穿用红地绣花的袄裙或旗袍，外面“借穿”诰命夫人专用的背心式霞帔，头上簪红花，拜堂时蒙红色盖头（遮面布）；而新郎则通常穿青色长袍，外罩绀色（黑中透红）马褂，头戴暖帽，帽上插有金色花饰（称为金花），拜堂时身披红帛（称为披红）。辛亥革命推翻了封建王朝，婚礼服也日益多样化。在20世纪初叶及以前，中国传统的中式婚礼服是长袍马褂和凤冠霞帔。新娘穿的凤冠霞帔原属清代诰命夫人的规定着装，是权势和地位的象征，对普通平民百姓来说是可望而不可即的，因其上布满了珠宝锦绣，雍容而华丽至极，也正因为民间对权贵向来有仰慕之情，因而逐渐演变成为豪门闺秀的婚礼服。对于一般家境不太宽裕的良家之女成亲时，对婚礼服的规格要求则相对低一些，通常是穿一身大红袄裙，外加大红盖头、绣花鞋作为婚礼服，并用大红花轿抬进婆家门，这对当时平民百姓家的闺女出嫁已相当满足了。因为这种红天红地也象征着一片吉祥，中国老百姓办喜事图的就是吉利，讲究的就是个红。

自20世纪20～30年代开始，由于受到西方文化和婚俗的影响，新郎有穿西装结领带的，也有穿长衫同时戴西式礼帽和墨镜的，而新娘穿婚纱或白绸缎中式旗袍；在20世纪50年代，婚礼服演变为新郎穿蓝色中山装，新娘穿旗袍或红袄裙；到了20世纪60年代后期至70年代，婚礼服也产生了重大的变化，新郎和新娘的着装都是清一色的蓝制服，时髦一点儿的则穿上绿色军装；20世纪80年代后，随着改革开放的深入发展，中国传统的婚礼服受到了很大的冲击，开始与国外接轨，新郎穿西装或燕尾服、新娘穿西式婚纱成为时尚和潮流。

中国是一个多民族的国家，少数民族对婚礼服的要求与汉族是不同的。如瑶族姑娘结婚时，在婚礼服上有许多装饰：在裤脚上的花边是一只只栩栩如生的开屏孔雀，象征着姑娘纯洁无瑕、心灵美好；衣边上一对对在水中游弋的鱼，象征着夫妻恩爱、百年偕老；衣裙上装饰着三十六颗梅花，象征着“三十六计，和为上计”，表示家庭和睦。

据考证，西式结婚礼服源于欧洲的服装习惯，其雏形可追溯到公元前1700—前1550年，古希腊米诺斯王朝贵族妇女所穿的前胸袒露，袖到肘部，胸、腰部位由线绳系在乳房以下，下身穿钟形衣裙，整体紧身合体的服装。但是，新娘在婚礼上穿婚纱，迄今不过200年左右的历史。新娘所穿的连衣裙款式，即下摆拖地的白纱礼服，原是天主教徒的典礼服。由于古代欧洲一些国家是政教合一的国体，结婚必须到教堂接受神父或牧师的祈祷与祝福，才能算是正式的合法婚姻，新娘穿上白色典礼服表示真诚与纯洁。初婚一般是穿白色婚纱；若是再婚，则穿粉红色或湖蓝色等浅颜色的婚纱，以示区别，说明婚纱颜色的选择是有讲究的。可是，我国新娘在选择婚纱的颜色时往往忽视了这一点，常常会闹出笑话。目前，婚纱已成为各国妇女结婚时的主流礼服。

由于各国的文化背景和婚俗的不同，其婚礼服也有所不同。英国是欧洲一个传统和理性的国家，历代英国王室新娘均喜欢让礼服富有时代气息。如中世纪英国王室新娘，盛装素裹，尽显雍容奢华，引领了服装潮流。1837 年英国维多利亚女王登基，她结婚时所穿的婚礼服现存伦敦博物馆内，用料是娴静圣洁的白色高级绸缎，衣服镶有橘黄色花边。据说仅镶边装饰一项就耗用了 454kg，为了制作饰边，200 多人足足费时了 8 个多月才完成。但到了近代，英国王室的婚礼服都渐趋朴素端庄。如伊丽莎白女王结婚时穿的婚礼服选用苏格兰生产的绸缎为原料，采用开领方式的简单结构，既使人喜爱，又突出了大不列颠的风格。1986 年安德鲁王子与莎拉王妃结婚时，王妃只穿了一件朴素淡雅的长裙。最近，英国一家服装公司缝制了一套长达 15m 的婚纱礼裙，打破了《吉尼斯世界纪录大全》的纪录。这件婚纱礼裙共用布料 214m，总重量 9.25kg，需要 10 名傧相帮忙，新娘才能将其拖动。

美国是一个建国历史不长的发达国家，每年约有 240 万新人举行婚礼，在结婚仪式上女傧相人数已从平均 3.5 人增加到 5 人，加上新人的母亲、婚礼舞会女宾，构成巨大的消费群。虽然部分需求可通过租借的办法得到满足，但仅礼服一项一年的消费额就达 10 亿美元。在美国也有一些地方，在传统的婚礼中对新娘的婚礼服有一项特殊的要求，即新娘在婚礼上所穿的服装必须具有新、旧、借、蓝四个特色。所谓新，就是新娘所穿的白色婚礼服必须是新的，标志着新生活从此开始；所谓旧，则是指新娘头上戴的白纱必须是旧的，而且是母亲用过的旧纱，表示永远不忘父母的养育之恩；而借则是指新娘手中拿的白手帕必须是从女友那里借来的，寓意是不忘朋友的情谊；至于蓝，则是指新娘身上披的绸带必须是蓝的，象征着新娘对爱情的忠贞。

在当代，世界各国青年结婚时，新娘大多穿婚纱，新郎一般着西装或燕尾服，其中婚纱用途单一，只能在婚礼上穿着一次，婚后只能存放在箱柜中留作纪念。但在女人的心目中却有着非同小可的意义，它代表着女人一生中的转折点，婚前憧憬，婚后回忆，成了一辈子的情结。针对这一情况，近年来出现了一种时髦、美观大方、价格便宜的纸质婚纱，新娘穿上显得高贵漂亮，穿过一次即可丢弃或保存留作纪念。

婚纱首次进入中国婚礼是在 20 世纪初，当时，由于受到西方文化和婚俗的影响，特别是在口岸城市，新郎和新娘纷纷效仿西方国家的习俗，新娘身穿洁白婚纱（包括白缎长裙、透明面纱和橘黄色头花）。白缎长裙在款式上一般遵从西方习俗，腰部以上为紧身，为了表现新娘的圣洁感，肩部和胸部都不外露，立领、长袖或短袖配长手套，这是其特点，下面为蓬松的纱裙；头纱则采用网眼白纱，后面长可拖到地上数米，也有短的只及背部。在色彩上，包括手套和鞋子在内的整套婚纱，初婚采用白色，以表示新婚纯洁无瑕。若是再婚，则可穿粉红色或湖蓝色等浅颜色的婚纱，以示区别。直至20世纪80年代初，婚纱再次成为我国新娘的婚礼服，但一开始并不是出现在婚礼上，而是出现在照相馆里一张张的结婚照上，它似乎代表着人们一个遥远的梦幻。不过仅时隔数载，这个美丽的梦幻便已成为现实，婚纱翩然走进了寻常人家，时装设计师们把婚纱设计成各种时尚款式，成为新娘们演绎时装文化的一方天地。现代人的穿衣哲学受到现代理念与文化的影响，对舶来品当然也没有一一照搬。虽然新娘们大多仍是穿用白色，但实际上现代婚纱也有各种华丽鲜艳的色彩，中国人对红色的偏爱仍未改变，于是橘黄色头花不戴了，取而代之的是将象征爱情绵绵的红玫瑰插在头上。在婚礼上，新娘除了穿着婚纱外，也会穿着西式套装，风格有点类似于西方的午后套装，面料大多选用较为柔软的呢绒，长袖，裙子稍长，常用刺绣、亮片等装饰品来点缀，其颜色则一般采用传统的喜庆大红。这种新潮的中西合璧礼服于20世纪80年代后期逐渐在婚礼上亮相，有些时尚的新娘在新婚典礼结束后会将婚纱换装成西式套装。即使在婚纱较为流行的今天，旗袍仍为一些新娘所喜爱而将其作为婚礼服，婉约气质尽在一袭大红丝绒旗袍中，这种怀旧情绪从时装界延伸到了今天的婚礼服。在当今社会，婚纱、西式套装和旗袍均成为新娘婚礼服的主要选择。

当今，我国较为流行的西式婚纱款式大致可分为传统式、现代式和浪漫式三种。传统式婚纱又称维多利亚婚纱或欧式婚纱，其特点是高领、衣身修长，并采用大量的花边、珍珠或胸花点缀等，适合于颈部修长的新娘穿着，可以更好地展示其端庄而优雅的美姿。现代式婚纱承袭了当代服装的简洁线条，摒弃了过于花哨的装饰细节，是时下比较流行的款式，深受很多新娘的喜爱，这种婚纱的特点是选用高档面料，颜色素雅，线条简洁，适合于传统而典雅的新娘穿着，可衬托出其高雅的气质。浪漫式婚纱则是追求时尚和气质优雅的新娘常穿着的婚礼服，常采用纱或绸来制作，利用纱轻薄而飘逸、比较透明的质感，将其层层堆积起来便会产生云雾状的视觉效果，而绸的质地较厚，光泽艳丽，极富悬垂感。

对于准新娘来说，如何选择适合自己的婚礼服，除了考虑婚礼服的款式和所使用的材质外，根据自身的体态和身材来选择合适的婚礼服是非常重要的。新娘选用婚礼服的原则是：色彩高雅华贵，装饰效果强烈，格局情调独特，令人过目不忘。在严寒的冬季里，婚礼服应避免臃肿、笨重的视觉效果，可选用真丝绸缎为面料的中式便装，再披上一条高雅素淡的毛绒披肩，可产生古典美和东方情调。选择色彩艳丽的呢外套或薄呢大衣，在室外可以外披一条貂皮披肩或一件裘皮大衣，可使新娘显得高贵典雅、气度不凡。在温暖的春末、夏季和初秋，选用洁白的婚纱，会使新娘显得雍容华贵、光彩照人。在选用婚纱时，如果新娘略显丰满，应尽量选用设计简洁的婚纱，以避免过多琐碎的装饰细节给人以压迫的视觉感受。身材娇小的新娘，不宜选用泡泡袖，而应尽量选用中高腰和腰部打褶的婚纱，裙摆也不宜太宽、太长，可加长头纱的长度，这样可使婚纱的整个造型更加飘逸妩媚，新娘显得修长苗条。身材中等而身段又较好的新娘，宜选用直身、下部呈鱼尾状的婚纱，穿上这种婚纱好似一条美人鱼，令人赏心悦目。对于较高而瘦的新娘，应选择半透明的船领白色婚纱，同时配上泡泡袖以遮掩肩部和锁骨，上身线条可华丽一些，并选用多层次有荷叶边与横向褶的设计，可平添几分丰腴圆润的视觉效果。至于四肢较粗壮的新娘，应避免穿露臂或包手臂的款式，如采用宽松的长袖就能掩饰其缺陷。而有一双长腿的新娘穿上迷你裙，可衬托其亭亭玉立、婀娜多姿，给新娘增添几分美丽。新娘的脸型也影响到婚纱领型的选择。例如，圆脸的新娘适宜穿马蹄领、V 字领的婚纱；长脸的新娘宜选圆领、高领的婚纱；瓜子脸的新娘宜穿透气小圆领或缀有花边小翻领的婚纱，可使脸部显得较为丰腴而匀称。对于头大身小的新娘，应避免选用露肩的婚礼服，最好选用垫肩或较夸张的袖型披肩来强化肩部，使新娘整体造型呈倒三角形，显得婀娜多姿、妩媚动人。

对于婚纱颜色的选择，除了需要考虑新娘的肤色之外，新娘的爱好也是重要的选择依据。对传统的白色婚纱来说，虽能象征纯洁无瑕，但难免显得有些单调。随着人们审美观念的改变，纯白色婚纱已逐渐被象牙白色、米白色、乳白色、香槟色、银色、金色、红色甚至黑色所代替。因为皮肤不够白皙的人穿上耀眼的纯白色婚纱会使肤色显得灰暗，如穿上象牙白色、米白色或乳白色婚纱，会使肤色显得白皙。红色是我国传统的喜庆色彩，肌肤白嫩的新娘如果穿上一套大红色的婚礼服，上身穿中式的对襟上衣，下身穿欧式的拖地长裙，这种搭配珠联璧合、相映成辉，能给人以一种高雅美的享受。长期以来，中国人曾认为黑色是一种不吉利的色彩，随着时代的变迁，当今人们的审美观念有了很大的改变，越来越多的年轻人认为黑色可以体现端庄美。如新娘在婚礼中穿着一套曲线流畅的黑色婚纱，在闪烁的阳光照耀下熠熠生辉，会显得格外婀娜动人。对于一些活泼而时尚的新娘，可选择带有色彩点缀的白色婚纱，或是彩色缀有图案的刺绣丝质裙，新娘的如此穿着定会显得妩媚动人。在婚礼上，新娘除了要选择合适的婚纱颜色外，还可手拿一束与婚纱相配的鲜花，这样可给新娘增添浪漫的色彩和高雅的气质，成为当代新娘最为时尚的装束。例如，新娘穿着长及曳地的传统婚纱，可选择椭圆形或瀑布形的花束与之相匹配，平添几分浪漫的色彩；身穿优雅的细长形婚纱，新娘手中可拿几枝白绿相间的马蹄莲，显得气质不凡；身材苗条的新娘穿上一款上半身纤细而裙摆蓬开的婚纱，手上再拿上一束月季花，显得高雅大方和婀娜多姿；新娘穿着蓝色的婚纱再配上同色系的蓝色鲜花将会相得益彰，如果在头上插上几朵黄花，脚上穿一双蓝色高跟鞋，则显得格外艳丽、更加动人。总之，新娘手中的花束颜色必须与婚纱颜色相配套，才能取得理想的效果；如选配不当，则会显得搭配不协调而失去和谐美、协调美。

54　造型浑厚简朴的大衣

大衣指衣长过臀的、春季和秋冬季正式外出时穿着的防寒服装，如图 29 所示。广义上也包括风衣和雨衣。在中国古代，“大衣”这个服装类型很早就已出现，但从文献记载来看，多指正装的长衣和妇人的礼服，与今天我们熟悉的“大衣”类型有些差距。例如，宋代高承《事物纪原·衣裘带服·大衣》记载：“商周之代，内外命妇服诸翟。唐则裙襦大袖为礼衣。开元中，妇见舅姑，戴步摇，插翠钗，今大衣之制，盖起於此。”据明代陶宗仪所著《辍耕录·贤孝》记载：“国朝妇人礼服，达靼曰袍，汉人曰团衫，南人曰大衣，无贵贱皆如之。”现在男女广泛穿用的大衣类型，是由 15 世纪西方的宽袖、无扣襟的骑马装逐步演变而来。大约在 1730 年，欧洲上层社会出现男式大衣，其款式一般是在腰部横向剪接，腰围合体，当时称此款服装为礼服大衣或长大衣。至 19 世纪 20 年代，大衣已成为人们的日常生活服装，其款式为衣长至膝盖略下，大翻领，收腰式，有单排纽和双排纽两种。到了 1860 年，大衣的长度又缩短至齐膝盖，腰部无接缝，翻领也缩小，并在衣领处缀以丝绒或毛皮，以贴袋为主，大多采用粗纺呢绒面料制作。女式大衣约出现于 19 世纪末，是在女式羊毛长外衣的基础上发展而成，其款式衣身较长，大翻领，收腰式，大多采用天鹅绒作

图 29　大衣

面料。西式大衣约于19世纪中期与西装同期传入中国，从此在我国出现一种套穿于长袍之外，衣长及脚背的长大衣，因其面料一般采用马裤呢，故也称马裤呢大衣。这类大衣在20世纪30年代前后曾流行一时。

现代大衣的款式主要有单排扣和双排扣两种。衣片采用1/3结构（男式）或1/4结构（女式）。领子有驳领和关领两类。驳领又分枪驳领、平驳角领、连驳领；关门领则采用立领或登领，左右两个大袋（有的还在左上方加一小袋），袋型有贴袋、嵌线袋、插袋和摆缝袋等。袖子有装袖、连袖、插肩袖（套裤袖）等。叠门的开法是，男式大衣为左叠门，女式大衣为右叠门。现代男式大衣大多为直形的宽腰式，款式主要在领、袖、门襟、袋等部位进行变化。女式大衣一般随流行趋势而不断变化式样，无固定的格局。例如，有的采用多块布片组合成衣身，有的下摆呈波浪式，有的还配以腰带等附件。

大衣有多种分类方法。按衣身长度分，有长大衣、中大衣和短大衣。长度至膝盖以下，约占人体总高度5/8加7cm为长大衣；长度至膝盖或膝盖略上，约占人体总高度1/2加10cm为中大衣；长度至臀围或臀围略下，约占人体总高度1/2为短大衣。按构成层数分，有单大衣、夹大衣、棉大衣和羽绒大衣。按材料分，有呢绒大衣、羊绒大衣、驼绒大衣、棉布大衣、皮革大衣、裘皮大衣和羽绒大衣等。按制作工艺分，有单大衣、夹大衣、双面大衣、毛皮饰边大衣和多功能大衣等。按穿着季节分，有春秋大衣和冬大衣。按造型分，有箱形大衣、合身大衣、宽摆大衣和收摆大衣。按设计风格分，有城市大衣、旅行大衣、运动大衣、派克大衣和战壕大衣等。按用途分，有礼仪活动穿着的礼服大衣、晴雨大衣、工作大衣、军用大衣和连帽风雪大衣等。按穿着者性别分，有男式大衣和女式大衣。

男式大衣使用的面料较为广泛。双排扣棉短大衣多选用棉华达呢、卡其、涤棉华达呢、涤棉卡其、中长纤维华达呢等。双排扣棉长大衣面料基本上同双排扣棉短大衣，多用棉及其与化纤混纺织物，或纯化纤仿毛织物，如黏锦华达呢、纯涤巧克丁等。双排扣呢绒短大衣多选用比较厚暖的粗纺呢绒，如雪花大衣呢、平厚大衣呢、立绒大衣呢、长顺毛大衣呢、拷花大衣呢、银枪大衣呢以及各种花式大衣呢等，也有用较厚些的制服呢、粗服呢、劳动呢、海军呢。呢料西服领短大衣面料同双排扣呢绒短大衣。暗扣倒关领大衣大多选用精纺或粗纺呢绒，精纺如精纺华达呢、缎背华达呢、驼丝锦、巧克丁、马裤呢、贡呢等，粗纺如麦尔登、海军呢、劳动呢、制服呢、平厚大衣呢、雪花大衣呢等，也有用毛与化纤及纯化纤仿毛织物。呢绒双排扣大衣多选用粗纺中较厚重的纯毛或毛与化纤混纺的呢绒，如平厚大衣呢、雪花大衣呢、立绒大衣呢、长顺毛大衣呢、拷花大衣呢、银枪大衣呢、羊绒大衣呢、驼绒大衣呢以及各种花式大衣呢等。插肩袖大衣一般采用精纺或粗纺呢绒缝制，其面料同暗扣倒关领大衣。风雪大衣多选用坚牢、耐磨的棉灯芯绒、牛仔布、色纱卡、涤卡、克罗丁、贡呢以及化纤仿毛的黏锦华达呢、涤黏华达呢、哔叽、巧克丁，也有用涤棉府绸、丝光防雨府绸、锦纶绸、涤纶绸及其化纤涂层织物等。拉链短风雪大衣多选用纯棉卡其、灯芯绒、色织华达呢、卡其、牛仔布等。

女式大衣可分为普通型和时装型两类。普通型女大衣主要用粗纺呢绒，如麦尔登、法兰绒、海军呢、粗纺花呢、女式呢、平厚大衣呢、雪花大衣呢、立绒大衣呢、牦牛绒大衣呢等，也有用毛混纺和纯化纤仿粗纺毛织物缝制的。时装型女大衣多选用平素深色的麦尔登、海军呢、驼丝锦等，也有采用绸缎为面料加以绣花、贴花缝制的。

55 运动服家族

运动服是指专用于运动竞赛的服装，广义的运动服还包括户外体育锻炼、旅游出行的轻便服装，如图 30 所示。通常按运动项目的特定要求设计制作，如各种球类、田径、游泳、体操、武术、举重、摔跤、水上运动、击剑、登山、滑雪、自行车、赛艇等，都既具有舒适合体、活动方便、耐磨性和弹性良好的特性，又具有适合各自特定要求、标识本项运动、色彩美观时尚的特点。现代运动服不仅运动员穿用，而且也成为人们进行户外体育锻炼、旅游出行广为穿用的轻便服装。

图 30　运动服

运动服一般分为职业运动服和业余运动服两大类。按体育项目种类分，有田径服、球类运动服、举重服、体操服、摔跤服、击剑服、登山服、滑雪服、水上运动服和冰上运动服等多类。按着装场合及对象分，有比赛服、训练服、教练服、裁判服、入场服等。

田径服是田径运动员在训练和比赛时穿用的服装。田径服主要是以背心、短裤为主。一般要求背心贴体，短裤易于跨步。为了不影响运动员在比赛时的大跨度动作，还在裤管两侧开衩或放出一定的宽松度。背心和短裤大多采用纯棉针织物，也有的采用丝绸制作。

球类运动服是球类运动员在训练和比赛时穿用的服装。球类运动服通常是以短裤配套头式上衣为主，需要放一定的宽松量。针对运动员运动量大、出汗多的特点，一般采用吸湿性好的棉纱、混纺纱及吸湿涤纶丝为原料，编织凹凸组织结构，使织物具有吸汗、散湿和不粘身的性能，减少人体出汗后产生的“发粘”“发凉”和“闷热”的感觉。其中，篮球运动员一般穿用背心，其他球类的运动员则多穿短袖上衣。足球运动衣通常采用 V 字领，排球、乒乓球、橄榄球、羽毛球、网球等运动衣则采用装领，并在衣袖、裤管的外侧加蓝、红等彩条。网球衫以白色为主，女子则穿超短连衣裙。

举重服是举重运动员在训练和比赛时穿用的服装。举重运动员在比赛时多穿厚实坚牢的紧身针织背心或短袖上衣，配以背带短裤，腰束宽皮带。皮带的宽度一般在 12cm 以下，不宜过宽。

体操服是体操运动员在训练和比赛时穿用的服装。体操运动员所穿的专用的服装，在保证运动员技术发挥自如的前提下，要显示人体及其动作的优美。体操运动有很高的艺术性和观赏性，所以服装既要适体、贴身、突出形体美，又要保证动作舒展。男体操服一般是通体白色的长裤配背心，裤管的前折缝笔直，并在裤管口装松紧带，也可为连袜裤。也常采用背心和健美裤的组合。女体操服为上衣和三角裤的连体紧身式，上衣有长袖、短袖或无袖之分，挖圈无领，细节常变化。也有的女运动员穿针织紧身衣或连袜衣，并选用伸缩性能好的、颜色鲜艳的、有光泽的织物制作的服装，但前身不能透明或开孔，不允许有闪光片等装饰。通常以色彩调整体态，以背景色的对比来衬托运动员的身姿。面料一般采用衬氨纶的经编或纬编针织物或采用轻薄、柔软的弹力锦纶针织物，经含氟的非离子型整理剂处理后，可增强对伸缩抗力的适应性，有助于体操的伸展活动，使之在弯腰时不受衣服的牵制。这类服装具有高弹性，服装款式紧身，线条流畅，色彩鲜艳，达到轻松活泼、显示形体健美的目的。

摔跤服是摔跤运动员训练或比赛时穿用的服装。摔跤服因摔跤项目的不同而异。例如，蒙古式摔跤运动员穿用皮制无袖短上衣，又称褡裢，不系襟，束腰带，下穿长裤，或配护膝。柔道、空手道运动员上穿传统的白色斜襟衫，下穿长至膝下的大口裤，系腰带，还以腰带的颜色来区别柔道的段位等级。相扑运动员习惯上是赤裸全身，胯下系一窄布条兜裆，束腰带。

击剑服是击剑运动员在训练和比赛时穿用的服装。击剑服由白色击剑上衣、护面、手套、裤、长筒袜、鞋配套组成。上衣一般采用厚棉垫、皮革、硬塑料和金属制成保护层，用以保护肩部、胸部、后背、腹部和身体右侧。按照花剑、重剑、佩剑等剑种的不同，其保护层的要求也略有不同。例如，花剑比赛时运动员穿的上衣，外层采用金属丝缠绕并通电，一旦被剑击中，电动裁判器便会立即亮灯；护面为护罩型，用高强度金属丝网制成，两耳垫软垫；下裤一般长至膝下几厘米，再套穿长筒袜，裹住裤管。击剑服的要求是首先要注重护体；其次还要求重量轻；再次是应尽量缩小体积，以减少被对方击中的机会。

登山服是登山运动员穿用的服装。竞技登山一般采用柔软而耐磨的紧身毛呢衣裤，袖口、裤管宜装松紧带，脚穿有凸齿纹胶底岩石鞋。探险性登山运动员需穿用保温性能好的羽绒服，并配用羽绒帽、袜和手套等，也可穿用由腈纶制成的连帽式风雪衣，帽口、袖口和裤脚都可调节松紧，以防水、防风、保暖和保护内层衣服。登山服的面料一般采用鲜艳的红、蓝等深色，有利于吸热和在山中被识别。登山服也可采用化纤与天然纤维交织而成的双面针织物缝制，服装正面为化纤层，具有坚牢、耐冲击、颜色鲜艳等特点，反面为涤棉混纺纱层，具有吸汗性能好的特点。织物编织成凹凸结构，可减少衣服与皮肤接触面。

滑雪服是滑雪运动员穿用的服装。滑雪服要求保暖防风寒、轻便、适体、紧口，便于肢体活动，可开合穿脱。多为上下相连的连裤装或上下组合的套装式样，松身紧口。一般内穿滑雪内衣、衬衫、毛衣，搭配滑雪帽、滑雪手套、滑雪靴、滑雪眼镜和滑雪厚毛袜等。外衣内充塞羽绒或太空棉等御寒填材。面料通常采用涂层化纤布，多选用经防风处理的尼龙或防撕布。服色鲜艳醒目，这不仅是从美观上考虑，更主要的是从安全方面着想。如果在高山上滑雪特别是在陡峭的山坡上，运动员远离修建的滑雪场地易遭遇雪崩或迷失方向，在这种情况下鲜艳的服装有利于在积雪中被找到。

水上运动服是从事水上运动的运动员穿用的衣服总称。水上运动服大致可分为以下三类。从事游泳、跳水、水球、滑水板、冲浪、潜泳等运动时，运动员主要穿用紧身游泳衣，又称泳装。泳装主要是在游泳和海滨日光浴时穿着。男子穿三角短裤，女子穿连衣泳装或比基尼泳装。泳装应该在剧烈运动时肩部不撕开，在水下动作时不鼓胀兜水，减小水中阻力，从水中出来后肤感要好，因此宜选用密度高、轻薄、伸缩性好、布面光滑的高收缩超细涤纶、弹力锦纶或衬氨纶、腈纶等化纤类针织物制作，并佩戴塑料、橡胶类紧合兜帽式游泳帽。泳装一定要合体，不能过大或过小，背部的结构要简单，女装胸部隆起要美观，拉链和钩扣要缝合牢固，如果泳装的腰部太紧，会使横膈运动受阻，妨碍呼吸，影响血液循环。如果在腹股沟（即大腿根部）过紧，会造成下肢血液回流困难，易在游泳中发生抽筋。潜泳运动员除穿游泳衣外，一般还配面罩、潜水眼镜、呼吸管、脚蹼等。从事划船运动时，主要穿用背心、短裤，以方便划动船桨。冬季穿用有袖毛针织上衣。从事摩托艇运动的，因其速度快，运动员除穿用一般针织运动服外，通常还要配穿透气性好的多孔橡胶服、涂胶雨衣及气袋式救生衣等。而且衣服的颜色宜选用与海水对比鲜明的红色、黄色，便于在比赛中出现事故时易被发现。对于轻量级赛艇，为了防止翻船，运动员还需穿用吸水性好的毛背心，吸水后重量约为 3kg。

冰上运动服是冰上运动员穿用的服装。冰上运动有滑冰、滑雪等，运动员穿用的运动服要求保暖，并尽可能贴身合体，以减小空气阻力，适合快速运动。一般穿用较厚实的羊毛及其混纺的针织服装，头戴针织兜帽。对于花样滑冰等比赛项目，更讲究运动服的款式和色彩。男子多穿紧身、潇洒的简便礼服；女子穿超短连衣裙与长筒袜。冰上芭蕾服一般采用衬氨纶的经编或纬编针织物缝制，也有采用弹力锦纶罗纹针织物缝制的。

上述运动服的共同特点是要能适应各项运动，增加相应的宽松度，并能适应天气的变化，吸汗性要好，穿脱方便，而且运动时不易被扯破。因此，运动服要符合下列各项要求。

既要合身、重量轻，还要有较好的伸缩性。运动员在运动时，身体各部位都要伸展自如，不能因为衣服的束缚而使动作的发挥受阻。例如，要求运动服的臀部能伸长 20%，否则在下蹲时臀部会产生压迫感和牵拉感。对于运动量较小的项目，如打太极拳、做健身操、跳广场舞、慢跑等，要求运动服的伸缩性为 10%～20%；对于中等运动量的项目，如乒乓球、踢毽子、排球、羽毛球等，要求伸缩性为 20%～40%；对于大运动量的项目，如长跑、足球、跨栏、跳高、跳远等，则要求伸缩性在 40%以上。运动服的伸缩性首先是取决于衣料，各种衣料的伸缩性依次为棉 3%～7%、麻 1.5%～2.3%、蚕丝 15%～25%、黏胶纤维 19%～24%、羊毛 25%～35%、尼龙 25%～90%、涤纶 35～50%、腈纶 25%～50%、氨纶 450%～800%等。其次是取决于织成的方式，针织物伸缩性较大，机织物较差。机织的棉或麻运动服伸缩性差，需选购型号较大的运动服，这势必会增大来自空气和风的阻力。用羊毛、蚕丝、黏胶纤维、尼龙和涤纶制成的运动服伸缩性较大，适合于一般和中等运动量的项目。另外，如膨体纱、弹力丝的弹性也较好。采用高弹性的氨纶制成的运动服，其伸缩性和弹性均佳，即使将其拉长一倍，保持 10min 后去掉张力仍可恢复到原来的长度，且手感柔软、吸湿性能好，既有助于发挥运动技能，又可体现运动员身材的曲线美，这是被公认的理想运动服的用料。

运动服要求吸湿、散湿性能好。特别是在剧烈运动时，人体会产生大量的汗液，主要靠汗液的蒸发散热来降低体温，若气温较高，人体的出汗量可达 1.5～2L/h。要达到良好的去汗效果，使运动员感到舒适，运动服起着举足轻重的作用。运动服一般以吸湿、散湿性能好的衣料制作，例如棉、麻、丝、毛的天然纤维针织物，吸湿性好的合成纤维织物。

季节不同，对运动服的要求也有所不同。例如，夏天的运动服要求轻、薄、爽，具有良好的吸湿性、散热性和透气性，常用的有丝绸汗衫裤、亚麻和棉织品背心、短裤等。冬季运动服的内衣要求不妨碍汗液的蒸发，可选用绒布衣料，中层穿着的运动服要求疏松，含气量多，不妨碍汗液的蒸发，可选用腈纶或羊毛衣料，外衣应具有良好的保温性和防风性，可选用各种弹力针织物、卡其等紧密的结实织物。

凡是用于比赛的运动服都应采用识认性高的色彩，例如黄色、橙黄色、红色、蓝色、绿色等，便于队友识别。夏天在室外运动时，为了避免烈日照射，应选用浅色运动服；冬季在室外运动时，则应选用红、蓝等深色运动服，以利于御寒保温。此外，还要考虑预防危险情况的发生。例如，登山时要穿与山色有明显区别的深色服装；滑雪时要穿红色、浅蓝色、橙黄色的服装，便于与白皑皑的积雪相区别。

56 多功能外衣——冲锋衣

冲锋衣属于风雨衣的一种，有时又称风衣或雨衣，是一种功能性的风衣，是户外运动爱好者的必备装备之一，如图 31 所示。在英文里冲锋衣被称为 technical jacket，也就是功能性外衣；考虑到使用环境比较特殊，也可以译为多功能外衣。

图 31 冲锋衣

单纯从字面上来讲，冲锋衣就是登山冲顶时所穿的外套，而现在被称为冲锋衣的服装，实际上包含了 water-proof/breathable parka/jacket 和 water-resistant/wind-resistant parka/jacket 这两类在价格上相差很大的户外服装，甚至还包括一部分 raincoat（雨衣），这就造成了一定程度上的混乱。

人们一般提到冲锋衣时所指的东西，在主要的生产商产品目录上大多被称为parka，也有少量的jacket。按《韦伯斯特百科大词典》的解释，parka这个词来自俄语，本意是一种北极地区的带风帽的皮质套头衫，后来引申为一切带有风帽并可加装衬里的套头衫或夹克的统称。

在式样上，现代的parka一般做成短风衣的款式，风帽上有滑扣之类的附件可以调节风帽形状和头形吻合；领口处通常有加厚或是一层薄的抓绒衬里以减少这里的热量损失；肩肘部有增强耐磨性的加厚；内包开口在拉链以外以减少热量损失，衣袋开口较高或有胸袋，避免被背包腰带压住衣袋取不出东西的情况发生；衣服的后片比前片略长，袖管略向前弯，以补偿运动；通常会有腋下拉链。Jacket的样式相对比较生活化，一般设有风帽。

冲锋衣的基本功能在于防水、防风、透气、耐磨等，冲锋衣属于防风防水型，并不具备保暖效果。

防水性能是指无论坐在潮湿的地方，还是行走在风雨交加的环境中，都能够有效地阻挡水分的侵入。故从面料设计和加工上来说，一般的冲锋衣都采用“PU涂层+接缝处压胶”工艺。PU防水涂层指的是衣服表面织物经过一层防水涂层（PU）处理，涂层厚度根据需要厚薄不等。

防风性能是指百分之百地防止风冷效应。在多变的自然环境中，当冷风穿透人们的衣服时，会吹走身体皮肤附近的一层暖空气，这层暖空气大约1cm厚，温度在34～35℃之间，相对湿度在40%～60%之间。即使这层暖空气发生一点点微小的变化，也会使人感到发冷和不舒适。当冷风吹进衣服，破坏了这层暖空气，将导致热量迅速流失，体温下降，人就会立刻感到寒意，这就是所谓的风冷效应。

透气性能是指当人进行大运动量的户外运动时，身体自然流汗，皮肤呼出大量湿气，如果不能迅速排出体外，必定导致汗气困在身体和衣服之间，特别是在阴雨天气下，就会令人感到更加潮湿、寒冷。而是在高山、峡谷等严寒的条件下，身体的寒冷和失温是非常重要的。采用的面料类似于一个筛网结构，每个网格直径非常小，而且分为内外两面，从内而外可以透气，从外而内则不能。

冲锋衣面料的好坏主要取决于防水性与透气性。在面料的防水性有一定保证的前提下，更关注面料的透气性。透气性好的面料，穿在身上干爽舒适。目前市场上防水透湿织物有以下三大类型。

高密度织物是利用高支棉纱和超细合成纤维制成紧密的织物，有较高的水蒸气透过性，经过拒水整理后具有一定的防水性。高密度织物的特点是透湿性好，柔软性和悬垂性也较好，但耐水压性较低、次品率高、染整加工困难、耐摩擦性较差。

涂层织物可分为亲水涂层织物和微孔涂层织物两种（TU和TPU）。如果高分子链上有亲水基团，含量和排列合适，则它们可以与水分子作用，借助氢键和其他分子间力，在高湿度一侧吸附水分子，通过高分子链上亲水基团传递到低湿度一侧解吸。涂层织物一般加工简单，其特点是透湿小、耐水压不大。由于原料、工艺及这种方法本身的局限，一直不能解决透湿、透气和耐水压、耐水洗之间的矛盾。

层压复合织物是将防水透湿性和防风保暖性集于一身，具有明显的技术优势。它运用层压技术把普通织物与 E-PTFE 复合于一体，取长补短，是目前防水透湿织物的主要发展方向。

根据使用范围及环境，可将户外运动中使用的冲锋衣分为以下三类：超轻型、轻型冲锋衣。该类冲锋衣重量非常轻，便于携带，适合低负重、简单地形的快速行进、定向越野或徒步穿越。不足之处是防刮、防撕裂性能较差；中量级冲锋衣，更加持久耐用，但重量较重，适合中等强度的徒步、自行车运动或低海拔登山活动；远征探险专用冲锋衣，通常是探险家最需要的装备之一，防水、防风功能非常强，但透气性相对要差一些。

根据压胶层数和使用环境分类，冲锋衣基本上分为四类：两层压胶冲锋衣，防水透气层裸露，从里面可以清楚看到；两层半冲锋衣，实际上是两层压胶冲锋衣，衣服内部增加一层网眼布或者绒布以起到保护防水透气层的作用；三层压胶冲锋衣，在工厂里一次成形，是把外层耐磨布料、中层防水透气层、内层保护层冲压到一起的服装，科技含量高，售价贵；附带抓绒三合一冲锋衣，一般都在秋冬上市，主要由一件两层半冲锋衣和一件抓绒衣组成，性价比相对较高。

57　工艺装饰服装

工艺装饰服装是指采用特殊技艺加工的有一定艺术性装饰的服装，俗称工艺服装。一般是在普通服装上施加这些特殊工艺，使服装更加漂亮，赋予艺术性，增加观赏性，提高档次和附加值，以满足人们的特殊需要。工艺装饰服装通常分为刺绣装饰服装、编结装饰服装、印染装饰服装和手绘装饰服装等。

刺绣装饰服装是指采用中国传统的刺绣工艺装饰的服装。早在我国商代就有刺绣装饰服装，其时冕服上绘绣日、月、星辰、群山、龙、华虫、宗彝、藻、火、粉米、黼、黻等通称“十二章”的纹样已成定式。春秋战国以后，刺绣装饰服装日趋考究。宋代以后刺绣装饰服装发展很快，除了满足国内需要外，还远销海外一些国家。近代中国许多地方出现了民间传统的家庭手工业作坊，制作具有独特风格的刺绣装饰服装。

刺绣装饰服装主要包括丝线绣装饰服装、金银线绣装饰服装和珠绣装饰服装等。其中丝线绣装饰服装历史最为悠久，最早出现在我国，至迟从 17 世纪开始大量传入欧美一些国家，成为节日、婚礼、舞会等场合中最时髦的服装之一。金银线绣装饰服装最早也是出现在我国，迄今能看到的最早实物年代为汉代，而欧洲直到 14 世纪才成功地制造出金银线（仿金银的线）。我国从周代开始就有了珠绣装饰服装，至宋代珠绣装饰服装已成为皇室女常服。到了 19 世纪，意大利人制造出具有红宝石效果的珊瑚刺绣装饰服装。美洲印第安人的玻璃刺绣装饰服装也曾著称于世。近代以来，珠绣装饰服装发展很快，常被作为礼服和时装，并多采用彩色玻璃、小金属片、贝壳、电镀塑料彩片代替珠宝玉石。自 20 世纪以来，我国福建、广东等省生产的珠绣晚礼服、腰带、拖鞋、提包等大量出口。

编结装饰服装是指使用一根或多根纱（线）以相互串套的形式编结而成的工艺装饰服装。传统的编结装饰服装是用手工编结而成，现在逐渐以机器编结代替手工编结，并可通过计算机编制程序设计出各种图案和花型。主要品种有棒针编结服装和钩针编结服装。其中棒针编结服装起源于欧洲。在中世纪，英国爱尔兰的戈尔韦海湾外阿兰岛和意大利马尔凯地区的海港城市安科纳的渔民创制了用棒针编结出类似于渔网结构的毛线衣，并逐渐成为渔民们的服装。到了 17 世纪，这种服装便成为欧洲人的冬装。19 世纪在英国开始广泛流行。1940 年，美国好莱坞女影星穿着编结的毛线衣以突出形体美，许多女青年纷纷效仿。1945 年后，棒针编结服装已发展成为外衣、晚礼服、披肩、帽子、围巾、手套等系列产品。钩针编结服装则大约在 14 世纪的欧洲兴起，其中以法国、英国最为著名。在 16 世纪，贵族们已穿着钩针编结的长筒袜。到了 19 世纪初，法国妇女用钩针编结模仿意大利威尼斯花边图案的服饰件，不久流传到英国，受到维多利亚女王和贵妇们的喜爱。1840 年，爱尔兰的农妇们从事钩针编结手工艺，产品流传到欧洲各国。

印染装饰服装是指采用扎染和蜡染等特殊工艺加工装饰的服装。扎染，我国古称绞缬。唐代宫廷已广泛使用。它是将织物的局部用线绳结扎或将织物的局部结扎在某种物体上，然后再以各种方法进行染色。由于被结扎的部位染液不易透入而在织物上形成各种花纹，自然、美观、大方、典雅，具有极强的装饰性。用扎染的面料缝制的服装具有独特的色晕和放射效果，是我国传统的民间工艺装饰服装之一。其中，江苏南通的扎染服装较为著名。蜡染，是以蜡为防染剂的防染方法，我国古称蜡缬。约始于汉代，盛行于唐代，是我国传统的民间印染工艺之一。图案部位以蜡遮盖，然后对织物进行染色，有蜡的地方不吸收染料，染色后采用适当的方法除蜡，可重复多次以获得多色彩花纹。花纹风格独特，富有乡土气息，有的简单质朴，有的精细别致，古色古香而又非常典雅。蜡染可产生独特的冰纹（由于蜡会自然产生裂纹）效果，装饰性强，具有鲜明的民族特点和风格。现在，我国西南地区的苗族、布依族、瑶族、仡佬族等少数民族还很流行蜡染服装。其中，贵州省安顺的蜡染服装在国际上享有盛誉。

手绘装饰服装是指采用绘画艺术手法加以装饰的服装。这是一门古老的装饰艺术，我国上古时期就已有在车舆、衣冠上的绘画作品，作为某种标识。后来，古人借鉴刺绣衣裳的美化效果，便纷纷将细致的绣花版样描绘在服装上，或将名家的画稿描摹在服装上，成为手绘装饰服装。近代以来，一些画匠在裙、袄、旗袍等女装上作画，使绘画艺术与服装工艺融为一体，大大提高了服装的艺术性和观赏性。在 20 世纪 30 年代，曾有著名画家将作品用于手绘旗袍，风格高雅、雍容华贵，被视为珍品。如今，绘画艺术再度被用于手绘装饰服装，成为服装市场上的一道亮丽的风景线，受到青年人的喜爱。

58　柔软舒适的针织服装

针织服装是指由针织坯布裁剪或针织衣片缝制的服装，也有用针织机一步成形的加工方法直接成衣。坯布、衣片通常用纬编法或经编法织成。纬编织物一般为圆筒形织物，其特点是具有较大的延伸性和弹性，手感柔软；经编织物比纬编织物紧密，延伸性小，挺括，不易变形，花纹变化多，用途较广。

针织分为手工针织和机器针织两类。现代的针织服装是由早期的手工编织服装演变而来的，迄今已有 400 余年的历史。1589 年，英国人 W.李（William Lee）发明了世界上第一台手工针织机，用以织制粗毛袜，于 1598 年又改制成一台可以生产较为精细的丝袜的针织机。1656 年，法国人让·安德雷（Jean Hindret）对 W.李发明的针织机进行了改进，发明了纬编针织机。随后许多发明者又对该针织机进行改进。1755 年，英国人杰里迈亚·斯特劳德（Jermiah Strout）发明了凸纹系统，又称双面针织。1764 年，莫里斯（Morris）和贝茨（Betts）发明了闭锁装置，进一步完善了纬编针织机。1775 年，英国人 J.克雷恩发明了世界上第一台单梳栉钩针经编机，后又经过多次改进，适用于编织结构和花型比较复杂的经编针织物。中国自 1896 年开始使用针织机。上海的景纶衫袜厂则是全国第一家针织内衣厂，生产棉毛衫和汗衫等。中华人民共和国成立后，针织工业有了很大的发展，针织服装的品种从内衣扩展到各类外衣和运动服，原料从天然纤维发展到化学纤维的纯纺与混纺，成为服装中一项大类产品。针织服装主要分为内衣、外衣和运动服三大类。

针织内衣一般是指可贴身穿着的针织服装，但也可作外衣。主要品种有：汗衫、背心、卫生短裤等，棉毛衫裤，绒衫裤，T恤衫。

汗衫、背心、卫生短裤等的特点是具有良好的吸湿性和弹性。一般采用纯棉精梳细支纱（60英支以上）、中支纱（32～60英支）、真丝等天然纤维，也有采用混纺纱或化纤织成的平汗布、网眼布等制作。织物的品种有精梳、普梳、精漂、丝光、烧毛等，其中以精梳和丝光产品为高档品。

棉毛衫裤多为春秋季及冬季穿用，起吸湿、保暖作用。原料以棉、化纤及其混纺纱交织成的中支纱（32～60英支）织物为主，以纬编产品居多，横向弹性较好，织物品种有双罗纹、平针提花、彩条等。

绒衫裤，俗称卫生衫裤，是单面起绒的保暖服装。上衣的款式有套头高领式、开襟大翻领式等。一般采用32～60英支棉纱作正面，采用10英支以下棉纱作反面，也有的采用化纤纯纺或混纺纱作原料。产品有薄绒和厚绒两种，采用一根中支纱或粗支纱作里的为薄绒产品，采用两根粗支纱作里的为厚绒产品。其特点是织物柔软，绒头均匀而细密平滑。

T恤衫，又称T形衫、T字衫。款式为胸前半开襟有纽扣，设胸袋或无胸袋，领式有圆领、尖角翻领或立领等。以其自然、舒适、潇洒而又不失庄重之感，成为男女老少乐于穿着的时令服装。一般采用平汗布、网眼布、棉毛布等制作。

针织外衣是指用针织物作面料缝制而成的各种男女外衣。具有色彩鲜艳、悬垂性好、抗皱性强和尺寸稳定性好特点。按照织物的面料来分，有仿毛、仿绸、仿绒、仿皮和涤盖棉等针织外衣品种。

仿毛针织外衣一般采用毛型感强的中厚型化纤及其混纺针织物制作。品种主要有中山装、西装、两用衫、风衣等。

仿绸针织外衣一般采用1den（9000m长的丝重1g为1den）左右的单丝涤纶、涤纶异形丝、涤棉皮芯包芯纱、锦纶丝、黏胶纤维或醋酯纤维等轻薄滑爽针织物制作。品种主要有旗袍、裙子、男女衬衫等。

仿绒针织外衣一般采用黏胶人造丝、醋酯纤维、涤纶长丝等，以及用棉纱、涤棉混纺纱、涤纶低弹丝等为底纱织成的柔软天鹅绒针织物裁制而成。品种主要有女式长裙、旗袍、短披肩等。

仿皮针织外衣主要采用人造麂皮或人造毛皮针织物裁制而成。品种主要有大衣、夹克衫、猎装等。

自20世纪80年代开始流行涤盖棉针织外衣或丝盖棉针织外衣，即在织物的正面采用涤纶、丙纶等化纤及真丝，反面采用天然纤维棉。采用涤盖棉或丝盖棉制作的服装，具有挺括、耐磨、色泽鲜艳、吸湿性和透气性好的特点。品种主要有运动服、夹克衫等。

针织运动服是指用针织面料缝制而成的各种运动服。由于针织物具有弹性、弯曲性好等优点，特别适宜于运动对服装力学性能的要求，深受广大运动员的青睐。针织运动服主要有以下四大类。

用于球类、田径等一些运动量大、出汗多的运动项目的服装，针对这些运动项目的特点，一般采用易于吸湿和汗水散发性能好的纯棉及其混纺或吸汗性能好的聚酯纤维等针织物制作。

用于体操、冰上芭蕾等一些灵巧、轻捷的运动项目的服装，一般采用具有高度伸缩性和弹性的氨纶经编针织物、氨纶与棉交织单面纬编针织物或腈纶弹力丝双面针织物制作。

用于登山、训练等运动项目的服装，一般采用涤盖棉针织物制成。在织物反面编织成凹凸状，可保存一定量的空气，用以减缓摔跌时产生的冲击力。

用于游泳类运动项目的服装，一般采用高收缩涤纶超细纤维、氨纶丝或腈纶弹力丝等针织物制作。这种针织物经过染色和后整理后，具有布面光滑、拒水、透气等特点，完全适应游泳类运动项目的动作要求，并可减小运动时的阻力。

近些年来，针织工业发展很快，针织比机织有以下三个显著特点：一是生产效率高，约比机织高出 4 倍以上；二是工艺流程短；三是适应性强；四是投资少，占地面积小。各种天然纤维和化学纤维都可用作原料，不管是人们穿的、戴的，还是铺的、挂的，凡是机织物能用的，针织物都可以满足。

59　轻奢时尚的 T 恤衫

T 恤衫是春夏季人们最喜爱的服装之一，特别是在烈日炎炎、酷暑难耐的盛夏，T 恤衫以其自然、舒适、潇洒而又不失庄重之感的优点，逐步替代了昔日男女老幼穿件背心或汗衫外加一件短袖衬衫出现在社交场合，成为人们乐于穿着的时令服装，如图 32 所示。目前 T 恤衫已成为全球男女老幼均爱穿着的时尚服装，据说全世界年销售量已高达数十亿件，与牛仔裤一起构成了全球最流行、穿着人数最多的服装。

T 恤衫，又称 T 形衫，起初是内衣，实际上是翻领半开领衫，后来才发展到外衣，包括 T 恤汗衫和 T 恤衬衫两个系列。关于 T 恤衫名称的来历一直众说纷纭：一种说法是 17 世纪在美国马里兰州安纳波利斯卸茶叶的码头工人都穿这种短袖衣，人们把 tea（茶）缩写为 T，将这种衬衫称为 T-shirt，即 T 恤衫；另一种说法是在 17 世纪时，英国水手受命在背心上加上短袖以遮掩腋毛，避免有碍观瞻；还有一种说法是由袖与上身构成T字形，即其衣为T形缝合领，故此而得名。1913年，美国海军规定水兵工作服内穿水手领短袖白色汗衫，其原因之一是为了遮盖水手们的浓胸毛。

图32　T恤衫

T恤衫真正名扬天下而为广大消费者所喜爱是在20世纪40～50年代。据说在1947年的一个夜晚，在美国百老汇的一家戏院里，当演员马仑·希拉多身穿一件紧身的T恤衫在舞台上出现的时候，全场为之愕然。当时有人惊呼：“马仑·希拉多的浑身上下实在是让人感到太野了。”可就是这一“太野了”的举动打开了T恤衫的销路。因为它大方、简便，能充分表现健美的人体和年轻的活力。还是在美国，1951年美国著名的好莱坞影星马龙·白兰度在电影《欲望号街车》中穿了一件非常合体的T恤衫，露出发达的肌肉，引起观众的注目，T恤衫几乎成了具有阳刚之美的青年象征。到了20世纪60年代初，美国正式宣称T恤衫已成为一种两用衫，从此T恤衫开始了“名正言顺”的大发展，而且不再为男性所独享，时髦的年轻妇女们也穿起了T恤衫，并配以蓝色的牛仔裤或超短裙，更增添了穿着者洒脱、随意、轻松、明快、利索的青春活力。到了60年代末期，人们开始在T恤衫上印有特别图案的标志。进入70年代，这种带有图案的T恤衫已风靡全世界，成为人们表达感情、颂扬文化、支持或崇拜名人甚至推销商品的广告、宣传工具。据报道，1975年有4800万件印花T恤衫充斥于美国大大小小的服装市场，并在此后的多年中保持了这一势头。除了年轻人爱穿T恤衫外，一些老年人也不甘落后，在夏季大都穿着T恤衫，特别是一些年过花甲的老人穿上T恤衫更显得年轻、英俊、精神焕发、轻松潇洒。例如美国前总统布什穿上T恤衫出现在电视屏幕上显得精神抖擞而又活力十足。儿童和少年穿上T恤衫更显得朝气蓬勃、活泼可爱。自80年代开始，带有彩色图案的T恤衫投入大批量生产，孩子们穿着印有五颜六色卡通形象的T恤衫满街奔跑，而青年男女则更爱穿着印有彩色图案或简明标语的T恤衫。纵观全球T恤衫热经久不衰的现象，究其原因主要是T恤衫除具有一般服装的功能以外，还具有方便随意、舒适大方、简洁素净和平等时尚等特点。它帮助男士们甩掉了领带，从烦琐的着装中解放出来，给人以一种平等、亲近之感，便于相互了解与交流，与此同时，T恤衫还可以令人尽情抒发个人情怀，表达个性，常穿常新，永远时尚。

T 恤衫所用原料很广泛，一般有棉、麻、毛、丝、化纤及其混纺织物，尤以纯棉、麻或棉麻混纺为佳，具有透气、柔软、舒适、凉爽、吸汗、散热等优点。T 恤衫常为针织品，但由于消费者的需求在不断变化，设计和制作也日益翻新。因此，以机织面料制作的 T 恤衫也纷纷面市，成为 T 恤衫家族中的新成员。这种 T 恤衫常用罗纹领、罗纹袖、罗纹衣边，并点缀以机绣、商标，既体现了服装设计者的独具匠心，也使 T 恤衫别具一格，增添了服饰美。在机织 T 恤衫面料中，首选的要数具有轻薄、柔软、滑爽等特点的真丝织品，贴肤穿着特别舒适。采用仿真丝绸的涤纶绸或水洗锦纶绸制作的 T 恤衫，如辅之以镶拼技术，使 T 恤衫增添了特殊风格和艺术韵味，深受青年男女的钟爱。此外，还有由人造丝与人造棉交织的富春纺、经特殊处理的桃皮绒涤纶仿真丝绸、经砂洗的真丝绸和绢纺绸都是 T 恤衫适宜选用的理想面料，物美价廉的纯棉织物更成为 T 恤衫面料的“宠儿”。它具有穿着自然、轻松，吸汗、透气，对皮肤无过敏反应，穿着舒适等特点，在 T 恤衫中所占比例最大，满足了人们返璞归真、崇尚自然的心理要求。

T 恤衫的穿法也是有一定讲究的。条纹 T 恤衫能唤起人们对昔日生活的怀念，浅浅的蓝色条纹与浅蓝色的牛仔裤相配套，相得益彰，使穿着者更显出青春活泼，不失文化品味，成为青年人追逐的时尚。缀以斑斑点点花纹并配有蓝色领子的深色调 T 恤衫与浅蓝色的牛仔裤相配，可烘托出轻松活泼的气氛，提高穿着者整体感觉极佳的效果。年轻女士或少女穿上超短 T 恤衫，下配长裙，可使穿着者更显苗条和轻盈，给人以健康、和谐美、协调美的感受。如穿上一件部位分割标准分明、纯白色的女式 T 恤衫，再辅以金黄色的扣子和蓝色的领子，这样便与白色的衣身相映而形成宁静的氛围，穿在身上显得明快而又别具风韵。

近年来，美国佐治亚州理工学院的研究人员开发成功一种具有“感觉”的“聪明 T 恤衫”，使 T 恤衫除了具有服用功能外，还具有医疗防病的功能，这种 T 恤衫采用塑料光纤和传导纤维编织而成，病人穿上它以后，可协助医务人员监测其心跳、体温、血压、呼吸等生理指标，可帮助监测人员了解并掌握运动员、宇航员、飞行员的身体情况，还可制成婴儿睡衣用来监测婴儿呼吸，以防止婴儿在睡眠时因窒息而死亡。这种 T 恤衫的监测任务是由塑料光纤和传导纤维中的光信号与“个体状态监测器”来共同完成的。

目前国内市场上有很多 T 恤衫品牌，与昂贵的时装相比，这些品牌 T 恤衫的价格工薪阶层都能接受。拥有某个品牌的 T 恤装点自己的生活，在多元的都市生活交往中，无疑可以提升品位和认同感。因为一个真正的都市人懂得巧用轻奢品来表达自己的品位和时尚感。

60 冷风骤起话风衣

风衣，又称风雨衣，是一种既可用于防风挡雨，又可用于防尘御寒、保护服装的薄大衣，适合于春季、秋季、冬季外出穿着，是近二三十年来比较流行的服装。由于具有造型灵活多变、健美潇洒、美观实用、携带方便、富有魅力等特点，因而深受中青年男女的喜爱，老年人也爱穿着，如图 33 所示。

图 33 风衣

风衣的出现，是始于第一次世界大战中，当时英国陆军时常在阴雨连绵的天气里进行艰苦的堑壕战。为了使部队的军服能适应战争的环境，英国有位名叫托巴斯·巴尔巴尼的衣料商人设计了供堑壕战用的防水大衣，国外都把这种大衣称为堑壕服。这种大衣最初的款式为前襟双排扣，领子能开能关（国外称这种领型为拿破仑领），有腰带，右肩附加裁片，前后过肩，肩襻，袖襻，插肩袖，有肩章，在胸部和背部有遮盖布，以防雨水渗透，下摆较大，便于活动。当时，这种大衣仅限于男士穿着。1918 年，风衣正式被英军采用。

后来，这种式样的风衣随着时代的变迁逐渐演变并流行到民间而成为生活服装，而且成为世界上第一套被女士采用的男装女着的时髦装。风衣在民间刚开始流行，就博得女士们的欢心与钟爱，成为她们衣柜里的“宠儿”，一些男士也不甘寂寞，因而风衣成为人们追逐的时尚，经久不衰，一直延续到今天。多少年过去了，尽管现在的风衣款式繁多，变化万千，但万变不离其宗，其设计基础仍是堑壕大衣的款式。

为什么风衣受到这么多不同年龄层次人群如此的垂青和喜爱，其原因是多方面的。

首先是美观实用。风衣属于外衣便服一类服装，式样与一般中大衣大致相似，衣长至膝盖上下，可长可短，外形呈 X 形，造型灵活多变。可分为直线条型和流线条型两大类。其款式一般为翻驳领，以倒挭式雨衣领和蟹钳式驳领较为多见，有单排扣、双排扣和暗扣，口袋有暗袋和斜插袋，腰部系腰带。采用分割工艺制作，由于镶拼较多，工艺严格，使风衣结构丰富多彩，可体现出女性的线条美。还有多种变化和创新，如前育克，后覆肩，饰有肩襻、袖襻，后前中缝下部开衩。在结构上与雨衣相仿，一般为单层，也有在前胸、后背装半夹里，在一般地区和气候条件下都可穿着。它不仅比大衣、西装等礼服、制服活泼随意，而且也比夹克衫、卡曲衫等便服高雅大方，还具有穿着、行动、携带、保存都较方便及可以防风挡雨、防尘御寒、保护服装等特点，并能借助于服装的造型使人体显得线条明快、身材匀称，增添风采和韵味。

其次是极富魅力和风采，能体现穿着者的身份和地位。早在20世纪30年代，美国好莱坞的一些著名女影星，如凯瑟琳·赫本等人引领时尚，在银幕内外都穿着时髦的风衣，更加烘托出她们的魅力和风采，也为风衣走进千家万户起到了推动的作用，并使广大妇女耳目一新，纷纷争相仿效。时至今日，风衣仍是大西洋两岸贵妇名媛等的必备衣物。如美国前总统肯尼迪的遗孀杰奎琳·肯尼迪奥约斯从华盛顿乔迁纽约后，经常穿着风衣出现在各种社交场合。英国女王伊丽莎白二世每次去苏格兰，总是让摄影师替她拍下穿着风衣骑马的英姿。又如美国著名影星梅丽尔·斯特里普也在电影《克莱默夫妇》中，身穿风衣扮演了一位劳动者的善良母亲。如此等等，由此可看出风衣的魅力和风采。

再有是可衬托出穿着者高雅而潇洒的气质，给人以一种轻松而欢愉的感受。当人们在早晚散步、外出旅游时或是在细雨霏霏、风沙弥漫的环境中穿上色调明快多彩的风衣，显得格外精神和潇洒，气度非凡。尤其是近年来风衣已日趋时装化，各种场合都可穿着，甚至穿着风衣赴宴也不失大雅。

现今风衣款式可谓多种多样。军用式风衣采用双襟，有腰带，肩上也有带，女士选穿衣长与裙齐，显得庄重典雅。运动式风衣采用直身、肥袖，里面可穿外套，女士可配长裤，这种款式具有穿着舒适、方便运动的特点，最适宜远行和郊游。斗篷式风衣采用小领，挂小披肩，连着帽子，造型活泼，具有一定的浪漫色彩，因衣长较长，在一定程度上还可掩饰粗腰、肥臀和粗腿等身材上的缺陷。衬衣式风衣类似于斗篷，但有袖子和帽子，穿着方便、舒适，特别是身材匀称苗条的女士穿上它，更显得干练、秀丽。浴袍式风衣与浴袍相似，没有线条，有披肩或帽子，较长，里和面不同色，正反两面都可穿，既可配裤，又能配裙，柔软舒适而富有魅力，女士穿着时，系上窄腰带后形成水波流动般的曲线，给人一种温柔、苗条的感觉。闪光式风衣多为中长、大领，有腰带和帽子，无线条，选用金色或银色的尼龙面料，质轻，适合于青少年女性穿着，显得婀娜多姿。大外套式风衣采用一块大正方形面料，中间开洞，露出头部，既防雨，又透风，夏天穿着比较舒服，适合于大多数体型，但容易弄乱头发。风衣市场品种丰富、款式多样，长风衣、中风衣、短风衣各领风骚，而短风衣仍唱主角。宽松式、夹腰式、直上直下式各具特色，立领式、西装领式、两用领式及连帽式等适应面广。因此可以说，风衣在服饰园地里独树一帜，是一朵永不凋谢的瑰丽奇葩。

现今风衣面料和颜色也趋向多样化，有防雨尼龙、克罗丁、中长化纤、涤卡、涤棉府绸、全毛呢料及部分丝、麻织物等。风衣所用的面料要求紧密，纱线条干好，富有弹性，抗皱性能强，坚牢，织物需经拒水处理。面料的颜色除传统的米黄色、浅灰色之外，还有海军蓝色、浅棕色、橄榄绿色、黑色、咖啡色、驼色、栗灰色等。女式风衣也有银灰色、雪青色、海蓝色、橘红色、紫红色、锈红色、浅绿色、墨绿色、鸽灰色、象牙白色、本白色等，五彩缤纷、绚丽夺目，给生活环境增添了艺术情趣和风格魅力。

61　舒适简约的毛衫

毛衫本指由羊毛纱织制的针织衫。但现在毛衫已成为一类产品的代名词，用来泛指针织毛衫。它主要是以羊毛、羊绒、兔毛、牦牛绒、羊仔毛、马海毛、驼毛、羊驼毛等动物纤维为原料纺成纱线后用针织成的织物，如羊毛衫、羊仔毛衫、兔毛衫、雪兰毛衫、羊绒衫、牦牛绒衫、羊驼毛衫、马海毛衫、混纺毛衫等。

毛衫，又称毛针织服装。早在公元前1000年左右，西亚幼发拉底河和底格里斯河流域就出现了手编毛针织服装。直至近代才出现机器织造毛针织服装，1862年美国人 R.I.W.拉姆发明了双反面横机，将毛纱线在其上生产成形衣片，然后缝合成毛衫，标志着机器编织毛针织服装的开始。我国在针织横机上用毛纱线生产毛衫已有90多年的历史，中华人民共和国成立以前，我国毛衫的生产技术非常落后，不仅原料主要依赖进口，而且编织、成衣及染整设备非常简陋。中华人民共和国成立以后，特别是20世纪80年代初改革开放以来，我国的毛衫设计、生产工艺、技术与设备都有了显著的进步，产品质量和产量都有大幅度提高。

毛衫根据其原料的不同可做如下分类。

羊毛衫是以绵羊毛为原料纺制成纱线织制而成，这是最大众化的针织毛衫，为广大人民群众乐于穿着。其特点是衫面光洁，针路清晰，手感丰富而富有弹性，色泽明亮鲜艳，膘光足，舒适耐穿，价格适中。

羊仔毛衫是以未成年的羔羊毛为原料纺制成纱线织制而成，属于粗纺羊毛衫的大路产品。由于羔羊毛纤细而柔软，因此羊仔毛衫手感细腻柔软，绒毛多，色泽鲜艳，穿着舒适，价格适中。

羊绒衫是以轻、软、暖的羊绒为原料加工而成，又称开司米衫，是毛衫中的极品。其特点是轻盈保暖，手感细腻滑润，娇艳华丽，颜色鲜艳，穿着柔软舒适，但由于羊绒细短，极易起球，牢度差，不耐穿，同时因羊绒资源稀少，故羊绒价格昂贵。

兔毛衫一般是采用一定比例的兔毛与羊毛混纺纱织制而成，纯兔毛纺纱有一定的难度。兔毛衫的特色在于纤维细，手感滑糯，表面绒毛飘拂，色泽自然柔和，穿着舒适潇洒，保暖性好于羊毛衫，但在穿着中表面绒毛容易脱落并附着在衣服上，给穿着者带来尴尬。如果采用先织后染的加工工艺，可使其色泽更加纯正、艳丽，别具一格，特别适宜制作青年妇女外衣，在当前是一种时尚。

牦牛绒衫是采用青藏高原牦牛绒为原料加工而成。其质地稍逊于羊绒衫而好于羊毛衫，手感柔软细腻，不易起球，价格远低于羊绒衫，但牦牛绒颜色单调，只适宜于制作男衫。

马海毛衫是以原产于安哥拉的山羊毛为原料加工制成。其特点是手感滑爽柔软，富有弹性，轻盈蓬松，光泽晶莹闪亮，透气性好，不起球，保暖耐用，穿着舒适，是一种较高档的产品，价格较高。

羊驼毛衫是以原产于秘鲁的羊驼毛为原料纺纱加工而成。羊驼毛纤维粗滑，卷曲少，天然色素丰富，因此羊驼毛衫手感细腻滑爽而有弹性，不易起球，保暖耐用，是近年来新研发的一种高档产品，价格要高于羊毛衫。

雪兰毛衫是以原产于英国特兰岛的雪特兰毛为原料加工而成。其特点是纤维中混有粗硬的腔毛，手感微有刺感，因此雪兰毛衫手感丰厚而蓬松，自然粗犷，不易起球，价格较便宜。

化纤毛衫常见的是腈纶衫，一般采用腈纶膨体纱织制而成。其特点是毛型感强，质地轻软蓬松，强度高，不会虫蛀，色泽鲜艳，但易起球，弹性和保暖性不如羊毛衫，价格便宜。

混纺毛衫一般采用动物毛和化学纤维混纺纱线织制而成。两种不同类型的纤维混纺可以取长补短、互补特性，拉伸强度得到改善，并可降低生产成本，毛衫有毛型感，但存在不同类型纤维的上染、吸色能力不同而造成染色效果不佳。

随着人们的生活水平和生活质量不断提高，对衣着要求越来越高，要求服装手感柔软滑爽，富有弹性和延伸性，悬垂性和透气性好，穿着舒适，款式新颖时尚，色泽鲜艳，这些需求正是毛衫的优越性所在。因此，毛衫越来越受到人们的喜爱，在服装中的地位也越来越突出，如今毛衫正在以快速向外衣化、系列化、时装化、艺术化、高档化、品牌化方向发展。

62 伴你入睡的服装——睡衣

睡衣，顾名思义就是睡觉时穿的衣服，是内衣的一种。因其主要是供睡觉时穿用，兼作室内便衣，故它的最大特点是宽松舒适，肤感柔软，穿脱方便，睡眠时不受领子和袖子的牵制，有利于疲劳的恢复，陪伴人们在轻松的环境中迅速进入梦乡。

回顾历史，睡衣在 19 世纪后半叶就已成为西方贵族生活方式的象征。在 20 世纪初，不论是女式睡衣、情侣睡衣，还是闺房睡袍、茶袍等，全是定做服装，材质大多选用丝质、绒质等面料，上面多悬垂精美繁杂的装饰。第一次世界大战后，欧美旅游业兴起，很多服装店开始批量制作睡袋、床罩、枕头及床单，并与女式睡衣相配套，带动了寝室系列的时尚。同时因为旅游生活的需要，睡衣款式也越来越趋向简洁和轻快。第二次世界大战后，随着经济的复苏，与其他女式内衣一样，睡衣成为主流并涌现出了多种材质的内衣、睡衣，款式也形成了从端庄高贵到短小性感的多样化风格，出现了新兴的前所未有的多种内衣品牌。时至今日，高档睡衣多以丝、棉、毛和混纺形式出现，色彩也由过去的平和色彩转为强烈色彩，追求品味，不仅要舒服，还要看上去奢华、美丽和性感。

睡衣最重要也是最基本的要求是舒适随意。由于人们穿着睡衣时大多数时候是睡卧的，所以并不要求它十分合体，穿着自然而方便，腰身大小合适，面料柔软而滑爽，吸湿性强，透气性好，外表光洁而无皱纹，接合处平坦而光滑，款式简洁大方，这是睡衣独有的风格。对一些具有休闲装功能的睡衣，则对外观要求相对要高一些，面料的质地也考究一些。

睡衣包括上衣、裤子以及睡袍和睡裙，式样（款式）很多，男女皆有。其设计的主题强调舒适、安逸、爽快，穿得开心，穿得健康。男式睡衣裤常采用素净的织物为面料，上衣的款式类似于衬衫，而裤子则多为中式裤，较肥宽。常在领头、袖口、袋边、门襟上口、裤脚翻边等处加上各种嵌线，也有在胸袋上绣上英文字母、花卉或图案作为装饰。而女式睡衣裤则以花色织物为主，上衣的款式多为开衫或套衫，一般采用宽松的领圈，袖山头较浅，袖壮较大。与上衣配套的睡裤，也多为中式裤，裤裆较大，臀围较宽，以适合于女性的身材，使整套睡衣穿着舒适、活动方便，便于干家庭杂活。但女式睡衣款式的变化要比男式睡衣丰富多彩，常采用镶、嵌、滚、绣、镂空、盘花的手法，也可采用花边、缎带及各种传统工艺作点缀，镶嵌的面料色彩可以用不同的明度或对比色，镶嵌的位置在袖口边、裤脚口边和领边，以增加外观的美感和活泼浪漫的情趣。两件套睡衣一般不缩袖口，裤子一般使用松紧带，串有束结绳带不做上腰。睡袍式睡衣近年来越来越受到人们的钟爱，但一般不作为睡眠时穿用，而作为家居服使用，其衣长要超过里面穿的睡衣。除男式睡裤外，睡袍一般是设有扣子的，左压右或右压左，系一条带子，一般以青果领、和尚领为主，其款式不宜复杂而以整体简洁舒适为主。除此之外，还有女式睡裙，这是年轻女性的喜爱用品。

睡衣的面料非常考究，睡裤的面料要求耐穿耐洗，因为它受压磨的时间较长，洗涤的次数也多，面料最好是经过永久免烫整理，缩水率要低于 5%，缝线要求坚牢而不易开线。夏季睡衣要求轻薄柔软，透气透湿，有丝绸感；冬季则要求松厚保暖，弹性好，有绒毛感。高档的睡衣裤一般选用电力纺、杭纺、绢丝纺、杭罗、柞丝绸、莨纱等真丝织物作面料制成的衣服。不仅高贵华丽、轻薄柔软、平挺滑爽，而且飘逸透凉、光泽柔和、穿着舒适。其花色可选用乳白、漂白、灰色、彩格、彩条、印花等，再加上刺绣、包边、镶纳等加以装饰，则显其华贵高雅之本色。普通的睡衣裤，一般采用全棉或涤棉混纺的色织绒布，具有手感丰满柔和、保暖性好、耐磨性强、色织的花型配色新颖等特点，不仅穿着舒适暖和，而且显得典雅大方。也可采用全棉府绸、涤棉府绸、涤棉细纺等面料，花色有漂白、杂色、色织、提花、印花等，泡泡纱也常被用来缝制睡衣裤。比较低档的睡衣裤则采用全棉市布、细布或维棉混纺布作面料，其颜色一般选用清新淡雅一些的本白色、草绿色、中灰色、本色、鸽灰色、米色、浅棕色、稻草黄色等，这些颜色能给人一种安静舒适的感觉。

随着人们生活水平和生活质量的提高，睡衣已日渐进入千家万户，成为平民百姓家居生活中不可缺少的衣服。由于人们的经济条件和穿着对象的不同，出现了四种类型的睡衣。豪华型面料选用质地柔软的真丝绸，其色彩绚丽、图案美观，深受高薪白领阶层人士的青睐。男士穿着，一派绅士风度，显得高雅华丽、款款大方；而女士穿着，则更显修长妩媚，可显示出“贵妇人”或“娇小姐”的风韵。舒适型是大多数人的追求，也反映出以人为本的潮流与时尚。一般以毛巾、棉布、绒布为面料，具有保暖性好、柔软舒适的特点，是一般百姓家庭的首选。浪漫型一般选用薄型凉爽透明的针织汗布，缝制成睡裙、紧身睡衣和吊带睡衣等，适合于少妇、少女在夏季室内休闲穿着。若再绣上各种具有浪漫色彩情调的图案，则备受年轻夫妇的钟爱。功能型一般采用经特种整理的面料，如防蚊面料、香味面料、舒筋活血面料等，由这些功能性面料缝制成的睡衣，集健身、理疗、美观等诸功能于一体，深受中老年朋友的青睐。

由于人们生活水平的提高，肥胖已成为人们忧虑的问题。近年来，在全球骤然掀起一股减肥的巨浪，身材苗条已成为很多人的渴望。于是，有人提出如何能在睡梦中进行减肥。日本专家精心研究出一种“自然减肥睡衣”，引起人们的高度重视。这种睡衣减肥的原理是：将其穿在身上睡眠时，可使体温保持在33～37℃，这一温度正好是人体出汗的最佳温度，可比普通健康人不穿这种睡衣在睡梦中排出的汗量多3～5倍。如果每天都能排出大量的汗液，那么就能达到自然减肥的目的。

63 雨衣小史

雨衣是用来防雨的用具，也是人们不可缺少的日常生活用品。现今的雨衣，品种非常多。按穿着对象分，有男式雨衣和女式雨衣。按结构造型分，有连帽式雨衣、外衣式雨衣和无袖披风式雨衣等。按材质分，有油布雨衣、胶布雨衣、塑料薄膜雨衣和防雨布雨衣。按用途分，有生活用雨衣和职业用雨衣两大类：前者包括雨衣、风雨衣、雨披等，规格多样；后者有军用雨衣、消防雨衣、野外工作雨衣、地下采矿用坑道服、交警值警雨衣等。

根据历史记载，我国先民最早使用的原始雨衣是用竹片、竹箬和茅草编制的蓑衣。在下雨天它和笠帽（又称斗笠或竹笠）合在一起使用，如图34所示。

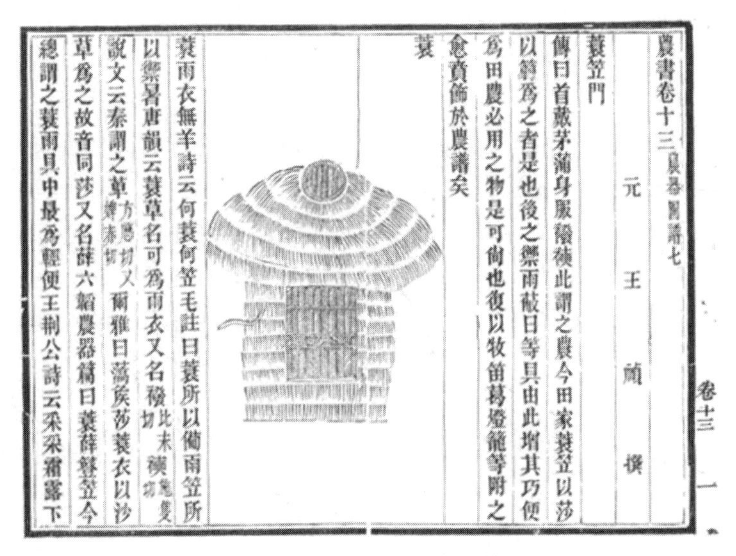
農書卷十三 農器圖譜七

元 王禎 撰

蓑笠門

傳曰首戴茅蒲身服襏襫此謂之農今田家蓑笠以莎以辭爲之者是也後之禦雨蔽日等具由此增其巧便爲田農必用之物是可尙也復以牧笛葛燈籠等附之愈資飾於農譜矣

蓑

蓑雨衣無羊詩云何蓑何笠毛註曰蓑所以備雨笠所以禦暑唐韻云蓑草名可爲雨衣又名襏（比末切）襫（鬼隻切）說文云秦謂之萆（方鄙切又婢沛切）爾雅曰薃侯莎蓑衣以莎草爲之故音同莎又名薜六韜農器篇曰蓑薜簦笠今總謂之蓑雨具中最爲輕便王荆公詩云采采霜露下

卷十三 一

图34 王祯《农书》中的蓑衣

在中国最早的一部诗歌总集《诗经》中，蓑衣就已出现，《诗·小雅·无羊》：“尔牧来蓑思，何蓑何笠。”何，即“荷”，意为带着，意思是说一位牧羊人披着蓑衣、戴着斗笠。其后历朝历代的诗词中蓑衣更是频繁出现，如唐代诗人张志和《渔歌子》：“青箬笠，绿蓑衣，斜风细雨不须归。”诗中，“青箬笠”是由竹片和竹箬编制而成，“绿蓑衣”则是由茅草或棕皮制成的。再如宋代苏轼《浣溪沙》：“自庇一身青蒻笠，相随到处绿蓑衣。”这两首极富生活情趣和时代气息的诗词，真实地描写了古人身穿蓑衣的生动情景。由于蓑衣的款式简约大方，使用便捷，既防雨又保暖，穿蓑衣、戴笠帽也深受贵族士人的青睐，并成为一种时尚。如《红楼梦》中贾宝玉，在露天披白玉草编的“玉针蓑”，戴着由藤皮细条编成、刷以桐油的“金藤笠”，引起众多花季少女们的赞叹，并纷纷仿效。我们从这些文献描述中不难窥知蓑衣在中国使用之普遍，而且即使是物质相当丰富的今天，在南方偏远地区农村，仍可见到农民头戴笠帽、身披蓑衣雨天田间劳作的情景。

蓑衣的编制方法一般分为以下几步。第一步是制作蓑衣领口。先用一个直径十多厘米的竹圆圈（也可用碗）作为领口定位和造型工具，然后从领口开始编制。该部位要排列十多张棕叶，用棕锁缝缀。这是非常重要的一道工序，做得不好，蓑衣穿着难受、夹脖子。第二步是制作蓑衣坎肩。把坎肩（大蒲团）对折，用竹签定型。第三步是制作蓑衣下裳。在桌上摊开几片面积较大的棕皮，像铺棉花一样放上些抓得细细的棕毛，用大棕皮包起来，把备好的一把削尖的竹签放在桌上，用几条竹签先固定好。用棕绳穿针，然后开始或挑或缝。蓑衣外表针脚细密，内里针脚略微粗长，里外至少缝数千针甚至更多。行距、针距越小，花费的时间就越多；缝的针脚越多，质量也就越好。“挑”最费时间，而且一件蓑衣质量的好坏，很大程度上取决于“挑”的水平。潦草的工匠做蓑衣，一般只缝五六十行棕索，好的蓑衣都要缝上八九十行，最多的可以达到一百二十行。缝蓑衣的时候，钢针还须在装油的竹筒里蘸一下，用来润滑针头，以便于更好地缝制蓑衣。第四步是收蓑衣边。当蓑衣编制到定位好的位置时，就要进行收边，以防棕丝混乱不成形。所以这道工序也相当重要，编制的质量如何通过观察收边也能知道。

中国古代除用蓑衣防雨外，还普遍使用油布衣。所谓油布衣，是用桐油涂在布上做成的油布雨衣，其最早大约出现在春秋时期，这是雨衣发展史中一个非常重大的突破。《左传·哀公二十七年》记载“陈成子衣制杖戈”。杜预注“制，雨衣”。清代文字训诂学家段玉裁认为，制不是草制的雨具，“若今之油布衣”。此外，《隋书》上另有隋炀帝观猎遇雨的记载“左右进油衣”。这种油衣是用绸或绢制成的，造价非常昂贵，专供贵族皇室或达官巨贾使用，而普通老百姓所用油衣一般是用麻布制成的。与蓑衣相比较，油布衣虽有重量轻、便于携带、防雨效果好的优势，但仍存在粗糙、质硬、不耐折叠等缺点，今天已很难见到。

现今的雨衣，适用的防水布料多为胶布、塑料薄膜、防雨布等。其中用胶布制成的雨衣，最早出现在英国。据记载，1823 年的某一天，英格兰一位名叫麦金杜斯（Mackintosh）的橡胶工人，在工作时不慎将橡胶液滴在衣服上，因无法擦去，他心中非常懊恼。下班回家时又恰逢下雨，只好穿着这件脏衣服回家。在回家的途中，他发现滴有橡胶液的这件脏衣服居然能挡雨。于是，在第二天他便把自己的衣服全部涂上橡胶液，这就是世界上第一件橡胶雨衣。后来胶布的性能不断得到改进和提高，使其具有较好的弹性、绝缘性和耐折性，被广泛用作防风、防雨的劳动保护用品。用塑料薄膜制成的雨衣，则是随着 20 世纪 60 年代初乙烯氧氯化法生产氯乙烯工业化后才得到广泛应用，这类雨衣具有制作简便、轻便柔软、花色品种多和价格低廉等许多优点。而防雨布制成的雨衣，是用经过拒水或拒油处理的防雨布缝制而成。经过拒油处理的布兼能拒水，并有良好的透气性，适宜做高档雨衣。其品种有涤棉卡其、涤棉府绸、全棉布、纯涤纶超高密度防水布、防雨涤丝绸、纯棉卡其等。现在很多流行外衣的材料也常选用防雨布，一衣多用，晴天、雨天都可以使用。

此外，1976 年美国 W.L.Gore 公司研制成功的聚四氟乙烯（PTFE）薄膜防水透湿层压织物，也是一种技术含量很高的雨衣材料。该织物是经过特殊层压方法而制成的三层织物，一般是以锦纶（尼龙）或涤纶的机织物作表层，锦纶的经编织物作里层，中间层是聚四氟乙烯。其加工方法是，PTFE 树脂与液体润滑剂经混炼后，压制成毛坯，再经过挤出、压延等工序制成生料带，将此生料带在加热的情况下除去润滑剂，同时进行拉伸，即形成原纤维状的微孔结构薄膜。这种织物的特点是防水透湿性能优异，也就是说，雨水在一定的压力下不能浸入织物，而人体本身散发的汗液以水蒸气的形式通过织物扩散或传导到外界，不会在人体表面或织物之间冷凝积聚，人体感觉不到发闷的现象。因此，PTFE 薄膜防水透湿层压织物是一种综合性能极佳的高科技防水产品，除可制作理想的轻便雨衣、风雪大衣外，还可制作日常服装、运动服、出海服、消防服、工业防护服、宇航服、医用手术服、军队作战服、睡袋、快艇服、轻便帐篷等。

64 御寒保暖的裘革服装

裘革服装是指用鞣制的动物皮制作的服装，包括裘服装和皮革服装两类，如图 35 所示。据考证，在尚未出现纺织物以前，皮是人们用来御寒、挡风的主要服装材料。中国用皮缝制衣服的历史非常悠久。北京周口店山顶洞人已用骨针缝合

图 35　裘服装

兽皮衣片。《礼记》记载："未有麻丝，衣其羽皮。"在殷商时代，古人已穿用毳毛在外的毛皮衣。另据《周礼》记载：在周代已设有司裘、掌皮等官职，到了春秋时代，帝王穿的大裘，配上冕冠，则成为祭天时最高级的礼服。

裘服装是采用鞣制的带毛哺乳动物皮制成的服装。毛面向外的称为裘服装；毛面向里的称为毛皮服装。主要品种有大衣、衫、袄、袍、披肩、斗篷、背心、裤等，也可制成围巾、帽、手套等服饰。裘服装的特点是外观华丽、名贵，皮板密不透风，毛层毛绒间的静止空气不易传热，因而保暖性能极佳，既可作为服装面料，又可充当里料与絮料，是冬季理想的御寒衣物。用于制作裘服装的毛皮有野生动物毛皮和家养动物毛皮两种。常见的毛皮主要品种有以下几种。小毛细皮有黄狼皮（俗称黄鼠狼皮、黄鼬皮）、紫貂皮（又称黑貂皮、林貂皮）、扫雪皮（又称石貂皮）、水獭皮、猸子皮（又称鼬猸皮、白猸皮）、海龙皮、艾虎皮、水貂皮、小灵毛皮（又称笔猫皮或麝香猫皮）、灰鼠皮（亦称松鼠皮、松狗皮、灰狗皮）、银鼠皮、花地狗皮、香狸皮。大毛细皮有狐狸皮（包括红狐皮、沙狐皮、银狐皮、倭刀狐皮、白狐皮等）、貉子皮（亦称狗獾皮）、猞猁皮（亦称林独皮，别名猞猁狲皮）、九江狸子皮（亦称青猔皮、灵猫皮、五节狸皮）、麝鼠皮（亦称青根貂皮、水老鼠皮）。粗毛皮有獾皮（亦称猪獾皮、狗獾皮）、豹皮（包括金钱豹皮、雪豹皮、龟纹豹皮等）、狗皮、虎皮（亦即大虫皮）、狼皮、旱獭皮、绵羊皮（包括细毛羊皮、半细毛羊皮、粗毛羊皮、半粗毛羊皮、裘皮羊皮和羔皮等）、山羊皮、猾子皮（又称小山羊皮）。杂毛皮有青猺皮、黄猺皮、猫皮、狸子皮、兔皮等。采用羊皮、狗皮、兔皮等制作的裘服装，具有资源丰富、物美价廉等优点。

皮革服装是将动物毛剥除之后或是无毛的动物皮经鞣制后制成的服装。主要品种有各式长短大衣、上衣、夹克衫、背心、裤等，其中以皮革上衣的款式最多，如皮猎装、皮夹克等。通常采用牛、猪、羊、马、麂、鹿、海猪、鲨鱼、鲸、海豚、蛇、鳄鱼等动物的皮加工制作。这些服装革的特点是薄、轻、软。其中，羊皮柔软，粒面细致，最适宜于制作皮革服装，尤以绵羊皮品质为佳。麂皮质地柔软，纤维组织细密而均匀，适宜于制作高级的绒面皮革服装，但有时也用羊皮绒面革仿麂皮。对皮革服装的质地要求是皮质柔软、穿着舒适、美观耐用、保暖性强；同时，又要具有一定的透气性和吸湿性，使穿着时不致有气闷的感觉。服装用皮革的颜色主要有黑色、咖啡色、淡黄色、橘黄色等。由于皮革在染色时染料与纤维结合牢固，故不易褪色，如果经常在革面上油，还可保持艳丽的色彩及光泽，延长使用寿命。现在除天然皮革外，还大量运用人造革或人造麂皮制作服装。

65　寿衣和丧服

寿衣是装殓死者的衣服，有长寿之意。在中国古代，丧礼仪式大致分为小敛、大敛、盖棺入土等几部分。其中为逝者穿换寿衣和铺盖叫小殓，一般在死之次日早晨进行，其过程是：先在床上铺席，再在席上铺绞（用以扎紧尸体所穿衣的宽布带）；绞上铺衾（覆尸的被盖），衾上铺衣，再举尸于衣上，然后依相反的顺序穿着装束；束绞时，绞要掰开末端，然后掏上冒（装尸体的布袋，分上、下两截，上称质，也叫冒，下称杀），上盖夷衾（覆尸的被子）。至此，亲者痛哭，哀止，小殓礼成。通常死者身份越高，小殓衣衾越多、越贵重。例如，在春秋战国时期就出现了缀玉面罩、缀玉衣服等特殊寿衣。汉代皇帝和贵族的玉衣由此而来，并分为金缕、银缕、铜缕玉衣三个等级。在满城出土的汉代中山靖王刘胜墓中的金缕玉衣，是用金丝约 1100g，将 2498 片玉石编缀起来，制出眼、鼻、嘴、胸、腹、臀、脚（方头平底靴）的形状，这是迄今为止发现的最为豪华奢侈的寿衣（玉衣）。死者穿寿衣入葬，是中国文化习俗不可或缺的一部分。

目前市场上的寿衣分为古装、现代装以及一些地区特有的款式，布料一般采用印花布、丝绸、呢子等。常见的类型如下所述。

衾是裹尸的包被，形似斗篷，以绸、缎为面料，上面绣以花卉、虫鱼、寿星等吉祥图案，穿在逝者的最外层。

寿衣一般包括衣、裤、裙。衣有长衫、短袄、马褂、旗袍等，并有内衣、中衣、外衣之分，裤和裙皆有长、短及各类中西不同款式。

寿帽又称寿冠。男的一般用礼帽、便帽，也有戴传统的清朝瓜皮帽的；女的特别是我国南方的老年妇女，常戴蚌壳式绒帽，有“老夫人”相，但不适合中青年女性。

寿鞋一般是中式布鞋或西式皮鞋。寿袜一般为棉布袜。

寿枕以纸、布做成。按传统习俗，头枕饰有云彩，脚枕为两朵莲花，谚曰“脚踩莲花上西天”。

寿被是一种盖在逝者身上的狭长小被，处于最外层，以布、缎作为面料，上绣星、月、龙、凤等图案。

逝者穿寿衣前一定要擦身，也叫抹尸，有干干净净离开人世走向来世之意，从卫生的角度讲这一程序是非常必要的。所穿寿衣的件数讲究奇数，而且上下相差二，如上七下五或上九下七，最多是上十一下九，即穿十一件上衣、九条裤子（女的可用裙子代替裤子）。夭寿者，亦即不到五十多岁而死的人，一般只能穿三件。死者的年龄愈大，愈可多穿，表示有福有寿。那么老人死了为什么要穿那么多的衣服呢？这是因为过去有的人家总是先把死者装在棺材里，不急于入土埋葬，而是要把棺材在家里停放一段时间。大体死者年岁愈大的停放时间愈久。有的死者儿子为尽孝，长期守护棺木，待三年脱孝后才将棺木入土安葬。这就必然出现一个问题，棺材里面的尸体久了会腐烂，会流出液体来，并还可能透过棺材渗漏出来。为了防止渗漏，除了在棺材里面放上草木灰、草纸一类吸水的东西，还要多穿衣服，亦为了能吸水分。人的内脏在上身，腐烂时水分比下身更多些，因此上身要比下身多穿些。夭寿者通常在死后很快埋葬入土，所以可以少穿衣服。后人相袭成俗，一直沿用下来。

我国是一个多民族的国家，各民族的寿衣制式不尽相同。以汉族为例，近代汉族寿衣沿用清代冬衣的配套法，有衣5件（白布衬衫、衬裤、棉袍、袄或褂、裤各1件）、帽1顶、鞋1双，另有衾枕1个。外衣以绸为面料，大多绣五蝠捧寿图案。比较考究的寿衣，男穿长袍马褂，女穿袄袍，都绣有金花和寿字。寿衣的颜色一般为蓝色、褐色，年轻的妇女用红色、粉色或葱白色。此外，还配以被褥，通常是铺黄、盖白（意为铺金盖银），被面上常绣“八仙”。现在因各地都大力提倡文明办丧事，除极少数乡村还沿用这类寿衣外，大多数农村和城市移风易俗，办丧事一般只给死者穿整齐干净的日常生活服装，但在习惯上仍称寿衣。

丧服是在办理丧事时死者亲朋所穿与丧事相宜的服装。早期的丧服，其材质、样式和色彩有着严格的礼法规定，可以清晰地表明所服之人与死者的亲属对应关系，具有传承民间信仰、彰显宗法礼制的重要作用，是一种礼治化服装。

据研究，中国在唐虞时期之前可能存在亲人为死者易服的行为，但这只是基于个人的心丧之礼，并没有被普遍推行，也没有丧服一说。到了唐虞时期，开始出现与常服制式相同但颜色不同的“白布衣、白布冠”的丧服实体，并在民间被应用，但尚未得到推广。直到夏商周时期，统治者基于孝道的推行，开始由上而下地“制丧服以表哀情”，才使丧服普遍流行起来。另据文献资料，周代用素服（素衣、素裳、素冠等）建立了五服制度，即按服丧重轻、做工粗细、周期长短分为五等，以满足宗法制度、政治关系、血缘关系上的要求。《仪礼·丧服》记载，斩衰、齐衰、大功、小功、缌麻，合称五服。其式样为：粗麻布斩裁做成上衰下裳，并用粗麻做成麻带，黑色竹子做成孝杖，黑麻编成绞带。用六升布做丧冠，用枲麻做冠带，用菅草编成草鞋。五服中斩衰为最重的一种孝服，用于重丧。它是用极粗的麻布制成，四条下边和袖口都不缝边，断的地方露在外面，表示不重修饰。这就是“斩”的意思，即“不缉也”。服期三年，子、未嫁女为父、妻为夫等服之。齐衰为五服中次重的孝服，也是用生麻布做成的，四条下边和袖口都可以缝边，因而得名。相对斩衰来说，穿齐衰的时间短些，服期三个月至一年不等，为曾祖父母服三个月；父在为母、孙为祖父母、夫为妻服一年。大功、小功之服均用熟麻布做成，大功较之小功要粗糙一些。大功服九个月，男子为已嫁姐妹、女子为兄弟等服之；小功服五个月，男子为伯祖父母，女子为丈夫之姑母、姐妹等服之。缌麻之服用细麻布做成，服期三个月，为族曾祖父母、族父母、外孙、外甥、女婿等服之。着丧服时，均用丧髻（以麻布系裹发髻），并有规定的丧带、丧履。五服以外的远亲丧服，只需袒免，即袒露左臂，免冠括发。制出周代，后世沿用不衰，并有所增改。民国以后，其制渐衰，时至今日已不多见，但在部分地区也偶尔有见。

现代的丧服已摒弃陈规旧俗，只要悼念的人们衣着整洁朴素，以显肃穆；臂戴黑纱或胸前别以白花，以示悼念。但在农村，亡者的子孙也有头戴白布帽（单），身穿白衣，腰系一根麻绳，鞋前面缝一小块麻布或白布，也含有披麻戴孝的意思，也有的子女在黑纱上用白线缝上一个空心“孝”字，表示对亡者的一片孝心。

66 冠冕时尚——帽子

帽子是戴在头上用于御寒、防暑、装饰和标识的服饰，古代称为首服，在服饰史中具有特殊的地位。从汉字起源来看，首字的初意就是头，其后首字被引申为“第一”“重要”“首要”等意思。在我国古代，凡被打了脸、脸上被刺了字或被剃了光头的都被视为受了最大的伤害和羞辱，从中可想见首服在整个服饰中的重要作用。而因其重要，各种首服的式样戴法、戴的人、戴的场合都有严格的规定或约定俗成模式。同时，在规定所允许的范围内，不同的式样还反映着戴帽者的身份、思想意识、品行和仪表等。

关于帽子的起源，有一个古老的传说。相传，在我国远古时代，黄帝打算举行一次庆功大会，派胡巢率领 50 多名猎人上山打猎，可是这年冬天特别寒冷，竟有 20 多人被冻掉耳朵。为此苦恼的胡巢发现树林里有很多鸟窝，随手拣起地上一块石头，向树上的鸟窝投掷过去，一下子就把鸟窝打落下来了，又用手在鸟窝的内外摸了一摸，发现它虽然是用柴草垒成的，但却又软、又绵、又暖，便随手给身边一个冻掉耳朵的猎人戴上。周围其他猎人看到后也纷纷上树去摘鸟窝，不大一会儿工夫，人人头上都戴上了鸟窝，再也不怕冻掉耳朵了。当胡巢带领的队伍抬着大批的猎物回来时，黄帝亲自带领臣民远道迎接，当人们发现打猎回来的人头上都戴着鸟窝，连黄帝也觉得奇怪。胡巢便把进山打猎的经过向黄帝作了汇报，黄帝听后大加赞扬，立即把嫘祖、嫫母、风后、仓颉、常先等人召来，决定给胡巢记一功，又叫仓颉刻字留名。从此以后，人们就把头上戴的鸟窝叫帽子了。这个传说是否可靠，现已很难考证，但原始人为保护头部，盖在头上的兽皮、树叶等饰物，应该就是帽子的雏形，似无疑问，以致《后汉书·舆服志》有“上古穴居而野处，衣毛而冒皮”的记载。

实际上帽子可能是由巾演变而来的。中国古代一部按汉字形体分部编排的字书《玉篇》记载：“巾，佩巾也。本以拭物，后人着之于头。”在古代，巾是用来裹头的，女性用的称为“巾帼”，男性用的称为“帞头”。后来又出现了一种男女均可用的“幞头”，原来是人们在劳动时围在颈部用于擦汗的布，相当于现在的毛巾，人们在田地里劳作，为防范风、沙、日光的侵袭，便将巾从颈部向上发展而裹到头上，并由此渐渐地演变成各种帽子。

与帽子有关的一些成语，从另一个侧面可看出帽子在生活中的重要。例如，“冠冕堂皇”中的“冠冕”是指古代帝王、官吏戴的礼帽。此“冠”并非像现在的帽子把头顶全部遮住，它只有狭窄的冠梁，遮住头顶的一部分，两旁用丝带在颈下打结固定。古代的男子一般在20岁时开始戴，并要举行“冠礼”，表示成年的开始。而且通过冠帽就可以区分出一个人的官职、身份和等级，或通过不同的冠帽来表达不同场合的礼节和仪式。如隋唐时期皇帝常用之冠为通天冠，皇太子、诸王之冠为远游冠，文武百官据班列职掌戴文冠或武冠。文冠中有进贤冠，又有三梁、二梁、一梁之分，以梁多为高贵。武冠，一称“武弁”，其中鹖冠多用于殿廷朝会中的兵卫仪仗。又有法冠，为执掌司法的官员如御史之类的法官所戴，一称“獬豸冠”，取义于能执法平允、公直无私。高山冠为职司门阁的内侍、谒者所戴。却非冠为执役的亭长、门仆之类的门吏所戴。“冕”最初是帝王及地位在大夫以上的官员们戴的礼帽，后专指帝王的皇冠，呈前低后高之式样，表示恭敬之意，前面用丝线垂面，使目不斜视，两旁用丝线遮耳，表示不听谗言。因“冕”是专供帝王使用的，所以皇子继承皇位时称之为“加冕”。“冠冕堂皇”的初意就是用来形容表面上庄重或正大的样子，亦即用于形容外表气派很大、很体面的样子。现在则含贬义性，多用来形容做人做事表里不一的感觉。再如，“怒发冲冠”意即头发直竖，把帽子都顶起来了，形容非常愤怒的情态。又如，“张冠李戴”“衣冠楚楚”“衣冠禽兽”“弹冠相庆”等。还有本是古代一种官帽的乌纱帽，现已演变为官职的代名词。

帽子的出现，对人类的健康做出了非常重要的贡献。从科学的角度讲，人们戴帽子可以维护整个身体的热平衡，在气候发生变化的时候，不致使头部过多地失去或吸收热量而引起全身冷热的变化，从而产生不舒服的冷感或热感。生理学试验证明，人的头部和整个身体的热平衡有着相当密切的关系。在热生理学上把散热多于产热的量称为热债。在一般情况下，热债小于 25kcal（1cal=4.1840J）时，人体基本上能维持热舒适状态。当热债达到 150kcal 时，人体便会出现较激烈的寒战。反之，当人们处于骄阳的直晒下，环境温度要高于体温。此时，身体通过皮肤的吸收使体温有增高的趋势。由于大脑是中枢神经系统所在，所以体温过高就会中暑。

帽子是一年四季均可戴的日常生活用品和服饰，其功能越来越多，如图 36 所示。总括起来，具有遮阳防晒、御寒保暖、标识装饰、遮面防尘、安全防护等功能。现代帽子的种类越来越多，按用途可分为风雪帽、雨帽、太阳帽、安全帽、防尘帽、睡帽、工作帽、旅游帽、礼帽等；按使用对象和式样可分为男帽、女帽、童帽、少数民族帽、情侣帽、牛仔帽、水手帽、军帽、警帽、职业帽等；按制作材料可分为皮帽、毡帽、毛呢帽、长毛绂帽、绒线帽、草帽、竹斗笠等；按款式特点可分为贝雷帽、鸭舌帽、钟形帽、三角尖帽、前进帽、青年帽、披巾帽、无边女帽、龙江帽、京式帽、山西帽、棉耳帽、八角帽、瓜皮帽、虎头帽等。

图 36　帽子

这些繁多的帽子种类，仅从款式与面料方面而言，就难以一言道尽。如春秋季戴的有前进帽、大檐帽、巴斯克贝雷帽、晴雨帽和圆顶帽等；冬季戴的有绒线帽、棉帽和皮帽等；夏季戴的有太阳帽、防暑帽、草帽和竹斗笠等；在社交和公共场所戴的有圆顶礼帽、宽檐礼帽和高筒礼帽；还有各种运动帽（如登山帽、滑雪帽、棒球帽等）以及少数民族服饰中的各种帽子等。尽管俗话有“穿衣戴帽，各有所好”之说，但人们一般都会遵循不同环境场合戴不同帽子、不同的人群戴不同帽子、不同的职业戴不同帽子等一些约定俗成的习惯。

在骄阳似火的夏季，人们外出时常戴上帽子用以遮挡阳光。透气良好的遮阳帽，可避免帽内形成高温高湿。由于白布对热辐射线的反射能力最大，吸收辐射线最少，是制作夏季遮阳帽的理想材料。女士在夏季喜欢做各种短发型，宜戴白色遮阳水手帽或圆形浅淡色宽檐帽。需要指出，我们经常见到在旅游人群中有不少旅游者所戴的旅游帽只有帽圈和帽舌而无帽顶，它虽对烈日刺眼的强光有一定的遮挡作用，但头顶部仍受到烈日曝晒，容易导致日射病，因而这种结构的帽子是不符合卫生学要求的，应尽量不戴这种帽子。

在寒风刺骨的严冬，外出时戴上一顶御寒保暖性能好的防寒帽，是一种明智之举。俗话说“寒从脚起，热从头起”是有一定科学道理的。医书上有“头为诸阳之汇”之说，即头为全身阳气汇集之处。“寒”为冬天的主气，是一种阴邪，最易伤人阳气。测试表明，在气温为15℃而不戴帽时，从头部散失的热量约占人体总热量的33%左右，当气温降到4℃时，则可达67%左右。现代医学认为头面部血管丰富，血流量大，向外散发热量多，即使身上衣服穿得再厚，若是不戴帽子，就像热水瓶不盖塞子，还是不能有效保温的。况且，天寒致病，出门“首”当其冲，寒冷可刺激头面部血管收缩、肌肉收缩和血压升高，毛细血管也可能发生硬化，极易引起头痛、神经痛和感冒，甚至造成胃肠不适、小动脉持续痉挛。冬天，脑出血发病率明显升高，与寒冷刺激有一定的关系。特别是到了隆冬腊月，寒流频繁，气温多变，老人受冷空气刺激，血管收缩，心肌缺血，猝死也时有发生。所以，老弱病残者和婴幼儿外出时，对此应引起足够的重视，尤其是患有心血管疾病，呼吸道、消化道等慢性疾病的老年人抵抗力差，冬天出门还是戴上一顶帽子为好（女性宜戴绒线帽），以保护头部不要受寒。

除了防晒和御寒用帽子外，各种工作帽、标识帽、民族帽、演艺帽和装饰帽等也非常重要。工厂、矿山、建筑工地等工人戴的安全帽，不仅具有保护头部免遭或减轻外伤的作用，而且根据安全帽的外形或颜色的不同，可区别管理人员或不同工种的工人。标识帽是标志从事的职业如邮递员、税务员、工商管理员、乘务员、警察、武警、医生、护士、炊事员等戴的帽子。小学生所戴的小黄帽也是一种标识帽，用以提醒汽车司机注意。我国有56个少数民族，几乎每个民族都有具有本民族特色的帽子，如蒙古族喜欢戴狐皮帽，土族爱戴织锦帽，裕固族喜戴喇叭形红缨帽，维吾尔族爱戴小花帽，瑶族常戴雉尾包头帽等。我国幅员辽阔，各地区人民戴帽的习惯和喜好也不一样，如江南农民和渔民多戴冬防风雪夏遮阳的乌毡帽，而闽南地区的妇女则喜欢戴独具地方特色的安笠帽。

戴帽子有益于健康，如何选戴一顶合适的帽子还是相当有讲究的。戴上合适的帽子可充分展示风姿，点缀形象，达到美化人仪表的目的。如时尚女郎穿上西式服装和大衣，再戴上高档毡呢法式礼帽，高贵典雅，韵味不凡；妙龄少女身着红色羽绒服，头上再戴上一顶白色的绒线帽，红白相映，分外乖巧；年轻的小伙子头戴一顶造型生动、色彩协调的贝雷帽，豪放中更显英俊潇洒，充满青春活力；中老年男士在冬天穿上呢大衣，再戴上一顶西式礼帽，神采奕奕，精神抖擞，一派绅士风度。

在保证帽子功能的前提下，如何让它为你增添风采，尤其是年轻的女性，其关键是因人而异选戴合适的帽子。切不可看人家戴什么样的帽子，就去盲目模仿，往往会适得其反。所以，选购一顶适合自己的帽子显得十分重要。虽然帽子的种类繁多，为了充分发挥帽子的各项功能，应和肤色、体型、脸型、年龄及服装相配套，才能充分体现戴帽者的素养和气质。

帽子的颜色应与戴帽者的肤色相协调。如皮肤白皙的人戴什么颜色的帽子都好看；而皮肤黝黑的人忌戴色泽鲜艳的帽子，否则会使戴帽者的肤色显得更深；对于皮肤发黄的人，最好选戴深红色或咖啡色的帽子，若戴白色、绿色或浅蓝色的帽子，则会加重病态的感觉。

帽子的款式和大小应与身材相匹配。以女性为例，身材矮胖的人，千万不要戴高顶帽或是圆冠帽，否则会使戴帽者显得更加矮小，宜戴高顶尖帽，这样可使人产生拔高之感；矮个子的人不宜戴平顶宽檐帽，以避免使人产生矮胖之感；对于身材瘦弱的人，则帽子宜小不宜大，否则会在视觉效果上使人产生上圆下尖、头重脚轻之感；而身材高大的女性不宜戴帽檐过小的帽子或高大的筒式帽子，以避免给人过分高大的感觉，否则会使戴帽者显得上尖下圆、头轻脚重，看上去令人产生不舒服的感觉。此外，戴眼镜的女性千万别戴帽檐低到前额的帽子，否则显示不出戴帽者的风度和气质。

帽子的选戴还应与脸型相适应。人的脸型大致可分为方形脸、心形脸、圆形脸、椭圆形脸、长形脸和三角形脸等。选戴帽子时，应运用“相反相成”的原则。方形脸棱角分明，显得有个性，选戴具有不规则的边及显眼的帽冠的帽子可使方形脸的棱角不那么明显。采用斜戴、歪戴，可将帽子戴出些角度来，使脸部变得柔和，选戴大边帽是最佳的选择。长有心形脸的女性，小小的下巴很惹人怜爱，宜选戴小而高的帽子来缓和尖下巴的线条，应避免大而重的帽檐，否则会把心形脸完全掩盖住，不能起到美饰的作用，甚至适得其反。圆形脸若选戴圆顶帽、平顶帽或宽顶帽，会使脸部看上去太过丰满，选戴较长帽冠加上不对称的帽檐，在视觉上可起到延长脸的长度的作用，若选戴大的鸭舌帽或是水手帽，是比较合适的。椭圆形脸具有完美的脸部曲线，此种脸型的女性有最多的选择帽型的机会，非常适合这种脸型的帽型有大檐帽、平檐帽或有斜度的大边型帽等，而且这些帽型最具流行感，并兼具遮阳的效果与神秘的感觉。长形脸的女性看上去有文雅、古典之感，不宜戴尖顶高帽或小帽，若戴上帽檐较宽的帽子或平顶圆帽，可以起到美饰过于狭长的脸型的作用，使脸型看起来宽一些，显得清秀典雅，比较适合于这种脸型的帽子有中凹绅士帽、贝雷帽及水手帽等。对于三角形脸的女性来说，为了避免别人的视线集中在三角形脸的下巴部分，不宜选戴当前比较流行的鸭舌帽，否则会使脸部显得上大下小、更显消瘦，若选戴短的、不对称的帽檐及高帽冠，如吊钟帽、圆帽等，能把三角形脸的眼睛衬托出来，吸引人们的注意力，故这种帽子是三角形脸的最佳选择。总之，帽型与脸型的关系相当密切，选得合适可以起到美饰的作用。如高个长脸型者选戴宽边帽或帽檐耷拉的帽子；身矮头大者选戴中凹绅士帽或高顶尖帽；身高头小者选戴长毛皮帽不仅可起到美饰作用，而且还可弥补身体的不足。

年龄也是选戴帽子的重要依据之一，如果选择不当，则会产生不伦不类的视觉效果，让人看上去会产生不舒服之感。青少年女性不宜戴形状过于复杂的帽子，而适宜戴小运动帽或帽檐朝后卷的帽子,这种帽型有利于突出少女的朝气与活力。少妇适宜戴简洁、明快的帽型，要少些或没有烦琐的附加性装饰品，可充分烘托出她们活泼浪漫的性格。老年妇女宜戴素色、大方的帽子，而避免戴色彩鲜艳、款式俏丽的帽子，否则会给人不得体的感觉。戴眼镜的女性不宜戴帽檐低到前额或是有花饰的帽子，这不利于产生眉清目秀的感觉。对于婴幼儿的帽子应从卫生、健康方面多加考虑，婴幼儿外出或带至户外活动时，戴上帽子可以起到保暖御寒或遮挡阳光的作用。患有婴儿湿疹的孩子切忌戴毛织品帽，以免引发皮炎。婴儿宜戴由绒布或软布做的帽子，不要戴有毛边的帽子，这样可保护婴儿娇嫩的皮肤而不使其受到刺激。在我国农村的一些地方，常在孩子戴的帽子上绣有“长命百岁”“长命富贵”，以及在“虎头帽”“兔头帽”等上装有各种金属硬饰品，这种帽子不仅戴上不舒服，而且易使孩子的面部或手受伤。儿童的特点是生性好动，宜选择式样新颖活泼、色泽鲜艳、装饰性强的帽子。对于中老年男性选择帽子的范围相对较小些。

帽子还要与服装相配套，以起到协调整体、点缀形象和美饰作用。女子外出旅游时，穿着入时的服装再配上一顶造型生动活泼、舒展美观的太阳帽，则可充分显示女性的青春活力；男子在身穿西式大衣的同时，戴上一顶礼帽，显得庄重而沉稳。总之，帽子的式样必须与着装相呼应，否则会产生不伦不类的视觉效果。如女性戴上一顶色泽鲜艳的帽子与服装色彩形成强烈的对比时，会使戴帽者更显婀娜多姿；若所戴帽子的颜色与服装颜色接近时，能给人以清心典雅之感。例如，绒线帽与颜色、花型相同的毛衣外套相配，就显得典雅、华贵和大方；但是，身穿西服时就不宜戴帽，否则就会给人以不伦不类的感觉；穿风衣时除了戴皮毛帽子外，还可戴其他类型的帽子；而穿皮毛服装时，则最好戴皮毛帽子。

帽子的质量一般从规格、造型、用料、制作等几方面来反映。具体来说，规格尺寸应符合标准要求；造型应美观大方，结构合理，各部位对称或协调；用料应符合要求。单色帽各部位应色泽一致，花色帽各部位应色泽协调；经纬纱无错向、偏斜，面料无明显残疵；皮面毛整齐，无掉毛、虫蛀现象；辅件齐全；帽檐有一定硬度。帽子各部件位置应符合要求，缝线整齐，与面料配色合理，无开线、松线和连续跳针现象；绱帽口无明显偏头凹腰，绱檐端正，卡住适合；织帽表面不允许有凹凸不匀，松紧不匀，花纹不齐；棉帽内的棉花应铺匀，纳线疏密合适；帽上装饰件应端正、协调；绣花花型不走型，不起皱；整烫平服、美观，帽里无拧赶现象；帽子整体洁净，无污渍，无折痕，无破损等。

戴帽除了要达到各种目的之外，卫生和保健也至关重要，千万不能以牺牲个人的健康为代价而满足其他的需要。爱美之心，人皆有之，而卫生与健康也是当今人们追求高质量生活的重要内容。帽子佩戴得当，不仅可以使人倍增风采与魅力，对全身的装束起到“画龙点睛”的效果，还有利于人体的生长发育、健康长寿。

戴帽子舒服是首选，这就要求帽子的尺寸大小与头部相称。帽子太小，戴在头上过紧而不舒服，同时会阻碍头皮的血液循环，严重时可引起头痛甚至脱发；反之，帽子过大，不仅不保暖，而且容易脱落。帽子的大小是以“号”来表示的，单位是厘米。帽子的标号部位是帽下口内圈，用皮尺测量帽下口内圈周长，所得数据即为帽号。“号”是以头围尺寸为基础制定的。帽的取号方法是用皮尺围量头部（过前额和头后部最突出部位）一周，皮尺稍能转动，此时的头部周长为头围尺寸。根据头围尺寸确定帽号。我国帽子的规格从 42 号开始，42～48 号为婴儿帽，50～55 号为童帽，55～60 号为成人帽，60 号以上为特大号帽。号间等差为 1cm，组成系列。在选定帽号时，尤其是青少年正处于生长发育时期，头颅逐渐长大，帽子不宜过小，而且也应及时更换，更不宜多年一帽。帽子应经常用热的肥皂水及软刷进行刷洗，再用热水洗净并晒干。青壮年身强力壮，头皮富含皮脂腺，由于受到性激素的影响，皮脂分泌相当旺盛，再加上出汗与灰尘黏附，可使帽檐内或衬里沾上油腻污垢，这是嗜脂性腐生真菌良好的繁殖环境。将这种不洁的帽子戴在头上，与头皮摩擦，极易引发毛囊炎，还会产生一股难闻的气味。有人为了免除常洗帽子的麻烦，在帽内衬垫一块薄棉布衬或缝成内帽，便于经常洗换，这是可以的，但不能使用不吸水、不透气的塑料布来做衬里，以免帽内的湿热环境引起真菌的繁殖滋生而导致发癣。同样，在游泳、理发或洗澡后，湿发未干就即刻戴帽，也会因帽内的湿热而引起发癣。如长此以往，甚至还会引起头痛、头昏、嗜睡和精神不振等疾病。

寒冬腊月外出锻炼身体或劳动出汗后，去浴室洗澡或理发时，头部及全身毛细血管扩张，皮肤表面温度升高，此时不应立即把帽脱下，以免身体的热量迅速扩散，体表血管收缩，皮肤组织缺血，易患伤风感冒，而应过一会儿再脱帽洗澡或理发。高血压患者戴的帽子不宜过于厚重，以免因头部充血而引起头昏。对皮毛或某些织品有过敏反应的人，则不宜戴用此类材料制成的帽子。患有黄癣病的人除要及时治疗外，所戴的帽子应便于经常煮沸消毒，以防止带菌的头发、头屑痂掉落在被褥、枕巾、衣服及桌椅和沙发上，传染别人。一般不宜常戴帽子，使头部长期缺少日光照射，适当地让日光中的紫外线对头部照射，有利于抑制头皮癣菌，消除了寄生菌滋生的条件。不能随便地戴用他人的帽子，特别是有皮肤病或传染病的人的帽子更不能戴，以免受到传染。对于像安全帽、草帽、演艺帽等公共帽子，应定期进行日光曝晒或用紫外线灯照射进行消毒，经常保持清洁卫生。

人们戴帽也是很有讲究的。在我国古代，脱帽是无礼的，而现在则以脱帽表示礼貌。在欧美一些国家，戴帽子是一种礼节，男人遇见朋友时，往往将帽子微微抬起，以示友好与尊敬，而意大利格瑟慈诺一带的地方则相反，遇到朋友时必须将帽子拉低，以表示诚意与谦逊。特别有意思的是，英国的议员们在议会大厅开会时是不允许戴帽子的，只有一种帽子挂在墙上专供发言者戴，谁发言谁戴，依次相传。有时遇到意见不一致而发生激烈争论时，大家就你争我夺地抢帽子，犹如在赛场上踢足球一样，热闹非凡。在古巴圣热娜河流域一带，只有在死去亲人时才戴帽子报丧。而在墨西哥南部的奴雷谷一带，如果来人一进屋就脱去帽子，则意味着是来寻衅的，屋内的人就会立即奋起，操起物件准备迎战。又如印度尼西亚巽他族的医生以帽子上插着的羽毛数量来代表其医术，每治愈一位病人，就在帽子上插上一根美丽的羽毛。厨师戴的工作帽以高矮来表示技术级别的高低。由此可见，戴帽子还真有学问呢！

随着科学技术的发展，高新技术在纺织服装行业得到了广泛的应用。近年来，国内研究成功一种用半导体温差放冷的原理制成的“电子清醒帽”，专供高温作业工人和火车、汽车司机使用，以防止因疲倦而打瞌睡造成事故。尤其是春暖和盛夏季节，当工人或驾驶员感到疲倦时，只要戴上这种帽子，额头上的温度即可下降15℃左右，相当于用冷水冲头，因而可使人顿觉清醒，不再打瞌睡，从而可避免或减少发生作业或行车事故。

67 颈部的时装——围巾

围巾，又称头巾，是围于脖颈、披于肩部和包裹头部，有御寒、防风、防尘作用，兼具标识性和装饰性功能的织物。明代医药学家李时珍在《本草纲目·器部一》中解释是“古以尺布裹头为巾，后世以纱罗布葛缝合，方者曰巾，圆者曰帽”。头巾作为服饰，早在西周时期就已非常流行。《诗经·郑风·出其东门》中有：“出其东门，有女如云。虽则如云，匪我思存。缟衣綦巾，聊乐我员。”缟衣，是指白色的绢衣；綦巾，是指草绿色的头巾。这几句诗的大概意思是：漫步城东门，美女多若天上云。虽然多若云，非我所思人。唯此素衣绿头巾，令我爱在心中。

因头巾裹在头上，标识性非常强，历史上有两次非常著名的农民起义军队就以其命名。

一次是东汉晚期的黄巾起义。这是中国历史上规模最大的以宗教形式组织的民变之一，开始于汉灵帝光和七年（公元184年），当时朝廷腐败、宦官外戚争斗不止、边疆战事不断，国势日趋疲弱，又因全国大旱，颗粒无收而赋税不减，走投无路的贫苦农民在巨鹿人张角的号令下，纷纷揭竿而起。他们头扎黄巾，高喊“苍天已死，黄天当立，岁在甲子，天下大吉”的口号，向官僚地主发动了猛烈攻击，并对东汉朝廷的统治产生了巨大的冲击。为平息叛乱，各地拥兵自重，虽最终起义以失败而告终，但军阀割据、东汉名存实亡的局面也不可挽回，最终导致三国局面的形成。

另一次是元朝末年的红巾起义。起义的背景是元顺帝统治末年政治败坏、税赋沉重，加上天灾不断。最初起于淮河流域，以韩山童、刘福通等为首领，并以白莲教为纽带，宣传“弥勒降生”“明王出世”，许多人纷纷加入，在安徽、河南一带势盛。因起事军队打红旗，头扎红巾，故称作“红巾”或“红军”。随后其他各地纷纷起事，均打着红巾军的旗号，形成不同的各自为政的红巾军势力。最终朱元璋攻灭陈友谅、张士诚等红巾军势力，一统红巾军，推翻元朝，建立了大明王朝。

头巾除作为标识饰物外，它的防病保温的功用也是非常重要的。苏轼诗中有：“野菜初出珍又珍，送与西邻病酒人，便须起来和热吃，不消洗面裹头巾。”言初生的野茶非常珍贵，煮食趁热喝后可以不用头巾保温。

现在的各种围巾经多次演变，大多有美饰与保健功能。这些围巾因其组织结构、原料结构及色彩花型等不同而各具特点。如常见的围巾组织结构一般较疏松，经向紧度在 15.7%～18%，纬向紧度在 15%～50%，质地丰满柔软，富有弹性。原料有棉、毛、丝、化学纤维等多种。组织结构按加工方法有针织和机织两类，针织的有经编和纬编组织（包括手工编织），机织的有平纹、重平、斜纹、变化斜纹、绉纹、缎纹及纬二重等组织。

围巾的品种繁多，规格与性能各异。

按其用途和外形可分为以下几种。长围巾，外形呈长方形，根据用途和规格的不同又可分为儿童围巾、普长围巾、加长围巾、特长围巾等。方围巾，外形呈正方形，又称方巾，分为方围巾、儿童方围巾、新疆大方巾等。三角围巾，外形为等腰三角形，以机织为多，一般用方巾沿对角线裁开，经缝制，并以手工钩编月牙而形成。原料一般为羊毛或腈纶，主要用于妇女围颈、包头、披肩及装饰之用。斜角围巾，外形狭长如长围巾，但两端底边斜形无穗，原料大多为腈纶，也有少数是羊毛，采用经编织造，多为青年女性使用。新疆大方巾，原料多为羊毛针织绒，由横机编织而成，为新疆少数民族妇女传统特需品种，主要用于包头、披肩，也是新疆少数民族新娘婚礼时必不可少的服饰。

按其使用的原料不同可分为以下几种。羊毛围巾，原料一般为 31.3tex×2～50tex×2（20/1 公支～32/2 公支）羊毛股线，该围巾的特点是手感柔软丰满，使用舒适，保暖性好。羊绒围巾，又称开司米围巾，原料大多采用 62.5～83.3tex（12～16 公支）羊绒粗纺单股纱或双股线。该产品属于高档围巾品种，手感柔软，细腻滑糯，使用轻盈舒服，保暖性好。羊兔毛围巾，又称兔羊毛围巾或兔毛围巾，原料采用 62.5～83.3tex（12～16 公支）羊兔毛粗纺单股纱或双股线，混纺比例一般为羊毛 60%，兔毛 40%。该产品手感滑腻，柔软蓬松，色泽艳丽。毛黏围巾，原料一般为 83.3tex×2（12 公支/2）毛黏股线，混纺比例为一级短毛 65%～70%，黏胶纤维 30%～35%。该产品中的羊毛所占比例较大，所以其性能与羊毛围巾相似，但保暖性比羊毛围巾稍差。丝绸围巾，原料采用 22.2/24.4tex×2（20/22den）桑蚕丝或 133.2tex（120den）有光人造丝，纬纱常用强捻线。用织机织成的绸坯，经练、染、印花或绘花、绣花等加工，以写实花卉图案为主，质地轻薄，手感光滑，花色艳丽多彩，典雅别致。腈纶围巾，又称膨体围巾，原料大多采用 28.6tex×2～38.5tex×4（26 公支/2～35 公支/4）腈纶膨体股线。该产品色泽鲜艳，轻盈美观，保暖性好，不易霉蛀。腈纶毛裘围巾，原料采用 28.6tex×2（35 公支/2）腈纶股线。产品具有毛皮感，手感柔软丰厚，绒毛细腻光滑，并有波浪弯曲，色泽柔和，保暖性和装饰性好，男女均宜使用。腈维交织围巾，原料一般采用 26.6tex×2～38.5tex×4（26 公支/2～35 公支/4）腈纶股线作纬纱、27tex×2（37 公支/2）维纶为经纱交织而成。其性能同腈纶围巾，但以拉毛品种为主。黏纤围巾，又称人造毛围巾或黏胶围巾，一般都经过拉毛处理，以增加毛型感，色泽鲜艳，有一定的保暖性。锦纶丝围巾，又称尼龙纱巾，原料采用 22.2tex（20den）或 33.3tex（30den）锦纶长丝。产品质地细腻，薄如蝉翼，轻盈飘逸，适宜于春秋季节围颈、包头和防尘使用。棉线围巾，又称线围巾，原料采用 27.8tex×2（21 英支/2）棉线。产品质量较紧密、光滑、挺括、吸汗而不易黏附沙尘、草屑，适宜农民在田间劳动时围颈、包头以及防尘、避寒、遮阳、擦汗等用。方巾可兼作包袱布，并是广西、云南、福建等地少数民族妇女的特需品种。

按花色品种可分为小提花围巾、印花围巾、绣花围巾、双面围巾、空花八彩围巾、各色花式须边围巾等。其中，空花八彩围巾是新疆少数民族妇女喜欢使用的品种。它是以腈纶膨体针织绒为主要原料，结构为平纹空花组织的彩格围巾。手感柔软丰满，色彩艳丽，装饰性强。以红、白、蓝、绿、黄等色为主体，再搭配四色、六色、八色，统称八彩围巾。围巾的边形也是多种多样，有单边、穗须边、钩边（三角围巾用）、月牙边和锯齿边等。

围巾因其用途、外形不同而具有多种功能。

围巾的实用性很强，但保健功能也十分明显，特别是严寒的冬天，人们身穿厚棉衣，头戴皮帽子，脚穿皮棉鞋，手戴皮手套，身体各部位都能得到保暖，唯有脖颈部位是个“薄弱环节”，衣服内层的体温会因“热空气上升”的热对流原理从颈项部由领口散失。当遭受风寒侵袭时，很容易诱发感冒或风寒型颈椎病，严重时感到颈部发酸、疼痛以及活动受到限制。围上围巾后，可减少体热的散失，具有明显的保暖作用。

除了保暖功能以外，围巾还具有点缀、装饰和美化服装的功能。在春风吹绿了大地，阳光和煦、春暖花开的时候，选用一条合适的围巾围在头上，系在项间，披在肩上，迎着暖和的春风轻盈地飘拂着，绚丽地闪烁着，可使戴用者增添青春的光彩。在严寒的冬季，与毛衣、外套相配套，围上围巾可改善较为单调灰暗的冬季自然环境。显然，围巾的美饰功能已大大超过其保健功能。

选用围巾时，应根据人的身材和头型来确定。身材高大魁梧的人，一般选用宽大的围巾；而对于身材娇小玲珑的女子，若选用长围巾，则会给人一种拖沓累赘之感，在视觉上会使身材更显瘦小。如果是圆脸或方脸的人，则围巾的打结的位置要下移或是把边角搭下来，在视觉上可起到改变脸型的效果；若是长脸或是脸部瘦小，则宜将围巾扎在脖子上打个短花结或是将围巾搭在肩上，这样会显得俏丽，增加朝气和活力。

选择围巾配色时，应与服装的质料、色彩、款式和人的肤色、身材、头型等相协调匹配，才能起到更佳的美饰作用。例如，冬季人们常穿黑色、灰色、咖啡色和蓝色的外套、裤了，这些颜色虽然显得高雅、稳重，但给人留下的是暗淡、单调和老气横秋的不悦感觉。如能配以浅色或色彩鲜艳的围巾，就会改变服饰的整体风貌，既不失高雅、沉稳，又能显示出青春的朝气和活力；若外衣深暗而裤子颜色较浅时，则围巾可选用与裤料相似的颜色，这样可达到上下呼应平衡，增加了服饰的整体美感；如果外衣色深、内衣鲜艳且外露领部时，则围巾的颜色宜与内衣相近，则可达到服饰整体和谐美；当内衣、外衣都很艳丽时，则围巾一定要素雅一些，否则看上去像一只斑斓的花蝴蝶，过于妖娆艳丽。总之，在选择围巾的颜色时，一般应与外表的色彩差距大些，这样才能突出和增强围巾的装饰效果。一般以素衣配花巾，花衣配素巾，可使浅色与深色相映生辉，更能鲜艳夺目，充分体现配套美。例如，穿银灰色衣服时，胖人应佩戴黑绿色围巾，而瘦人则以佩戴红色围巾更为协调；穿蓝灰基调的西服时应佩戴色彩艳丽的尼龙绸围巾；穿藏青色西服时应佩戴纯白色的绸围巾；穿橘黄色毛衣时应佩戴淡雅素色的围巾；穿红色毛衣时应佩戴黑色透明的围巾，红黑相映生辉；穿乳白色毛衣时，若佩戴玫瑰红色的围巾，则红白分明，显得典雅清秀；穿呢大衣、裘皮大衣时，若佩戴钩针编织的花样复杂的大围巾，则显得高雅、华贵。此外，还要考虑到人的肤色。一般而言，皮肤白皙而红润的可用乳白色，可烘托出健康、纯洁、坦荡；但是比较白皙的人忌用乳白色的围巾，否则会显得病态苍白，此时若选用偏红一些的颜色，可使脸部增添朝气；脸色发黄的人可选用米色、驼色或暗红色，给人以一种精神抖擞的感觉；对于皮肤较黑的人，切忌佩戴颜色鲜嫩或太浅的围巾，因为相映之下，会使脸色显得色黑而发黄。

不同年龄和性别的人对围巾的要求也是不同的。一般而言，青年人多从装饰性方面考虑。男青年一般喜欢选用有暗格和条纹的彩色围巾，如选用带红色的围巾，就可以更好地调节男青年身上的单一色彩，给人带来精神抖擞和青春活力的感觉。女青年使用围巾更为讲究，除了注意围巾的色彩外，更注意围巾的围法，使其更加能展示新颖别致和高雅大方。如使用长围巾，会显得质朴、典雅、洒脱、落落大方；用长而宽的围巾随意披在肩上，会显得端庄大方，具有浓郁的文化韵味；用方形围巾宽松地围在头的下部直至领子，既暖和又舒适，在严寒的冬季不失为最佳的保暖措施；若将方围巾或长围巾在胸前打一个大蝴蝶结，可增添青春活力和几分天真烂漫；如将围巾对角折叠，再折成条形系于裙腰，并在身后打一个蝴蝶结，便成为既漂亮又大方的一条点缀腰带；时髦女郎还把大方巾作“衬衣”用，其方法是在方巾的中央打一个结，翻过来披于胸前，将上边的两角系于颈后，并整理出领型，而下边的两角系于腰后，这样就成为一件与外套相映成趣的韵味衫；也有的青少年女性把小方巾的四只角分别打结套在脑后的发髻上，再将四角塞入，便成为既简单又富有活力的发饰。还可以举出许多不同的使用方法。但是，不同的人群对围巾的使用要求是不同的，如城市女性习惯于使用长围巾围在颈部；而农村女性则爱将方围巾披在头部防风沙，以保护头发的清洁。当然，北方城市的女性在扬尘的天气里外出，也喜欢将方巾罩住头部。而老年人主要是将围巾围于颈部，达到保暖和保洁的目的。

使用围巾时必须注意卫生：一是要经常洗换；二是在寒风凛冽的冬天，切莫把围巾当成口罩使用。由于在围巾的纤维间隙中常积有大量的尘埃和细菌，如不注意卫生很容易被吸入上呼吸道，容易诱发哮喘和上呼吸道疾病。如当作口罩使用，不仅会降低鼻腔对冷空气的适应性，而且容易患伤风感冒和支气管炎。同时，由于围巾较厚，捂住口鼻后有碍于正常的呼吸，从而影响到肺部的换气，这对健康是不利的。围巾的洗涤方法也大有讲究，一般而言，各种质料的围巾宜用中性的洗衣粉或肥皂洗涤，在温水中轻轻搓洗捏干（不能拧绞），然后摊平阴干，再用湿布覆盖熨平。切忌使用沸水冲泡，洗涤时不可用力搓揉刷绞，以免围巾缩绒和变形。对于兔毛围巾，在晾干后可用塑料卷发器在其上面进行反复粘拉，即能蓬松如初。

68 妩媚撩人的丝巾

丝巾是指围在脖子上用于搭配服装并起到修饰作用的物品。形状各异、色彩丰富、款式繁多的丝巾，适合于不同年龄段的女性佩戴。

丝巾起源于16世纪中叶，从一块布开始演变成今天的丝巾。早在五千年前，在古埃及人所采用的缠腰布、有流苏的长裙、古希腊时代的缠布服装上都能找到类似领巾的痕迹，可以说丝巾的历史是从一块布开始的。最初的丝巾并不是作为装饰用的，而是以御寒为其主要功能。据考证，大约在中世纪以前，开始在北欧或古时的法兰西北部等地出现，这些布巾被认为是现代丝巾的鼻祖。到了16世纪中期以后，丝巾原本的保暖功能渐渐地被装饰功能所取代，材质轻薄的绢丝成为主流，后来又逐渐地演变为所谓的三角领巾和饰巾等。

在16—17世纪间，丝巾主要作为头巾使用，并常与帽饰搭配，显得高雅华贵。至17世纪末期，出现了以蕾丝和金线、银线手工刺绣而成的种种华美秀丽的三角领巾，欧洲妇女们将其披在双臂并围绕在脖子上，并在颈下或胸前打一个结，以花饰固定，起到御寒和装饰作用。到了法国波旁王朝全盛时期，路易十四亲政之时，将三角领巾列为服装中的重要配饰并将其规格化。社会的上层人士开始用领巾来点缀装饰衣着，一些王公贵族也用领巾来展示男性风采。到18世纪末，三角领巾又逐渐演变为长巾，材质为薄棉或细麻，其长度可绕过胸前系在背后，到了19世纪，随着工业革命，欧洲的工业慢慢地发展起来，机器生产了大量领巾，其不再是皇室贵族特有的奢侈品，而成为广大妇女普遍使用的生活用品。

到了20世纪，女性才完全发挥出使用丝巾的智慧，它开始陪伴着女性走上街头，走入职场。她们以头发上缠绕细丝带或头巾取代了当时的大型帽饰，甚至以发饰装饰在头发与头巾之间。现代丝巾的真正形成是在20世纪20年代，丝织的长巾开始广泛使用，广大妇女开始重视领巾的折法、结法等技巧。在30年代，当时以蚕丝或人造丝制成的领巾与长巾，深受广大女性青睐，著名的Hermes丝巾也在此时面市了。到了60年代，各种品牌的丝巾纷纷登场，使其成为服装品牌争相开发的配饰。在70年代，在大街小巷里流行嬉皮士风格的花布头巾，冬季佩戴不可或缺的大围巾或长披肩。由于设计师们寻找到了新的创作灵感，丝巾已成为女性必备的服装配件，出现了各式新颖的丝巾系法，使丝巾成为最具变化性的饰品。到了90年代，一股复古的风潮又重新回到时尚界。经过近百年的演变，丝巾的功能性已从服装、领巾、围巾、披肩发展到腰带、头巾、发带，甚至被绑在手提袋上作为装饰物。

进入21世纪后，丝巾仍在继续演变与发展，早已变成一种服饰文化，它承载着女性时尚的历史。很难想象，再过一百年丝巾会演变成什么样子，或许没有人可以预知，也许能看到的就是这么一方软帕在优雅女士的颈项间摩挲着她那柔软娇嫩的肌肤，随风飘拂起舞。

同样一方丝巾，如何巧妙恰当地搭配以显示出女性的妩媚动人，大有学问。例如，白色外套佩戴深蓝色丝绒巾，灰色外套佩戴大红丝巾，杏黄色外衣佩戴玫瑰紫色丝巾。如果外套与丝巾的颜色相接近时，则可用闪亮的别针来进行协调等，也可取得较好的视觉效果。如果把不同颜色、不同图案的丝巾采用不同的方式打结，再配以佩戴者的发型和衣着，便可变换出不同寻常的姿态，时而显得端庄秀丽，时而显得恬静贤淑，时而显得热情奔放，时而又显得甜美可人，真是美不胜收，如图37所示。

如何选择合适的丝巾呢？第一，材质和色彩是第一要素。由于制造丝巾的材质、编织方法以及纱线的种类千差万别，花纹和色彩也各不相同，最后制成的丝巾在视觉效果上也会存在很大的差别。不同的手感、质感、重量、色彩乃至视觉张力，会使丝巾佩戴时产生不同的效果。春天佩戴的丝巾材质宜选用丝绸。丝绸是制作丝巾最常使用的一种材质，在万物复苏、充满着勃勃生机的春季，采用丝绸制成的丝巾不仅焕发出迷人的光泽，而且具有天然的褶皱，雍容华丽的丝巾垂于胸前，显现出稳重而又不乏风情，美艳而又不显轻佻，可烘托出佩戴者的似水柔情、非凡气质。麻是夏日丝巾材质的首选。在炎热的夏季，选择一方麻质丝巾可显出佩戴者的高贵脱俗的气质，不仅感觉惬意清爽，而且与任何夏装搭配都很

图 37　丝巾

轻松自如。特别是麻质丝巾具有容易起褶皱的特性，正是这种随意性和自然的褶皱，更能显示出佩戴者浪漫的贵族风情。棉质丝巾是凉风渐起的秋季最为贴心舒适的选择，它既可抵御瑟瑟秋风，其轻盈的面料展现出的休闲风格又会彰显出佩戴者的稳重与魅力。毛质丝巾在寒冷的冬天可以达到既美丽又不冻人的境界，这种材质的丝巾纤薄、柔软而温暖，佩戴这种丝巾使女性倍显优雅的气质与风度，在北风凛冽的冬天浑然天成。丝巾的边以手工缝制为上乘，印花色彩应均匀一致，色彩越丰富则品质越好。第二，应根据佩戴者的身材特点来挑选。例如，对于短脖的女士，宜挑选稍薄一点、小一些的丝巾，打的结最好系在颈侧，或是松松低低地系在胸前；对于娇小玲珑的女士，应尽量避免太烦琐、太长的系法。第三，挑选的丝巾应符合个人的风格。第四，当看中某一款丝巾时，应将丝巾置于贴近脸部，看其是否与脸色相配。第五，丝巾还应与服装相配。此外，还可考虑与佩戴者的口红颜色、腰带或提包等的配合恰到好处。第六，如何根据脸型来选择丝巾呢？圆脸型者，脸型较丰润，若要让脸部轮廓看上去清爽消瘦一些，其关键是将丝巾下垂的部分尽量拉长，使其产生纵向感，并注意保持从头至脚的纵向线条的完整性。在系花结的时候，宜选择适合个人着装风格的系结法，如钻石结、玫瑰花结、菱形花结、十字结、心形结等，应尽量避免在颈部重叠围系过分横向以及层次质感太强的花结。对于长脸型的女性而言，采用左右展开的横向系结法，可展现出领部朦胧的飘逸感，并可减弱脸部较长的感觉。这种脸型的女性宜结项链结、百合花结、双头结等，另外，还可将丝巾拧转成略粗的棒状后，系成蝴蝶结状，但不要围得太紧，尽量让丝巾呈自然下垂状，以呈现出朦胧的感觉。呈倒三角脸型的特征是从额头到下颌，脸的宽度渐渐变窄，呈倒三角形状，这种脸型给人一种严厉的印象和面部单调的感觉。此时可利用丝巾让颈部充满层次感，如果系一个华贵娟秀的带叶的玫瑰花结、项链结或是青花结等，可产生很好的视觉效果。但是，应尽量减少丝巾围绕的次数，下垂的三角部分应尽可能自然展开，避免围系得过紧，并突出花结的横向层次感。对于两颊较宽，额头、下颌宽度和脸的长度基本相同的四方脸型的女性，容易给人缺乏柔媚的感觉。为了弥补这一不足，系丝巾时应尽量做到颈部周围干净利索，并在胸前打出一些层次感强的花结，如九字结、长巾玫瑰花结等，再配穿线条简洁的上装，便可演绎出典雅高贵的气质与风度。

69　衣襟之带——腰带

人的腰部一般都要系带，俗称腰带，亦称裤带。腰带的起源可追溯到人类“茹毛饮血”的原始时代，穿兽皮披树叶时所用的绳带，可以说腰带几乎是与衣服同时出现的。

在中国古代，腰带最初被称为衿。这是因为中国早期的服装多不用纽扣，只在衣襟处缝上几根小带，用以系结，故以“衿”称谓这种小带。《说文·系部》中有：“衿，衣系也。”段玉裁注：“联合衣襟之带也。今人用铜钮，非古也。”说的就是这种情况。后来腰带逐渐形成外衣的大腰带（又称大带或绅带）和裤腰带（简称腰带）两类。大腰带用于束缚外衣，主要起美饰作用，而腰带是用来束紧裤腰或裙腰，主要起实用作用。其材质或以各类纤维为之，或以皮革为之。

从古至今，腰带在服饰中一直是不可或缺的。其功能主要表现在以下四个方面。

一是礼仪功能。以中国古代为例，中国古代服饰对腰带是非常重视的，因为不论官服、便服，腰间都要束上一带。天长日久，腰带便成了服装中必不可少的一种饰物，并形成上自天子，下至士庶，不同等级差别的腰带形制。《礼记·玉藻》中有周代腰带形制的记载：“大夫素带，辟垂；士练带，率下辟；居士锦带；弟子缟带。”又有：“大夫大带四寸……天子素带，朱里，终辟。”郑玄注：“大夫以上以素，皆广四寸；士以练，广二寸。”甚至对带子系结后下垂部分的长短尺寸，也都有以下记载：“绅长制，士三尺，有司二尺有五寸。”其后的各朝各代对腰带的形制也均有相关的规定。以束衣的“大带”为例，天子、诸侯的大带以丝制成，在其四边加缘辟天子素色，朱色里子。《论语·卫灵公》记载“子张书诸绅”，邢昺疏“以带束腰，垂其余以为饰，谓之绅”。这里提到大带除了用于束腰外，两头余下的部分还用于装饰。大带之下垂者曰绅，宽四寸，用以束腰。仕宦上朝时，也可作插笏。“笏”即“朝笏”，是指古代大臣朝见时手中所执的狭长板子，用玉、象牙或竹片制成，以为指画及记事之用，也叫手板。《礼记·玉藻》记载：“凡有指画于君前用笏。”后人称乡邑贵族或官吏为绅士，就是由此引申而来的。

邢昺疏所云“以带束腰，垂其余以为饰，谓之绅”中的“绅”，是指男性带子末端的下垂部分，而女性腰带这种下垂部分的名称，在称谓上与男带有些不同。明代杨慎所著《丹铅续录》记载：“古者妇人长带，结者名曰绸缪。垂者名曰襳缡。结而可解曰纽；结而不可解曰缔。”纽和缔分别指打成环状的活结和扣紧的死结。《说文解字注》所云：“（缔）结不解也。解者、判也。下文曰。纽结而可解也。故结而不可解者曰缔。”说的便是这个意思。

下面的两则记载尤能说明古代服饰中腰带的礼仪功能。欧阳修所著《归田录》记载，宋太宗夜召陶谷。陶谷见到太宗后止步而立，不肯进前。太宗意识到这是因为自己没有束带的缘故，于是令左右取来袍带，匆匆束之。陶谷见皇帝束上了腰带，这才行君臣之礼。可见皇帝召见侍臣而不束腰带，是失礼的行为。不仅君臣之间是这样讲究，注重操行的人也是如此。《南齐书》记载，刘琎、刘瓛两兄弟，方正耿直，立身操守不相上下。有一天兄刘瓛夜晚隔墙喊刘琎来聊天，刘琎迟迟不答话，直待他下床穿好衣服站立后，才答应。刘瓛问他怎么那样久才答应，刘琎说刚才穿衣结带没好。连兄弟之间夜里见面说几句话，都必须整衣束带，否则就觉得有失礼貌。古人对腰带的重视，由此可见一斑。

二是实用功能。可以防止衣、裤、裙的松散、脱落或飘拂，使行走、劳动、运动方便利索，保持衣着的整体效果。此外，腰带还可以防止腰部扭伤，一些练武功者、杂技演员和运动员（如举重运动员等），都要在腰间系一根很宽的腰带，这是因为人的胯上肋下部分是由几块脊椎骨组成的，并由多条肌腱连接起来，所以人的腰部呈前弯后仰的姿态，左右转动非常灵活自如。但是，腰部的肌肉和筋腱却十分“娇气”，稍不注意，很容易被撕裂或扭伤。而腰部又是劳动或运动时承受力的支点，即最吃力的部位，如果用力不当，很容易把腰扭伤。如果系上腰带，特别是宽腰带，能够对腰部起到支撑保护作用，可减少腰部的扭伤。

三是保健功能。人体的各部分都是有机的整体，稍有微小的变化，就会生病。就拿人体的腰部来讲，在人体腹腔的下半部都是肠子。肠子通过不断蠕动，才能很好地消化各种食物。因此，系腰带时不能把腰勒得紧紧的成为“蜂腰”，“蜂腰”虽然可使体型显得“健美”，但对身体健康是有害的，以健康去换取“健美”是得不偿失的，也是不可取的。因为把腰勒得过紧，犹如把肠子捆住一样，不利于肠子的蠕动。不仅如此，勒腰过紧还会把肠子挤到上腹部，使胃、肝、脾等内脏受到压迫，妨碍血液的正常流通，将会大大影响到整个消化系统的正常功能。腰带的保暖作用也是不言而喻的，在冬季服装设计时，如能加上一根腰带，不仅可以保暖，而且还可以使穿着者显得干净利索、精神抖擞。

四是美饰功能。在现代生活中，时装设计师在设计服饰配套时，越来越重视腰带的美饰功能。流行的时装腰带，真是新颖别致、变化多端。有的在腰间用轻软的绸料箍绕 2 周，再在腰侧或后面扎结；有的用染色的皮革制作；有的用发光的金属片、珠片或塑料配件编串而成；有的用一根粗丝绳作腰带。这些由不同的材质制成的腰带，形形色色，造型粗犷，醒目突出。比如，年轻而漂亮的姑娘，穿上一件流行的宽松型羊绒（或羊毛）衫衣裙套装，腰间再系上一条漂亮的腰带，就会显得更加窈窕，婀娜多姿。事实上，不论是男是女穿衣打扮时，在挺括的衣着上配上一根俏丽而合适的腰带，将会使穿着者的体态与仪表显得更加美丽，现已成为服装配套的一个重要组成部分。一件合适的时装配上腰带会使人体外形富有曲线美，看上去精干利索，充满生机活力。系腰带的部位可上可下，这能使人体的比例得到调节，增添美感，所以，有人把腰带称为“时装的彩虹”，一点也不为过。

腰带的材质很多，有各种皮革、人造革、棉织物、麻织物，也有少数是用金属做成的。它们形式多种多样，有宽有窄，有软有硬，各有优缺点。选用时既可随季节变化，也可根据实际需要。如腰围较粗的人，出于矫正体型的目的，可选用又宽又硬的腰带；出于美观的目的，则要选用较细的腰带，或是色彩比较显眼的腰带，这种腰带可使人显得苗条。而身材纤瘦、腰节偏低的人，使用加宽或特宽的腰带能使人显得挺拔俊秀。腹部比较丰满的体型，可选用两侧宽、前面细的曲线腰带，即使不用复杂的饰扣，也能减弱腹部突出的视觉效果，让人看上去更年轻俏丽。对于腹部比较平坦的青年人，如使用一条两侧窄而前后宽的腰带，再在腰前扎一个蝴蝶结，就会在妩媚之中透出天真可爱、窈窕活泼。身材较高大的人，可采用宽腰带来进行装饰，也可使用重心下移的三角形腰带，以使腰带和裙子的颜色形成对比色，其目的在于强调上下的分割线，可呈现人体的协调美。而对身材比较矮小的人，适宜采用细腰带，可使身体有修长的视觉效果，而且腰带的颜色应与裙子的颜色以同色系相配，其效果更佳；反之，如果采用宽腰带，则会使人产生横阔的感觉，不会给人带来美的享受。总之，应根据身材合理地选用腰带，其关键是要保持身体上下分割线比例关系的协调与匀称，要注意腰带的恰当位置和重量感的稳定，利用腰带的装饰特点来使之平衡而有变化。一般而言，胖人宜用窄腰带，瘦人宜用宽腰带，不胖不瘦的人宜用中等宽度的腰带，这就是选用腰带宽窄的依据。在儿童服装中，腰带的合理使用可延长服装的穿着时间，因为童装总是做得宽松一些，系上腰带后就不会显得过于肥大，随着儿童的长大，腰带可以逐渐放松，而服装也会逐渐合体，这样便可延长穿着时间。所以，不论男式服装、女式服装或儿童服装都可以使用腰带，腰带不仅具有保健功能和实用功能，而且还有装饰功能，简单的一条腰带，其作用大着呢！

70 云鬓花颜话发饰

头发是人体外貌的“门面”。一个好的发型不仅能弥补脸型、头型的某些缺陷，使人显得神采奕奕、精神抖擞、富有朝气，而且还能使容颜增色，显示出内在的艺术修养和精神状态，尤其是年轻的女性，端庄大气的发型是女性美的重要组成部分。而一个好的发型往往需要一个与之相匹配的发饰来烘托或使之成形。

发饰是装饰头发以及头部各类物件的统称，适宜的发饰可以使女性增添不少妩媚和魅力，让其成为人群中的一个亮点。因此，可以说拥有一个极致典雅的发饰是女性美化自己和跟随时尚的永恒追求。

发饰的种类很多，中国古代多用发簪，近代因生活节奏的加快，多用发带、发结、发卡、发箍、大花和发罩等，无论哪种，都是头发造型与装饰的理想装饰品。

发簪是用来安发和固冠的发饰，男女通用。簪的本名叫“笄”，起初是单一的实用性发具，后逐渐转换角色，演变为男子的发簪讲究实用，而女子的发簪完全是为修饰髻发起到美化的作用。它由簪头、簪挺两部分组成，有金、银、铜、骨、角、竹、木、象牙等质料。最早期的式样比较简单，只是在簪身上刻一些横、竖、斜纹，或将发簪头做成球形、环形、丁字形及一些不规则形状。商周时，簪头有了人形及各种鸟兽形图案且出现了各种材质。当时帝王饰玉发簪，后妃饰金发簪，臣子饰铜、骨等材质的发簪，渐成定式，并且开始将簪头加流苏的发簪称为步摇。据五代马缟所著《中华古今注》记载：“殷后服盘龙步摇，梳流苏，珠翠三服，服龙盘步摇，若侍，去流苏，以其步步而摇，故曰步摇。”可见步摇是殷代、周代王后礼服的必要配饰。秦汉时期，步摇仍是后妃的专属配饰，一般后宫妃嫔尚无资格佩戴，其制是：“黄金为凤，下有邸，前有笄，缀五彩玉以垂下，行则动摇。”长沙马王堆一号汉墓出土的帛画中曾对汉代步摇样式有所反映。画中一名老年贵妇，身穿深衣，头插树枝状饰物，这应是最早的步摇形象。甘肃武威出土的一件汉代金步摇，其形状为：披垂的花叶捧出弯曲的细枝，中间枝顶一只小鸟，嘴衔下坠的圆形金叶，其余的枝条顶端或结花朵，或结花蕾，而花瓣下边也坠有金叶。唐宋时期，发簪的制作愈发精巧，整体造型呈素雅大方又不失古朴的风格。常见的各种形状的发簪有鸟形、花形、凤形和蝶形等。以步摇为例，此时的步摇已成为贵族和士民妇女的重要发饰，一些实物现在尚能见到。如合肥南唐墓出土的金镶玉步摇，长 28cm，在金钗上端有一对展开的翅翼，翅翼中镶着精琢的玉片，玉片四周满饰镂空梅菊，由细金丝编织的、嵌着珠玉的穗状串饰分组下垂，如活物一般生动。北宋刘沉墓出土的水晶步摇，包镶水晶的银片外缘悬系一溜小坠，出土时尚存一枚菱形残件。这两枝制作独具匠心的步摇，极为华美，象征着使用者高贵的身份，即使是在今天看来也是非常时尚的。元明清时期，随着花丝、錾花、打胎、镶嵌工艺的成熟，现在故宫博物院就藏有许多运用这些工艺制作的发簪，如红宝石串米珠头花、羽毛点翠嵌珍珠岁寒三友（松、竹、梅）头花、蓝宝石蜻蜓头花、红宝石花迭绵绵头花、金累丝双龙戏珠头花、金嵌米珠双钱头花、福在眼前簪、喜鹊登梅簪、五蝠捧寿簪等。时至今日，随着人们的发式的改变，发簪在汉族中已失去了许多固有的意义，而逐渐式微，但在少数民族中仍然流行，如苗族、侗族、瑶族等许多少数民族妇女在身着盛装时，仍保留着发簪满头的习尚。

发带，顾名思义是一种装饰带。不同的发型应佩戴不同的发带，只有这样，才能获得不同形式的美，使秀发增加无穷的魅力。发带品种很多，主要有以下六种。斜条宽式发带，一般先裁带料长 58cm、宽 14cm（正裁），再裁衬布宽 7cm、长 58cm（斜裁）复在带料中间黏合后熨平。在两端顶部再装缝小平扣一粒和紧带环。一般选用红白相间的宽带布料缝制而成。年轻的姑娘们身穿红衣、白裙，再戴上斜条宽式发带，使其颜色上下呼应，显得十分俏丽大方，妩媚动人。直条宽式发带，一般选用蓝白相间宽条布料直裁。这种发带尤其适用于飘逸、潇洒的长发型。年轻漂亮的女性戴上这种色调明朗的发带，使柔软的发丝随风自由地飘拂，犹如仙女下凡，风度非凡。如果将发带束缚在发式的上部，既可使长发不至于凌乱，又可达到装饰美化的艺术效果。沿边式发带，一般选用蓝印花边，采用白色细布镶 0.3cm 边，中间加衬布缝制而成。这种发带色调明快素雅，具有强烈的民族风格，尤其适合于较长的发型，可产生浓郁的传统艺术风格。钩编插花式发带，选用白色粗绒线，使用短针钩带，密针钩边，两端窄带密钩，带的端点缝小平扣及松紧环，再在带上绣花蕊数个。年轻的女士穿着一身白色衣装，再佩戴白色的耳环和项链，在美丽的秀发上束缚一条曲直相宜的线点结合的发带，显得格外素净、高雅、贤淑，颇具人情味。这种流线型的发带和首饰相匹配，更具时代感，加上白色的衣装，真可谓“不是红装胜似红装”。配色编制发带，采用红、白、蓝三色或黑红、黑黄等色布缝成筒带编合而成。在带的尾端平缝牢固，并缝上小平扣及松紧带、环系成一条美观而别致的发带。若再配上红蓝珠饰在颈项间形成弧线，耳下变直线，再穿上红白条上衣，并在胸前打一个结，既庄重又活泼，增添了不少现代女性的韵味。蝶式发带，通常选用鲜红色缎条 6.5cm 先缝成筒带，再在带的两端装上黄色金属珠，便成为一条别具风格的发带。它适宜于束缚卷曲的蓬松短发用，可形成独特而新颖的风格，使简洁的卷曲短发更加俏丽多姿，沉稳而高雅，常为中青年女性所喜爱。发带的选用与年龄和性格有关。对于年龄小于 20 岁的女青年和少女，剪短发者可选择红色或黄色的丝绸发带，会更显得性格开朗、天真活泼、婀娜多姿、魅力无比；而大于 30 岁的中年女性，选用墨绿色或黑色的发带，会显得格外端庄文雅、气质高贵、风度不凡。

发结是青少年女性最喜欢佩戴的发饰，有花朵、蝴蝶、小草帽、小领结、环形等形状，大多采用绸缎制作而成，鲜艳而美丽的造型，会使姑娘和少妇们充满青春的活力和烂漫的迷人色彩，增加几分春意盎然的韵味和情调。

发箍对老、中、青、少女性皆宜，是不论长发还是短发都可用来束发的一种常见发饰。它不仅具有实用性，而且还有一定的装饰性，通常都采用塑料制成，也有采用有机玻璃和金属材料制成的，有的表面还有各种图案，使用比较简单，戴上后显得端庄而落落大方。

发卡、发夹也是女性常用的一种发饰，形式多样，有用金属制成的，也有用塑料制成的，佩戴后显得干净利索，尤其是少妇使用的有各种造型的发卡。夏天将头发束在脑后，露出长长的玉颈，既凉爽又能显示出一个干练的女强人的精神风貌。但在头上佩戴的位置不同，其效果也不相同，如将发卡从太阳穴向后别去，会使女性显得妩媚、艳丽，若斜着别在脑后的一侧，则会显得活泼、潇洒而俊秀。

当生活节奏快，无暇整理自己的秀发，或是病魔缠身自己梳发有困难时，戴一个发罩（网）是最理想的选择。发罩的取材来源广泛，多余的毛衣、纱巾、鲜艳的衬衣以及零碎布料均是发罩就地取材的好原料。常见的发罩有网型、帽子型和头巾型多种，都可为发型增添几分色彩。发网是用蚕丝或化纤长丝编结而成，网眼可大可小，不仅可保持发型，而且还具有一定的美饰作用。

71 美体修型的胸罩

胸罩是女性使用的内衣之一，又称乳罩、奶罩、文胸，功能是用以遮蔽及支撑乳房，是女性美体修型的重要服饰之一。

女性使用饰物遮蔽和保护乳房的历史非常久远。早在古希腊时代，女性就已使用毛织的窄带紧束前胸以美化乳房的造型。在古罗马陶瓷器皿上的图案，也可以看到围着“胸带”使乳房挺起的女性形象。在我国古代妇女则多采用布帛条子束胸或穿紧身小袄，以衬托胸部的健美。1859年，现代胸罩的雏形出现，当时一个名叫亨利的纽约布鲁克林人为其发明的“对称圆球形遮胸”申请了专利。1907年，“胸罩”一词第一次出现，那年美国版的时尚杂志《VOUGE》印有“bra”（胸罩），这个词于1911年被正式载入《牛津词典》。1913年，美国的克罗斯比夫人用两条手帕缝成背后用布带系住的第一副胸罩。1914年，美国人玛丽·菲利浦·雅各布女士申请了“无背式胸罩”发明专利。她发明的胸罩是用两块手帕和粉红色的缎带合起来制作而成。这个胸罩在问世之初，并未受到广大妇女的重视和欢迎，直到第一次世界大战开始，它才逐渐普及起来。究其原因，在当时大批成年男子被征兵开赴前线，农村女子不得不代替男子从事农业劳动，城市女子也大批进入工厂做工。此时，女性感到戴上胸罩后更便于劳动，于是胸罩便大为流行起来。后来，美国媚登峰内衣公司总裁兼总经理碧曲丽丝·柯勒曼夫人发明了用柔软的尼龙织物作原料，以富有弹性的原料作衬里，能突出其乳房部位而缝制的圆锥形胸罩，从而使胸罩在全美迅速流行。

在胸罩开始流行时曾遭到过医生的反对，他们认为给予乳房以压力，对健康不利。为此，购买玛丽专利的奥纳兄弟公司专门请专家进行研究和论证，结果表明，只要尺寸合适，佩戴科学，对身体无害。现在，全球的许多女性都充分利用胸罩来体现自然美，展示线条美，胸罩已成为每个女性的必需用品。

胸罩作为女性的必需用品，功能主要表现在以下几个方面。将胸罩戴在乳房上，有助于女性乳腺的正常发育。女性的乳头是非常娇嫩和敏感的，如果直接与内衣接触，乳房会产生刺激性和疼痛感，而且还容易造成乳头破损等问题。戴上胸罩，对乳头可产生“缓冲”作用，从而可减轻或减少乳头与衣物之间的摩擦。对乳房可起到保护作用，戴胸罩可以使乳房获得相对的固定和外在的支托，不致使其产生过分的下垂，这样可使女性在运动和劳动时不感到累赘而有舒适感。同时，还可使乳腺组织的血液和淋巴循环畅通，乳头和乳晕得到有效的保护，可防止外表的擦伤。可防止乳房疾病的发生，女性在活动时，乳房会发生上下波动，如果没有胸罩的承托就会使乳腺因受力不均匀而出现血液循环不畅等问题，以致造成乳腺血液壅滞，引发各种乳房疾病。可减少乳房震动带来的不适感，并有保护乳房不受外力伤害的作用。胸罩对乳房可起到保暖的作用，特别是在严寒的冬天可以防止因乳房受凉、冷风钻进肌肤而造成的各种不适，对于正值青春期的女孩也有促进发育的作用。胸罩还可以弥补女性形体上的缺陷，调整乳峰的高度和位置，使身体的线条优美。

女性戴胸罩的好处是显而易见的，但是，何时戴胸罩最合适，对女性来讲，并非是越早越好。根据国内外专家的研究结果显示，戴胸罩的时间并不是与年龄挂钩，而是以乳房的发育程度为标准。如果乳房发育较早，那么戴胸罩的时间就应当相应提前；反之，如果发育时间较晚，则戴胸罩的时间就应当晚一些。根据国内有关医疗机构研究结果表明，胸罩对乳房有一定的支撑作用，能缓解乳房下垂，并在一定程度上保护胸部免受撞击、挤压的伤害。但是少女到了10岁前后乳房开始发育，经过4～5年的发育，乳房会基本定型。如果在发育期间过早佩戴胸罩，易限制乳房正常发育，导致乳腺功能的退化，乳房变形，甚至影响日后的哺乳。因此，在青春发育期间尽量少戴胸罩。一般情况下，在15岁左右乳房发育定型后就可以戴胸罩了。

有些年轻女性或少女对胸罩的穿戴存在明显的误区，认为乳房过于丰满使胸部明显突出，有些不雅观，于是就用小号的胸罩将乳房紧紧地“包裹”起来，甚至将其勒平。也有的女性认为，穿戴小号的胸罩可使乳房变得更加聚拢而挺拔，从而显得挺翘性感。其实这些观点都是不正确的，因为只有丰满的乳房才能真正体现女性的特殊曲线美，而且，丰满的乳房更是女性健康的标志，是女性健美视觉反映。因乳房的丰满而感到害羞，进而用束胸的手段来“抑制”乳房的发育，这不仅会造成乳房的变形，更为严重者还会影响到乳房的健康。主要表现在以下几方面。在青春期过分压迫乳房和胸部，会对乳房的发育造成不良影响，易造成乳房扁平、乳头内陷等，从而抵制乳汁的分泌，对日后的哺乳造成严重的影响。如果在此发育期间采用束胸的手段，在一定程度上会抑制胸骨的扩张，致使肺部的发育受到阻碍，从而使肺部由于缺少足够的空间而影响到肺功能，导致身体缺氧，引发各种病症的发生。经常穿戴过紧的胸罩还会造成良性表浅血栓性静脉炎。一般会有发红、灼热、肿胀的反应，用手压迫后会有明显的疼痛感，这对生活、工作和学习会带来一定的影响。长期佩戴过紧的胸罩，会使乳头与胸罩产生摩擦，容易造成产妇的乳汁被淤积，严重者会造成乳腺发炎、发生乳腺增生疾病及乳腺癌病变，给健康带来严重的后果。在运动时为了防止乳房上下活动而束胸，往往容易出现胸闷、气急、昏厥的现象，严重时还会发生猝死等危险。过分束胸还会影响到乳房的血液循环，影响到乳房的正常发育，甚至还会造成血淤、包块、结节，进而产生癌变。由此可见，束胸尤其是过分束胸是有害的，不但不会使身体更加迷人，而且还会给身体造成各种健康的隐患，这是值得爱美女性注意的。

胸罩的种类繁多，款式和外形更是花样百出。可根据罩杯、款式和质地分为三种类型，而每类中又可分为不同小类。

按罩杯可分为1/2罩杯的胸罩、3/4罩杯的胸罩和全罩杯的胸罩。1/2罩杯的胸罩呈半圆形，能够包住一半的乳房。戴上这种胸罩后，不仅无法清晰地看出胸部的轮廓，而且还容易造成胸部下垂或者外扩，甚至还会形成副乳，会影响到乳房的美观与健康。3/4罩杯的胸罩要比1/2罩杯略大一些，能够将乳房包住一大半，且两侧具有内收的效果，可将乳房集中托高并形成乳沟，即使是乳房下垂或者乳房较小的女性也能够穿出性感丰胸的效果，且乳房不会有任何压迫、拥挤和不舒适感。全罩杯的胸罩是一种可完全将乳房包裹起来并纳入罩杯之中的胸罩，它具有较强的提升与稳定的效果，非常适合于乳房丰满、乳房下垂及乳房外扩的女性佩戴。

按款式可分为无缝胸罩、立体围胸罩、前扣胸罩和长束型胸罩。无缝胸罩，又称无痕胸罩，与传统的胸罩相比，最大的优势在于它能够消除胸罩对乳房产生的五大压力点。它具有较好的贴合性，不仅材质柔滑轻薄，而且从罩杯到胸罩带完全“一气呵成”，在减少对乳房压力的同时，更能展现现代女性玲珑有致的曲线美。立体围胸罩是指在罩杯内侧缝制一个袋子，佩戴时可在袋子中放入小水袋以及薄棉垫，其作用一是可以起到托高胸部、防止胸部外扩的作用，二是在罩杯内装入水袋，流动的水流能对乳房起到摩擦的作用，不仅可以有效地增加血液循环，而且还有促进胸部发育的作用。前扣胸罩与传统胸罩的不同之处是将胸罩的扣子从背后“请”到前胸鸡心处，使胸罩的佩戴更为方便。长束型胸罩的特点是将胸罩与紧身衣结合为一体，通常下端长度可达到腰部，可将腰、背部的赘肉全部收拢，这对纠正体型、矫正身姿具有一定的效果。但由于这种胸罩过于紧绷，容易引起胸闷、呼吸困难等不舒适感，对健康也会产生一些不利的影响。

按质地可分为纯棉布胸罩、涤纶胸罩和莱卡胸罩。纯棉布胸罩的面料纯棉布具有吸湿吸汗好、透气散热、质感舒适等许多优良性能，而且不沾皮肤，非常适合保护皮肤娇嫩的乳房和乳头，不会因为运动或劳动而对乳房产生摩擦，引起刺激而产生不适感。涤纶胸罩的面料涤纶织物虽具有易洗快干、不易变形、挺括等优点，用其制成的胸罩虽能够使乳房扁平的女性显得丰满挺拔，但涤纶面料对乳房的皮肤会产生较强的刺激性，容易导致乳腺炎和乳腺增生等乳房疾病。莱卡胸罩的面料莱卡是氨纶的商品名，是一种弹性极强的弹力纤维，即使被拉伸至原长的 4～7 倍也会立刻恢复原长，而且不会产生任何松垮感。用这种纤维加工成的面料制成胸罩，不仅具有良好的贴合性，而且佩戴它会感到很舒适。

拥有美丽的乳房是每一个爱美女性梦寐以求的，但由于受到先天因素和后天因素的影响，完美无瑕疵的乳房只存在于画家的笔下。胸罩的“诞生”令不少女性能够扬眉吐气、昂首挺胸，见到了美化自己乳房的希望。但是选择胸罩犹如试鞋一样，不同类型的乳房只能佩戴相对应的胸罩。若要在款式繁多的胸罩中找到“一拍即合”且完全适合自己的胸罩，还是应当先了解一下自己的乳房属于哪一种类型？根据乳房隆起的程度，大体可以分为扁平型乳房、半球型乳房、圆锥型乳房、下垂型乳房等几种类型。前面已经谈到，佩戴罩杯较小的胸罩，不仅会压迫乳房，而且还会抑制呼吸肌的正常运动，致使肺部无法正常换气，从而导致胸闷气短、腰酸背痛等不适。如果还带有钢圈，将钢圈长时间压迫在乳房外侧，则会影响到局部淋巴和血液循环，容易导致乳腺增生等乳房疾病。反之，如果长期佩戴型号偏大的胸罩，在运动或劳动时就会失去对乳房的支撑和保护作用，也同样会影响乳房的健康。因此，如何选择一款合适的胸罩对于女性来说是非常重要的。但是，目前市场上的胸罩品种款式如此繁多，要想弄清楚哪一种胸罩完全适合自己佩戴，并非易事，标准只有一个，就是根据自己的乳房类型进行挑选，才会顺利地找到舒适而又具有保护作用的胸罩。

对于扁平型乳房的女性，为了使扁平的乳房能够挺翘耸立起来，可通过合理地选择胸罩来“补救”。应该选择带有棉垫内衬的1/2罩杯或3/4罩杯的胸罩，这两种胸罩能够将外扩的乳房“收”回原位，使乳房挺拔但不拘束。如果选择带有钢圈的胸罩，最好在钢圈的部分放入一个棉垫内衬，不仅可以起到内收的作用，而且还可防止钢圈对乳房产生不良的刺激作用。

对于半球型乳房的女性，在选择罩杯时应注意，1/2 罩杯的胸罩是无法承受乳房“之重”的，不能起到承托的效果，而 3/4 罩杯或全罩杯则能够胜任阻止乳房“出轨”的任务，并可避免出现乳房上溢及乳房松弛等问题。侧部带有拉架等设计的胸罩则可以将乳房更好地固定，使其坚实、挺拔。如果再加上钢圈设计，则更加可以将乳房有效地托起，曲线美更为突出，看上去精神抖擞、婀娜多姿、美丽动人。对于乳房丰满但有外扩的女性来说，最好选择包容性较强的前扣式罩杯；如果乳房属于丰满高耸型的女性，则宜选择无钢圈且弹性较好的罩杯。

对于圆锥型乳房的女性，选择佩戴 3/4 罩杯的胸罩能够将圆锥型乳房向内收起，并向上托起，可形成迷人的乳沟。不要认为乳房小就只能穿戴型号较小的胸罩，而大一号的胸罩可以给乳房留有“活动”的空间，使乳房能够按照胸罩的罩杯朝合适的空间发展。一般而言，娇小的圆锥型乳房适宜选择功能性胸罩，例如，选用带有按摩胸垫的胸罩、长束型胸罩等健胸型款式能够对乳房起到按摩的作用，可以促进乳房的血液循环，并可起到促进乳房发育的作用。

对于下垂型乳房的女性，应选戴比自己平时穿的胸罩大一号。如果穿带有钢圈或者两侧有松紧带等加强功能的胸罩可以将乳房从下向上托起，将乳房提升到标准高度。佩戴 1/2 罩杯或 3/4 罩杯的胸罩，可使下垂的乳房向上托起，全罩杯的胸罩包容性更大，能够将乳房托起并牢牢地“锁定”在胸罩内。如果是无钢圈设计的胸罩，最好选择下部有半月形棉垫设计的胸罩，也可以选择有胸裆线设计的胸罩，这两种胸罩均能起到与钢圈相同的作用，更有力地支撑起下垂的乳房。

除根据自己的乳房类型选择合适的罩杯外，还要根据自己的肩型选择合适的肩带。肩带与罩杯一样，二者都是胸罩设计中非常重要的一部分，在选购胸罩时应特别注意。可是有些年轻的女性通常只注意到如何避免肩带外露引起的尴尬，却没有真正意识到肩带对保护身体健康所起的作用，合格的胸罩肩带不仅可提升美丽，而且对提拉乳房也起着重要的作用。医学研究表明，胸罩的肩带过紧、过细，通常会影响到肩颈部的健康。肩膀以及颈椎肌肉与肩带长时间地频繁接触摩擦，会发生老化，最终导致颈椎劳损、骨质增生、上肢酸痛、颈椎麻木等。过紧的肩带还会压迫颈部血管、神经，容易造成胸闷、头晕、乏力、恶心，严重时还会出现昏厥等现象。而且肩带过紧还容易造成血液循环不畅，致使输送到大脑以及眼部的营养物质减少，容易造成眼睛疲倦，引发各种眼部疾病。因此，为了有效地保护乳房，避免乳房下垂、上下波动，又不影响肩颈部的健康，肩带不仅要有一定的厚度、宽度和紧密度，而且也不能勒得过紧。通常肩带要根据肩型来选择，肩型主要可分为薄肩、厚肩、斜肩和平肩四种类型。

对于薄肩这种肩型的女性而言，在选择肩带时，宽度应略窄一些，应小于1.5cm，但不宜过分狭窄，否则会影响到颈椎的健康。肩带的设计应当在肩膀中间略靠外侧的位置，这样可增强胸罩提升乳房的稳定性。肩带的下放不宜太多，应尽量贴近乳房的上方。

厚肩这种肩型并不是身材较丰满者才具有，一些骨架较大的女性的肩膀也会较其他人更厚一些。对于肩膀较厚且乳房丰满的女性来说，肩带宜选择较宽一些为好，宽度在1.5cm左右较为适宜，这样可让肩膀彻底享受到放松和舒适的感觉。而且肩带的质地应当坚实、富于弹性，这样可不受厚肩膀的影响将乳房托起。肩带的设计应在肩膀中间靠内一些的位置，以防滑落。

对于斜肩这种肩型的女性，最好选择稍宽一些的肩带，以避免在佩戴过程中肩带滑落。肩带的设计宜在肩膀正中的位置，偏外侧或者偏内侧均会影响到肩膀的舒适感。佩戴上胸罩后，肩带应当位于前后锁骨交叉的位置。

平肩，俗称一字肩，肩膀较平。对于肩膀较宽的平肩这种肩型的女性而言，在选择肩带时，不必担心肩带的下落问题，只要将肩带在肩膀上稍加调整即可。

女性怀孕以及分娩后，荷尔蒙的分泌通常会发生很大的变化，其中最为显著的便是胸部与腹部的“突起”，尤其是乳房更为敏感，不仅会急剧变大，而且乳头也变得非常敏感，所以胸罩的选择对孕妇和哺乳期女性来讲，显得十分重要。可是有不少孕妇和产妇为了乳房的舒适或是为了哺乳的方便，不再穿戴胸罩，这种图舒适、图省事的做法不可取，这样做会导致乳房下垂等各种问题。只要选择合适，既不会影响到产妇的喂奶，又能起到保护乳头的作用。那么，如何挑选合适的胸罩呢？可从以下五个方面来选择。

一是考虑到女性怀孕以及分娩后，乳房的大小和形状通常都会发生改变，因此，在胸罩面料的选择上应当以舒适、宽松为主，莱卡（氨纶）和纯棉细纺质地的胸罩具有较好的弹性、透气、吸汗功能，既可防止因出汗而导致皮肤湿疹问题，又可在乳房变大、发胀时也不会出现紧绷、勒感，给予乳房一个透气、舒适和弹性空间。

二是选择适宜的胸罩款式。在一般情况下，女性从怀孕期到哺乳期的乳房都会逐渐变大，尤其是乳房下半部分的脂肪逐渐增多，应选择全罩杯且带完全能包住乳房的金属钢圈胸罩，可防止乳房下垂。此外，前开扣式的胸罩便于产妇哺乳，可以避免频繁解胸罩造成的肩颈酸痛。罩杯下方的底边应比普通胸罩稍宽一些，可缓解因乳房过于丰满而造成的肩部酸痛。

三是胸罩尺寸大小的选择。绝大部分女性在怀孕前与怀孕后、生产后的乳房相差较大，平均大 1～2 个罩杯，胸部的下围也会增加 5cm 左右，所以在选用胸罩时宜选择加大尺寸的怀孕期、哺乳期专用胸罩。虽然少数女性在怀孕期、哺乳期的乳房变化不大，但胸围会有所增加，此时最好选择搭扣扣眼多一些的胸罩，以便能随时调节尺寸。但是，胸罩也并非越大越好。因为如果胸罩过于宽大，不能给乳房有力的支撑，结果会造成乳房下垂，从而影响到乳房的健康。

四是挑选罩杯内胸垫可旋转的胸罩。女性在怀孕和产后初期，由于乳头异常敏感，在与衣物摩擦后会分泌乳汁，会使乳头经常处于潮湿的状态下，很容易造成乳头滋生细菌，引起湿疹、皲裂、疼痛等不适，所以一定要选择可放置胸垫的胸罩。这是因为胸垫能够吸收分泌出的乳汁，使乳房保持干爽清洁。

五是应挑选环保型的胸罩。除了胸罩的面料要环保以外，使用的染料也要环保，最好选择由本色或浅色的面料缝制的胸罩。

目前市场上销售的胸罩规格比较复杂，而且品种、花样繁多（如背带式、无带式、离肩式、露背式等），因此，在购买时需要进行科学合理的挑选。

也就是说，在选购胸罩前应当先测量两个尺寸，一个是下胸围尺寸，另一个是上胸围尺寸。下胸围又称最小胸围，在测量时应紧贴着乳根下缘绕胸一圈；上胸围又称最大胸围，测量时紧贴两乳头绕胸一圈。用上胸围的尺寸减去下胸围的尺寸，然后再根据二者的差值（胸围差）就可以确定罩杯级数，见下表。

胸罩罩杯级数的确定

序号	胸围差值/cm	宜选择的罩杯级数
1	胸围差值<9	A 杯
2	9<胸围差值<12.5	B 杯
3	12.5<胸围差值<17	C 杯
4	17<胸围差值<20	D 杯
5	20<胸围差值<23	E 杯
6	23<胸围差值<26	F 杯
7	26<胸围差值	G 杯

例如，某女士的下围尺寸为80cm，如果乳房丰满，应当选择80D或者80E的胸罩型号；反之，如果乳房比较小，则应当选择80A或者80B的胸罩型号。

不同的工厂生产的胸罩虽然型号相同，但是实际的大小却存在一定的偏差，即使依照标明的罩杯级数也无法购买到合适的胸罩。在此情况下，应当试穿戴一下，才知道胸罩是否合适。试穿时应注意以下几点：胸罩应固定在胸部下围的乳根处，并将手举起放在头顶，如果胸罩没有上移，则说明胸罩的大小合适；将两只手指从背后的胸带内插入，如果胸罩的肩带没有向上抬起，依然贴在肩膀上，说明胸罩合适；合适的胸罩会使乳头位于罩杯的顶点，且无挤压感；将肩带取下后，胸罩的罩杯没有发生移动，表明胸罩与乳房贴合很好；如果乳房从胸罩的侧面或者上面露出来，说明胸罩太小，应当调换一个稍大号的；相反，如果胸罩内剩余的空间较多，罩杯有打褶或者起皱的问题，说明胸罩太大，应当调换一个稍小号的；如果试穿带有钢圈的胸罩，以钢圈压到的位置皮肤没有疼痛及没有明显压痕为宜；肩带的长度应当合适，不宜过长或过短，通常肩带的位置应在肩窝处，运动时肩膀不会有拉扯及压迫感，双臂来回挥动时乳房没有压迫感。

胸罩选对了，还要有正确的佩戴方法，否则，即使功能再好的胸罩也无法起到保护乳房的作用，甚至给健康带来一定的危害。下面简要地介绍四种正确佩戴方法。

第一种是后扣式胸罩的戴法。第一步，先将上身稍稍向前倾，双臂穿过胸罩的肩带，然后用双手托住胸罩的底部，从腹部缓慢地移至乳房的根部，将乳房完全置入罩杯内；第二步，双手沿着胸罩的底部边向两侧滑至背后将搭扣扣好，然后将上身向前倾至约45°，左手托住左侧乳房下缘，再用右手将右乳房及其周围的肌肉推进罩杯内，随后换成另一侧重复相同动作，最后调整肩带的长度和松紧度，使胸罩的搭扣位于肩胛骨的下方，此时胸罩的底端就可紧贴乳根部位。

第二种是前扣式胸罩的戴法。第一步，先将上身略微向前倾，将胸罩虚戴在身上；第二步，用双手握住胸罩的底边，按照从下至上、从外至内的方向将乳房完全置于罩杯之中，并扣好前扣；第三步，用左手托住左侧乳房的下缘，再用右手调整乳房及周围的肌肉，并使乳头位于罩杯的顶点，换成另一侧重复做相同的动作；第四步，扣好纽扣后，将左右肩带轻轻向上拉，调整至最舒适的位置，最后检查胸罩下围是否平整伏贴，前后高度是否一致。

第三种是无肩带式胸罩的戴法。第一步，将身体略向前倾，用胸罩的罩杯将乳房置入后扣上搭扣；第二步，继续将身体向前倾至45°，用一只手托住乳房的下缘，另一只手将多余的肌肉聚拢至罩杯内，然后站立身体稍微活动一下，以确保胸罩罩位乳房不会移动。

第四种是隐形胸罩的戴法。第一步，将一个罩杯向外翻，并将罩杯向下紧贴于乳根处，用手指尖轻轻地将罩杯翻起的边缘抹平，使其完全贴附于乳房，再换另一侧乳房重复相同手法，并确定两边高度一致；第二步，将右手虎口张开，四指并拢，食指按压住左侧隐形胸罩的左斜下缘，拇指按在同侧的右斜上方；左手采用同样的手势，四指并拢按压于胸罩的鸡心位置，拇指按压于左斜上方，按压数秒钟后，换成另一侧重复相同的动作。

在此，必须特别提请广大女性注意的是在佩戴胸罩时不要人为地制造出乳沟的效果，这样做虽然会使胸部显现出性感迷人的乳沟，但对乳房的健康将会带来不利的影响。因此要将罩杯置于两侧彼此远离的位置。

对胸罩进行科学的维护保养，不仅可以保持其清洁卫生，有利于乳房的健康，而且还可延长胸罩的使用寿命。

首先，要选择正确的洗涤方法。胸罩直接与皮肤接触，必须勤换洗，才有利于乳房的健康。一般来说，夏季出汗多，最好是每天换洗一次，即使是冬季出汗少，但由于气候干燥，皮屑较多，也应当每隔 2～3 天换洗一次。洗涤时，水温应控制在 30℃左右，这种温度的水不仅能使洗涤剂完全溶解，而且还能起到杀菌的作用。洗涤剂宜使用中国肥皂液、中国香皂等中性洗涤剂，但不可为了追求增白而使用漂白剂或者带有漂白成分的洗衣粉，如将含有漂白成分的洗涤剂残留在胸罩上，会对乳房造成危害。由于胸罩的特殊结构，不宜采用机洗，否则很容易发生变形，尤其是带有钢圈的胸罩在洗衣机清洗过程中更容易戳破罩杯，所以应当选择手洗的洗涤方式。如果胸罩上有污渍，可根据污渍的不同类型采用不同的去污方法。例如，唇膏或者粉底留下的污渍可先用乙醇擦掉后，再将中性洗涤剂溶于温水后清洗；汗渍在用淘米水浸泡后，即可清洗干净；水果汁可用牙刷沾上面粉，然后轻轻刷洗污渍处，便可清洗干净。洗涤时，为了防止胸罩变形，最好用手轻轻揉搓，尤其是钢圈、肩带等最容易变形的部位，宜用小刷子轻轻刷洗。如果胸罩表面污渍较多，不要用刷子刷洗，而应该用手轻轻揉搓，挤出污水，直至污渍去除为止。洗涤后一定要用清水投洗干净，以免残留有洗涤剂，对皮肤产生刺激，还会影响到肝脏功能。

其次，要注意晾晒方法。在将胸罩彻底漂洗干净后，千万不要用手拧扭净胸罩中的水分，而是应当用手轻轻地挤压，将大部分水挤出后，再用柔软干燥的毛巾包好，将水分充分吸干后再晾晒。千万注意不要将胸罩对折拧干，以免罩杯变形。在晾晒前，应将胸罩的肩带、罩杯内的海绵与衬布等部位小心地整理好，使其平顺整齐，然后再置于阴凉通风处晾晒。晾晒有两种方法：一种是将罩杯向上凸起，放在平台上晒干；另一种是将胸罩倒夹于衣架上或者将胸罩对折，使两个罩杯向外凸出再悬挂让其自然晾干。为了保持肩带原有的弹性，不宜用夹子夹住肩带悬挂晾晒。

再有，要妥善保养与护理。胸罩晾干后，不要使用密封袋存放，以免长期封闭引起发霉，也不要与樟脑丸等防虫药剂放在一起，以免使肩带以及胸罩面料的弹性受到影响，变得松垮无形。为了防止发黄变色，保存前在柜子的抽屉里垫一张白纸；叠放时，如果抽屉容量较大，可将胸罩平放于抽屉内，如果抽屉容量较小，可将胸罩对折，使罩杯向一个方向凸起，然后再将肩带和搭扣放入内衬中，平放于抽屉内；除了叠放外，也可用一些小夹子将胸罩倒夹后挂在衣柜内；胸罩的正常使用寿命是6～8个月，如果保养得当可延长至12个月。为了延长使用寿命，除了在清洗、晾晒、保存时多加注意外，在穿用时，不要连续数天穿戴同一件胸罩，应该是几件轮换穿用，给予它一个“休息”时间，才不会因为过度使用而使胸罩的面料失去弹性，因此，最好多选购几件舒适的胸罩，交替穿戴，让其得到充分的“休息”，使用寿命自然会延长。

时下很多女性认为，佩戴胸罩可使胸部变得更加坚挺和健康，或展现女性的曲线美。但也有人提出疑义，认为不戴胸罩，乳房更挺拔。据法国《巴黎人报》报道，贝桑松教学医院胡雍教授及其科研团队历时15年，对130位女性进行了跟踪研究。他们发现，整天穿戴胸罩非常不科学，从医学、生理学、解剖学的角度看，乳房不会因为胸罩的束缚而受到保护，相反，乳房的软组织可能因此会出现萎缩。此前还有研究发现，胸罩内用于承托重量的钢圈，在不正确的姿势下，可能会压迫到胸部的淋巴，从而增加了女生患乳腺癌的概率。为此，胡雍教授指出，不少女性从乳房开始发育就会穿戴胸罩，这就会使得乳房在有外力承托的情况下，难以得到锻炼，因而更容易松弛。他的研究团队还集中观察了50名18～35岁的女性，结果发现没有佩戴过胸罩，她们的乳房更加坚挺，而且乳头一年会平均增大0.7cm。上述结论虽然是该团队针对志愿者所做的初步研究，不能代表全世界女性的情况，但越来越多的女性正在逐渐认识到不戴胸罩的好处。而且欧美国家一些女性保健机构还给出了不戴胸罩的三大理由：舒适，降低患病风险，自然展示女性美。同时，他们还号召女性在睡觉时将胸罩脱下，让乳房的血液循环保持畅通。并建议在休闲时，只要舒适，就可以不戴胸罩，给乳房放假“休息”一天。

因此，为胸部“松绑”正逐渐成为当代女性的新潮流和趋势。

胸罩是继续服务于女性，还是“退休”，目前还没有最后的定论，就让时间去考验吧！

72　手帕趣史

手帕，又称手绢、手巾，为纺织品中的一种小物件，是人们随身携带，用于擦手、脸的以纯棉单纱织制成的方形细薄织物。它既有实用价值，在不同时期、不同国家和地区又有特殊作用和情趣。

在人类历史发展的长河中，手帕一直以来就是人们生活中不可缺少的用品，陪伴着人们走过了一个又一个春夏秋冬。它的出现可追溯到原始社会时期，那时的手帕是缚在小木棍上的一段豺尾，它具有扇子（扇凉风和驱蚊虫）与手帕的双重功能。而在古埃及的尼罗河流域的手帕则是用蒲草编织而成的，当挥汗不止时，可用它拂拭，在炎炎的烈日下，也能遮在头上以蔽骄阳。已知最早提及手帕的是公元前 3 世纪的文献，那时只有古希腊和古罗马贵族使用它。他们在频繁且奢靡的宴席间，需要不时地擦汗，因此“发明”了用于擦汗的手帕，称为汗巾。早在那个时代，携带汗巾的人在当众擦汗的同时抹鼻涕就已被视为极其不文明的举动。此后，手帕有了发展，一般都是采用亚麻布制作，人们常将其塞在腰带内作装饰品，也有时将手帕握在手中，在外出散步时以显示悠然自得的风度，或在欣赏音乐时随着乐曲而挥动手帕翩翩起舞。在 13—14 世纪期间，欧洲富裕阶层的人们几乎必备 1～2 块手帕。据报道，法国国王腓力四世（1285—1314 年）在位期间，巴黎的手帕销售得如同烤饼一样快。人们通常备有两条手帕：一条象征时尚（女子将手帕拿在手中，男子则把它装在专门的衣兜里）；另一条为了实用。手帕大小不一，有薄有厚，有的手帕是椭圆形的，有的手帕有花边或扣状装饰物，并常常带有香味。到了 17 世纪，手帕已做得异常精致，并开始登上大雅之堂而进入皇宫，特别是在法国甚为流行，一些宫廷显贵、名门望族乃至闺阁名媛也纷纷用手帕来装饰自己，而他们所使用的手帕大多是用金箔薄片镶边，以珍贵珠宝点缀其间，显得十分华丽而珍贵。18 世纪时，妇女涂脂抹粉已成为习俗，随之手帕出现了缤纷的色彩，至法国国王路易十六（1754—1793 年）登基时，手帕的形状呈现五花八门，多种式样，有长方形、方形、三角形、多边形、椭圆形等，王后玛丽娅不仅是一位酷爱收藏手帕者，而且也是一位折叠手帕的爱好者和能手。据说，她在使用和折玩手帕中，发现正方形手帕使用最方便和变化最多端，在她的不断请求下，国王于 1785 年 6 月 2 日颁布敕令：“在朕整个王国领土内，手帕应是每一边的长度相等。”从此，以法律的形式规定手帕是正方形的。由于当时的法国已成为领导服饰新潮流的中心，法国对于手帕形状的规定很快传遍了整个欧洲，从而奠定了今天手帕的范型。在此必须指出，此敕令的主要内容是规定手帕为正方形，但“每一边的长度相等”并非就是正方形，棱形的每一边也是相等的，可能国王对几何图形缺乏足够的认识。18 世纪末，拿破仑靠军功崛起，他非常重视手帕及其使用，视其为影响军队战斗力的重大问题。因此，他不允许士兵的手帕一帕多用。规定当发现供给士兵作战时揩汗用的手帕被用来擦嘴和血污，甚至当便纸使用时，军官应将这批手帕全部收回销毁，再重新发放一批，并明令谁的手帕成了战场上传播病菌的“媒介”，谁将受到军纪惩罚，从此他的士兵都养成了用手帕讲卫生的习惯。所以不能说当时拿破仑军队强大的战斗力与手帕没有一点关系。这之后，随着时代的进步和人们讲卫生的习惯逐渐养成，手帕逐渐发展成为擦汗之物。

我国使用手帕的历史也很悠久。在周王朝（公元前 1000 年左右）的雕像中，有手拿带有花边装饰布的人像。但在先秦时代的典籍中，还找不到关于手帕的记载，那时的手帕很可能就是文献中大量出现的“巾”。汉代时，手帕从“巾”里独立出来，称为手巾。著名的汉乐府民歌《孔雀东南飞》中有“阿女默无声，手巾掩口啼，泪落便如泻”的词句，显然词句中的手巾就是指手帕了。1959 年在新疆发掘的东汉古墓中发现了平纹蓝白印花手帕残片。南朝刘义庆所著《世说新语》是一本主要讲晋代士大夫言谈和轶事的书，其中就有“谢（谢尚）注神倾意，不觉流汗交面。殷（殷浩）徐语左右，取手巾与谢郎拭面”的记载。这些都是当时广为使用手帕的最好证明。唐代时手帕的名称正式出现在文献中。初唐著名宫廷词人王建在《宫词》中写道：“绷得红罗手帕子，中心细画一双蝉。”宋代以后，手帕有时又称鲛绡，特别是在文学作品中这种称谓经常出现。如宋代陆游《钗头凤》中有：“春如旧，人空瘦，泪痕红浥鲛绡透。”明代梁少白《月云高·纪情》套曲中有：“黄花羞对，也只为君，金樽慵倒，也只为君，泪珠暗把鲛绡揾。”清代孔尚任《桃花扇·寄扇》中有：“恨在心苗，愁在眉梢，洗了胭脂，涴了鲛绡。”鲛绡最初是指传说中南海鲛人所织的绡，后泛指精致奇美的轻薄丝织物。用鲛绡制成的手帕非常考究，有“掌上珍”的美誉。明代瞿佑有一首《鲛绡帕》中有：“茧结扶桑出海滨，远随机杼倩鲛人。不裁洛浦凌波袜，能代湘川拭泪巾。紫麝熏香收汗润，彩毫传恨寄情真。吴绫轻薄番罗俗，出袖宜同掌上珍。”道出了其不同于其他织物手帕的特点和情怀。在古代，手帕的实用性不仅表现为用来擦泪和擦汗，而且还可作为信物使用，使其具有了浓郁的情趣。明朝中叶以后，一些女子常把结成至交的女友称为手帕姐妹。清代传奇剧本《桃花扇》第五场《访翠》中便有“相公不知，这院中名妓，结为手帕姐妹，就像香火兄弟一样”的场景。四大名著之一的《红楼梦》里以手帕传情的描述就更多了，如第二十八回的题目即是《蒋玉菡情赠茜香罗》，所讲之事是：蒋玉菡给了宝玉一条红汗巾子，因为这事和金钏儿的事，宝玉受到贾政的痛打。以上这些史料反映了手帕在我国的使用历史。

手帕的使用情趣不仅在中国古代有，在不同时期、不同国家和地区也同样存在。例如，在希腊，人们外出散步时，总是喜欢在白色的衬衫中夹一条手帕，表示主人有风度、有气派。在雅典，当人们翩翩起舞时，总忘不了挥动手中的手帕。瑞典人也有此风俗，如外出散步时手持手帕，表示悠闲快乐，当听到优美动听的乐曲时就挥动手帕起舞，以示高雅而有风度。在美国，无花的白色或浅色手帕最为流行，青年男女都喜欢将其作为爱情礼物互相赠送。在英国，手帕除了一般用途外，还经常把制作考究的麻织物手帕放在西装左上方口袋里，让其略露出一个小角来，当作一种流行的贴身装饰来彰显自己的身份和气质。在日本，手帕是人们日常生活中的必备用品，用于擦汗、擦眼睛、擦嘴、擦手或在用餐时铺在膝盖上阻挡油点和菜汤以免沾污裤子，有些地方还在手帕上印有外语单词，以此代替外语单词卡片，使学习外语方便快捷，据说这种手帕非常畅销，深受青年学生和外语学习者的青睐。另外日本有一部片名为《幸福的黄手帕》的电影，内容大意是：一个性格倔强的煤矿工人，由于失手将一名寻衅滋事的流氓打死而被判刑。他在监狱的日子里，非常怀念自己的妻子，但又害怕耽误妻子的生活和前途，便主动提出了离婚，并真心实意劝妻子改嫁。他刑满释放前，给妻子写了一封信，说如果她还没有改嫁，还在等待着他，就在家门前的旗杆上挂上一块黄手帕。如果他回家时没有看到黄手帕，就将会远走他乡。当他怀着忐忑不安的心情回到家乡，远望家门，非常高兴地看到家门口的旗杆上挂满了黄手帕，深深相爱的夫妻二人终于团圆。在西班牙，有一份名叫《手帕周报》的报纸，生产厂家为了大量推销手帕，别出心裁地把每周的重要新闻印在手帕上，人们买了手帕后可以阅读新闻，读完新闻后即可洗掉手帕上的字，使《手帕周报》还原成实用的手帕，毫不影响手帕的正常使用。在我国，有厂商在手帕上印有不易洗掉的各种图案，例如卡通、地图或年历，受到人们的喜爱。

当今的手帕是一种色织薄型织物，分为织造手帕和印花手帕两大类，还有用手工绘画、刺绣、抽纱等制成的工艺美术手帕。一般选用 6～18tex（32～100 英支）全棉纱为原料，其中以 10～14tex（42～60 英支）使用最多。高档产品选用长绒棉精梳纱，少数品种采用蚕丝、麻纱、棉麻混纺纱或涤棉包芯纱等为原料，采用平纹、斜纹、缎纹、提花、剪花、纱罗等多种组织织造，织物经纬密度一般为 275.5～314.5 根/10cm（70～80 根/in），少量高档产品在 354 根/10cm（90 根/in）以上。织物经烧毛、退浆、漂白、丝光、上浆、增白整理成光坯，然后经开料缝制而成手帕，也有采用毛巾组织织制的毛巾手帕。按手帕的使用对象，可分为男式、女式和童式。一般规格尺寸，男式为 36～48cm，女式为 25～35cm，童式为

18～25cm。边形有狭缝边、阔缝边、锁边、月牙边（水波边）、手绕边等多种。狭缝边用于普通手帕，月牙边多用于女式手帕，锁边、阔缝边常用于高档男式手帕，手绕边多用于绣花手帕。手帕的一般特点是布面平整细洁，手感滑爽，细软吸湿，外观优美等。

手帕虽小，但花色品种繁多，如织条、缎条、提花、织花、剪花、纱罗、双层、绣花、抽绣、印花、手绘等品种。

织条手帕一般以棉纱为原料，用平纹组织织制，按设计要求将纱染成各种颜色，配置在经纬向不同部位，形成有条格、经纬对称、经纬各异的彩条方格和不同色泽交织形成中心底色的织条手帕。它具有色彩层次清晰、主色条格鲜明、质地稀薄、布面平整光洁的特点。

缎条手帕常用 14tex（42 英支）普梳纱或 10tex（60 英支）精梳纱，以平纹组织为基础织制而成，在四周配以不同的色泽和根数的缎纹条，缎条丰满而富有光泽，突出于手帕的四边，使织物更显柔软滑爽、细致高雅而具有一定的特色。也有在缎条手帕上再加印花，甚至将花型图案印制在缎条上，成为高档缎条印花手帕。

提花手帕是在缎条手帕的基础上，在四边或经向两侧配以丰富的色彩和各种花型的提花组织，也有以平纹地全幅提花再在四周配以缎边的。提花图案常用十二生肖配套的动物图案、卡通、名胜古迹、花卉和体育项目等，这样可使手帕达到高雅精致、艳丽夺目的艺术效果。

织花手帕是在色织平纹组织的基础上，按设计要求，在手帕的中部和四周选用不同的色纱或金银丝，用加装织带机构的提花机织造而成。将引纬的小梭子连接在升降梭箱上作短距离的往复运动进行起花，织制出纬组织的浮点花纹，而未织入花纹的多余纬纱则浮在织物的背面，织后将其剪除，故又称挖花织物或浮纹织物。其特点是花纹坚牢，立体感强，别具特色，富有强烈的艺术效果。

剪花手帕是在质地稀薄的漂白或深浅色底布上，采用色彩鲜艳的剪花色纱，用大提花或小提花组织织制成类似于仿绣花的花纹。剪花可分为三种：一种是经纬向剪花，用经纬纱交织而形成一个特定的花型；另一种是经向剪花，是在纵向的经纱上形成剪花组织；再一种是纬向剪花，是在横向的纬纱上形成剪花组织。剪花的花纹都浮在正面的织纹中，每一段花纹间均隔有平纹组织，而剪花色纱则沉在织物的反面，并连接到下一个剪花单元，坯布下机后再将下沉的多余色纱用手工修剪除去。这种手帕的特点是花型鲜艳，立体感强，反面花纹的边缘还带有绒毛，别具特色。

纱罗手帕是采用高支纱以纱罗或透明组织织制的具有透空清晰的小提花或大提花花纹的高档手帕。在经纬密度较稀的平纹织物表面形成微小、清晰、匀布的纱孔。纱孔由绞经和地经相互扭转而成，一般在距边 12.5～25mm（1/2～1in）处配以条格状或间歇条块状的几何纱孔花纹，其地组织为平纹，如在条格状或间歇条块状的几何纱孔旁再配上缎条或提花，则可制成纱罗缎条手帕或纱罗提花手帕。纱罗手帕的主要特点是多孔、轻薄、透气，具有赏心悦目、华贵典雅、舒适大方的视觉效应。

双层手帕是在平纹底布上加强经纬向缎条组织由表经、里经和表纬、里纬两组各自独立的纱线织成的双层组织而制成。表层和里层可以由分散的小结点连接而成，也可完全分成两层，仅由边部连接而成，还可在连接结点的双层坯布上印制各种花卉图案，制成双层印花手帕。双层手帕的主要特点是织物的经纬密度稀松，手感柔软，吸湿性好，是别具一格的特殊产品。

绣花手帕是以全棉、苎麻、丝绸为原料织制的一种富有装饰性的手帕。有手绣、机绣和电脑绣产品，也有用缝纫机绣和手绣结合或印花与绣花结合的产品。可分为男式手帕、女式手帕和童式手帕三大类。手绣是用全棉丝光线作为主要刺绣线料，采用苏绣、湘绣等精湛的手工刺绣技术，并配以抽绣、嵌线绣和镂空绣等多种工艺形式，直接在高档织造手帕或高支大提花手帕上绣上精致细巧、高贵雅致、美观大方的各种花卉、鱼虫、飞禽走兽等高雅图案，具有形态逼真、色彩层次丰富、立体感强的特点。机绣或电脑绣是用机械绣出花纹图案。机绣是先在手帕坯布上刷样定位，再进行刺绣，在加工多色绣花时需要人工换色。电脑绣需将花型经纸带后输入电脑，可控制 12 只机头同步动作进行刺绣，有五色、七色、九色，可自动换色，自动刺绣行针、密针、插针、满针、镂空针等各种针法的组织花型，其效果可与手绣相媲美。绣花手帕是一种高档而富有装饰性的工艺美术产品，若配以雅致漂亮的包装盒子，可作为馈赠亲友的高档礼品。

抽绣手帕是指在手帕织物上根据花型抽去若干根纱，然后再在抽去纱的位置上穿插一种不同纱线，加以穿、结、轧、补的工艺，如抽五加三、抽三加二、抽后加网等，从而形成梯形、塔形、井形、网形、十字形等花型的手帕。抽绣是抽与绣相结合的加工方法，由此制成的抽绣手帕是绣花手帕中最高档的一种，常用于女式手帕。一般来说，抽绣所占手帕面积不大，纯属于点缀性的装饰，多用于手帕的边框。抽绣所用的线以丝光线为主，也有部分用纱，大多为素色，也有采用同色。手帕的原料以苎麻为主，也有少量采用全棉。在抽绣苎麻手帕中，中档的称为竹丝，高档的称为法丝。前者多为男式手帕，以花和图案为主，并配以花边；后者则全部采用轧枝绣（嵌线绣），再配以抽绣边形，其工艺复杂，费工较多。全棉抽绣手帕则工艺较为简单，仅在手帕边缘及一角配以抽绣花型。抽绣手帕的特点是图案简洁、朴素，而又不失高雅之感，极富装饰性。

印花手帕是手帕中的一个大类，凡是采用印花的方法，在手帕坯布上印制一定的花型，开料缝制而成的手帕，统称为印花手帕。印花用的坯布有全棉、涤棉和棉麻等，采用平纹、斜纹、纱罗、小提花、缎条等组织织造，缝边一般以狭缝边、月牙边为主，也有少量高档印花手帕采用锁边、手绕边等。印花手帕品种繁多，有活性染料印花手帕、涂料印花手帕、石印手帕、拔染印花手帕、烂花印花手帕等。

手绘手帕是一种用颜料直接在手帕上由人工绘成各种图案的手帕。手帕所使用的坯布一般为全棉细号（细支）细布和各种丝绸类织物。在手绘前，一般需将坯布上一层清浆，以防颜料的渗化，稍凉后再用熨斗熨平，即可作画。大多为中国的水墨画，布局一般采用对角花、中心花、边花等数种。但应注意构图要主次分清，重点刻画主体景物，还要注意画面的均衡，花枝的穿插要生动而自然，富有动感。同时，还要注意与手帕四边的花纹相协调，这样才能将画面惟妙惟肖地表现出来。手绘手帕不仅具有卫生用品的功能，而且更具有艺术品的欣赏价值，是人们十分喜爱的高档手帕之一。

毛巾手帕是指用漂白纱或染色纯棉纱织制成表面有毛圈的手帕。按毛圈分布可分为单面毛圈和双面毛圈两种。在手帕四周边缘织有平纹组织为条框，经缝边加工成手帕。也可在距边 25mm（1in）左右处配置经纬向缎条，制成缎条毛巾手帕。毛巾手帕的主要特点是起毛圈的经纱捻度较少，手感柔软疏松，吸湿性较高，是擦汗、擦手的理想卫生用品。

手帕既然是文明和卫生用品，因此如何使用手帕非常重要。每人最好身带两条手帕，一条作为擦眼睛、擦嘴和擦手使用，另一条专用于擤鼻涕或吐痰时使用，二者各司其职，不可混用。手帕必须保持干净，一定要注意每天洗换。在洗涤手帕时应选用开水洗烫（涤棉或丝绸手帕切忌用开水，以免变形），然后用肥皂搓洗干净，再用清水漂洗干净，晾干，以达到去污灭菌的目的。干净的手帕切忌和钱物放在一起，尤其是不能用手帕代替包布来包裹钱币，否则极易将细菌经口、鼻传入体内。在用手帕擦眼睛、擦嘴和擦手时，应将折好的手帕打开使用里面的一层，以免将与衣服口袋接触的外层脏物带入人体。人的手整天接触各种杂物，是人体最脏的部位之一，因此，在使用手帕擦手时，应将手洗干净后再擦，用手帕直接擦脏手是不卫生的，容易传播病菌。还有，切忌使用别人的手帕，特别是不要使用大人的手帕去擦婴儿的嘴、脸和手。试验表明，使用两天而未洗的手帕，上面沾有的致病细菌达到 20 余种，每平方厘米含菌量高达 5 万～8 万个，这是一个惊人的数字。瑞典人曾发明了一种能抵抗病毒的手帕，这种经过能抵抗病毒的溶液浸泡过的手帕，具有杀死沾在手帕上的病毒的功效，可以防止咳嗽或打喷嚏时将病毒传染给别人。总之，在使用手帕时一定要以人为本，讲科学、讲卫生，健康第一。

在 20 世纪末至 21 世纪初的一段时间里，随着面巾纸和餐巾纸的出现及人们生活节奏的加快，手帕失去了昔日的辉煌而遭到冷遇，被打入冷宫，用的人也越来越少。当今，随着人们环保意识的增强，一些有识之士和环保部门向人们发出呼唤“我们只有一个地球”，手帕快回来吧！因为面巾纸和餐巾纸虽然使用方便，用后即丢弃，既卫生又可免去洗手帕的麻烦，可是面巾纸与餐巾纸都是采用木材加工制作而成，不仅浪费了本来就很紧缺的木材资源，而且在生产过程中还要产生大量污水，用后丢弃还要污染环境。于是，环保给手帕留出了广阔的使用空间，在此情况下，手帕又开始回到人们的生活中，正在逐步恢复其本来的地位。

73 呵护双手的手套

手套是人们一年四季皆可使用的服饰，人们常称它为“手的时装”，特别受到女性的钟爱。它起源于何时？现在很难考证，但我国自古已有之。湖南长沙马王堆一号西汉墓中出土过三副手套，这些手套都是采用绢绮缝制而成，整只手套长 26cm 左右，宽近 10cm 左右，大拇指套分作单缝，是直筒露指式，目前在我国南方地区仍广为流行。在随葬品“清单”的竹简上，这些手套名为“尉”，尉在古代又作熨斗的“熨”字解，但各种字典上均未有“尉”是手套古代名称的任何解释，这不能不说是个谜。当然，马王堆汉墓出土的手套在我国并非是最早的，在湖北江陵一座古代战国时期的楚墓中还曾出土过一副皮手套，并且是五指套分缝，年代显然早于长沙马王堆汉墓，也就是说，我国至少在 2500 年前就有了手套。

在国外，手套的最早记载见于荷马史诗《奥德赛》。诗中说：英雄奥德修斯回到其父拉埃特斯家时，他的父亲手上戴着很厚的手套在拔野草。在同一时代，古希腊人和古罗马人习惯用手抓食物吃，戴上手套可避免手被弄脏或烫痛；斗士们也常用铁片衬垫手套，使打击更加沉重而有力。随着宗教的盛行，在中世纪的宗教仪式上，手套、扇子和雨伞一起常作为重要的物品而被列为移交给新任主教的圣洁服饰之一。这种手套是针织无缝的，大多采用金银丝刺绣。手套的颜色为白色，象征主教权威、圣洁和虔诚。在 12 世纪初，西欧一些国家开始把手套作为服饰审美价值的重要标志，当时的手套大多采用丝绸或毛皮作为原材料，经过精心的刺绣或镶缀名贵的珠宝制作而成，专供达官显贵享用，象征着使用者的地位和权势。此时，手套还与法律仪式密切关联，授予财产，尤其是封邑时必须同时授予手套才能生效。贵妇人也开始使用丝绸或皮革缝制的手套，手套逐渐成为一种时尚，成为一种精神寄托和崇高的荣誉。一些骑士在比武或奔赴疆场时，常常把他们所崇拜的妇女的手套放在头盔上。在16世纪时，英国坎伯兰公爵把伊丽莎白女王赐给他的镶有钻石的手套缝在自己的帽子上，以显示其荣耀和地位。又如1523年，西班牙国王卡洛斯五世在主持骑士的竞技比赛时，颁发的头等奖就是当时欧洲最为盛行的40副香味手套。

现在手套已是套在手上的日常用品，主要功能是避免或减轻手受伤害，防止或降低污染，御寒或保健，以及美饰等作用。在寒冬腊月里，人们外出戴上手套，既保暖又保护手部皮肤不被冻伤，是男女老幼必备的御寒用品。医护人员戴的消毒乳胶手套在诊疗病人时可防止病菌的传染，在手术时可防止手上的细菌污染病人的伤口。工人操作时戴用的橡胶手套可防止被污染或起到保护手的作用，如环卫工人常戴橡胶手套清除污物，筑路工人用来防止沥青的污染，化工工人用来防止酸碱对手上皮肤的侵蚀。采用棉纱线织制的手套有保护双手、防尘、防油污等作用。一次性的塑料薄膜手套在医学上或在日常生活与工作中，也展示出广泛的用途。人们在穿着正统的礼服或演员的演出服时，常配以手套达到美饰作用。如青年男女举行婚礼时，新娘穿白纱长裙，新郎着深色西服，常佩戴白色长、短手套。参加各种宴会、舞会或文艺演出活动时，穿上夜礼服、演出服或燕尾服，女性要戴齐肘长手套，采用与服装同样的面料和颜色，有白、乳白、灰、黑等颜色，款式一般不见明线，可充分体现出高雅、柔和、端庄的风格，而男性则大多戴由羊皮或白细棉质织制的手套，可显示出男性高贵的气质。在一般场合下，穿着各式轻便、休闲服装时，宜佩戴轻松活泼的短式手套，无须采用过多的华丽装饰，最多在手套上刺绣一些简单大方的图案，质地宜粗犷朴素，可选用毛线、羊皮、人造革、针织绒等，应根据服装式样进行恰到好处的匹配。当穿着运动服、工作服时，宜根据运动服的款式选戴色彩明快、质地粗犷的手套，如曾在世界上风靡一时的“霹雳舞”手套就使青年人爱不释手。穿工作服时，一般宜选戴用大粗明线装饰或拼色的手套，既大方又坚牢，非常实用。还必须指出，手套是服饰之一，为了取得令人满意的装饰感和着装整体美的艺术效果，还应与其他服饰相配套，特别是手套的色彩还应与其他服饰相配合，特别是手套的色彩、质地应和鞋子的色相一致。

制作手套的材料较多，应根据戴手套的目的和场合进行合理的选用，如劳动保护手套有用棉制的、橡胶制的，也有用维纶制的。穿礼服时戴的手套则采用与礼服相同的面料或是采用编织品、绢网、缎等织物制成。宴会、晚会或舞会上使用的齐肘长手套大多还要饰以刺绣或镶缀珠宝。手套的造型设计有三种：一种是有五个指套的普通手套，市场上销售的大多属于这一种；另一种是将大拇指与其余四指分开的两指手套（包括在南方地区广为流行的手工用毛线编织的手套）；再一种是没有指套的无指手套，大多是手工用毛线编织的手套或是用织物缝制的御寒手套。在这三种类型的手套中，以五指手套的灵活性较好，但其厚度受到一定的限制。因为手指是呈圆柱形的，散热量较大，所以这种手套在御寒性方面较差，而两指手套和无指手套虽在御寒性方面显示出优越性，但手指的活动却受到了很大的限制。

手套是“手的时装”，为了达到御寒、保健和美饰的要求，必须进行科学的选用。第一，应根据戴用者的具体情况和环境来选择合适的材质和造型，以达到戴手套的目的。因为御寒、保健和美饰用的手套要求是不一样的。第二，要注意手套的尺寸必须与手的大小相适应。太大不仅达不到保暖的效果，而且还会影响到美观和使用以及手指活动的灵活性，太小则会使手部的血液循环受阻而引起不适。第三，手套要与整体装饰相一致。如穿灰色大衣或浅褐色大衣宜戴褐色手套，穿深色大衣适合戴黑色手套，穿裘皮服装应选择与之色彩一致的手套，穿色彩鲜艳的防寒服最好佩戴彩色手套，穿西装或运动服应选择与之色彩一致的手套或黑色手套。女性穿西服套装或夏令时装时宜选戴薄纱手套或网眼手套。穿运动服绝对不能与锦纶手套配套。第四，选购手套时要与个人的气质相协调。因为手套是一种“手的时装”，就应该同其他时装一样，选购时必须注意到每一个人的年龄、性格和气质等方面的差异。一般而言，年长而稳重的人适宜戴深色手套，年轻而活泼的人适合戴浅色手套或彩色手套。在手套材质方面应根据戴用者的具体情况来选择，如婴幼儿和少年儿童手小、皮肤娇嫩，应选用以柔软的棉绒、绒线或弹性尼龙制成的手套为宜，而老年人的血液循环较差，皮肤比较干燥，而手足又特别怕冷，应选用以轻软的毛皮、棉绒线制成的手套较为适宜。对于冬天骑车的人或汽车司机来说，不宜选用由人造革、锦纶或过厚的材料制成的手套，否则将会影响交通安全。

戴手套虽是个人的事情，但也有一些礼节值得注意，否则稍有不慎就会引起嘲笑，甚至有失礼貌。如在西方的社交场合中，女士大多戴着手套，并被认为戴手套才是讲礼貌的，而且讲究白天戴短手套，晚间戴长手套，夏季戴夏装手套，冬季戴冬装手套。再如当人们见面握手寒暄时，男士不能戴着手套，否则就会被认为是不礼貌的，一旦进入室内，也应当立即脱下手套。但在此两种情况下，女士都不必脱下手套，这是给予女士的礼节优待。此外，不论男士还是女士，在喝茶、喝咖啡、吃东西或是吸烟的时候，都应提前脱下手套，否则会被视作不礼貌。女士戴手套时不应把戒指、手镯、手表等物戴在手套的外面，衣袖也不允许塞进手套内。

74 呵护双脚的袜子

袜子是一种穿在脚上的服饰用品，起着保暖和防脚臭的作用。袜子也和其他服饰一样，由简到繁，再由繁到简，发展到现在的五花八门、形形色色，形成了“袜子王国”。

在中国古代，袜子亦称为袜或足衣、足袋，由皮革或布帛裁缝而成。《中华古今注》记载：“三代及周著角袜，以带系于踝。”“三代”是指夏、商、周时期，距今已有三四千年历史。“角袜”应该是用兽皮制作的原始袜子。《帝王世纪》记载：“武王伐纣，行至商山，袜系解。五人在前莫肯系，皆曰臣所以事君非为系袜。”这两则记载显示当时的袜子应属于系带袜，只能套在脚上，然后再用系带系在踝关节上。这种袜子一直使用了很长时间。从长沙马王堆一号西汉墓中出土的绢面夹袜来看，其式样是用整绢裁缝制成，袜缝在脚面和后侧，袜底上无缝，后开口的袜筒在开口处附有袜带。魏晋时期，出现了类似现代的袜型，据传是魏文帝的吴妃最早以绫裁缝为之。一双精美的袜子，不仅具有保暖功用，美饰功用也不可小觑。曹植在《洛神赋》中就曾借用袜子来描述洛神的飘逸和洒脱，所云：“凌波微步，罗袜生尘”。“罗袜”即是用丝织品做成的袜子，意思是说洛神脚穿罗袜，步履轻盈地走在平静的水面上，荡起细细的涟漪，就像走在路面上腾起细细的尘埃一样。在古代可与罗袜媲美的高档袜子名目繁多，仅见于记载的就有锦袜、绫袜、绣袜、纻袜、绒袜、毡袜、千重袜、白袜、红袜、素袜等数十种。这些袜子均是以面料裁缝为之，一直到 19 世纪后期，随着西方针织品输入中国，针织袜子、针织手套以及其他针织品通过上海、天津、广州等口岸传入内地，商人们在沿海主要进口商埠相继办起了针织企业，一次成形的针织袜子才逐渐取代了面料裁缝袜子。

针织袜子最早出现在欧洲。16 世纪时，西班牙人开始把连裤长袜与裤子分开，并开始采用编织的方法来织制袜子。1589 年英国人威廉·李（William Lee）发明了世界上第一台手工针织机，用以织制粗毛裤。1598 年又改制成可以生产较为精细丝袜的针织机。不久，法国人富尼埃（Fournier）在里昂开始生产针织丝袜。17 世纪中叶针织棉袜开始生产。1938 年美国杜邦公司发明了尼龙（即锦纶）后，同年第一批尼龙袜投放市场，立即得到了人们的追捧，风靡一时。1945 年第一批尼龙丝袜在欧洲正式面市，袜子市场也由此发生了根本的变化。

现在袜子的种类很多，分类如下。按针织工艺分，有裁剪袜和成形袜两大类。

裁剪袜是将针织坯布裁剪成一定形状，然后经缝合而成；成形袜是用袜机编织成一定形状的袜坯或袜片，袜坯经缝头机缝合而成袜子，而袜片需对折，经缝合而成袜子。成形袜又可分为圆袜和平袜两类。圆袜在整个编织过程中，除袜头和袜跟外，参加编织的针数固定；平袜在编织过程中可任意调节参加编织的针数，外形符合腿形，主要用于长筒女袜生产中。按材料分，有锦纶弹力丝袜、锦纶丝袜、棉纱线袜、羊毛线袜、腈纶袜以及各种交织袜等。按组织结构分，有素色袜和花色袜。花色袜又可分为横条袜、绣花袜（单色和双色）、网眼袜、提花袜（双系统、三系统提花袜）、凹凸提花袜、毛圈袜、闪色袜以及复合花色袜等。按袜筒长度分，有长筒袜、中筒袜和短筒袜。按袜口种类分，有平口袜、罗口袜和橡口袜。按使用对象分，有男袜、女袜、中年袜、少年袜、童袜、婴儿袜等。按穿着用途分，有常用袜、运动袜、劳动保护袜、医疗袜、舞袜等。按品种形式分，有短筒袜、船袜、中筒袜、无跟袜、连裤袜等。按染整工艺分，有素色袜、丝光袜、冲毛袜、拉毛袜、印花袜等。

圆袜的结构由袜口、袜筒和袜脚三部分组成。其中，袜脚包括袜跟、袜底、袜背和袜头。袜口的作用是使袜子边缘不致脱散并紧贴腿上。在长筒袜和中筒袜中，袜口一般采用双层平针组织；在短筒袜中采用罗纹组织，有时还衬以橡筋线或氨纶丝。袜筒的要求是使外形适合于腿形。袜筒按袜子种类的不同，可分为上筒、中筒和下筒。长筒袜的袜筒包括这三部段，中筒袜没有上筒部段，短筒袜只有下筒部段。长筒袜的袜筒一般采用平针组织，也有采用防脱散的集圈组织。中筒童袜和运动袜的袜筒有的采用罗纹组织。短筒袜的袜筒采用添纱或提花组织。袜跟的要求是使袜子具有袋形部段，以适合脚跟形状，采用平针组织，并喂入附加纱线进行加固。袜背与袜筒的组织相同。在编织袜底时另加一根加固线。袜头的要求与袜跟相同。袜子在下机时袜头是敞开的，经缝合才成为一只完整的袜子。

袜子的主要参数有袜号、袜底长、总长、口长和跟高。袜子的规格是用袜号表示的，而袜号又是以袜底的实际长度尺寸为标准的，所以知道脚长后便可选购合脚的袜子。可是，由于袜子所使用的原料不同，其在袜号系列上也有所不同。其中，弹力尼龙袜的袜号系列以袜底长相差 2cm 为 1 挡；棉纱线袜、锦纶丝袜、混纺袜的袜号系列则以袜底长相差 1cm 为 1 挡。

弹力尼龙袜系列如下：童袜为 12～14 号、14～16 号、16～18 号；少年袜为 18～20 号、20～22 号；成年袜为 22～24 号。

棉纱线袜、锦纶丝袜、混纺袜系列如下：童袜为 10～11 号、12～13 号、14～15 号、16～17 号；女袜为 21～24 号；男袜为 24～26 号、27～29 号。

袜子是重要的服饰之一。在挑选时首先要注意其质量，可用“紧、松、大、光、齐、清”6 个字来概括，即袜口和袜筒要紧，袜底要松，袜后跟要大，袜表面要光滑，花纹、袜尖、袜跟无露针。其次，要根据穿用者的具体情况来选用。如汗脚者宜要选用既透气又吸湿的棉线袜和毛线袜；而脚干裂者则应选用吸湿性较差的丙纶袜和尼龙袜。最后，还要根据体型选择合适的袜子。腿短者宜选用与高跟鞋同一颜色的丝袜，在视觉上可产生修长的感觉，不宜选用大红大绿等色彩艳丽的袜子；脚粗壮者最好选用深棕色、黑色等深色的丝袜，尽量避免浅色丝袜，以免在视觉上产生脚部更显肥壮的感觉；穿高跟鞋宜选用薄型丝袜来搭配，鞋跟越高，则袜子就应越薄。在挑选长筒薄型丝袜时，如果选择合适，可起到弥补脚部形状和肌肤缺陷的作用。例如，丝袜的长度必须高于裙摆边缘，且留有较大的余地，当穿迷你裙或开衩较高的直筒裙时，则宜选配连裤袜。对于身材修长、脚部较细的女性来说，宜选用浅色丝袜，可使脚部显得丰满些；脚部较粗壮的女性宜选用深色的丝袜，最好带有直条纹，可使腿部产生苗条感；腿较短的女性最好选用深色长裙与同一颜色的袜子和高跟鞋。另外，穿一身黑色的衣服宜选用有透明感的黑袜；穿着花裙时应选配素色丝袜可产生协调美；对于有静脉曲张的女性，忌穿透明丝袜，以免暴露缺陷。

为了提高丝袜的使用寿命，可把新丝袜在水中浸透后，放进电冰箱的冷冻室，待丝袜冻结后取出，让其自然融化并晾干，这样在穿着时就不易损坏。对于已穿用的旧丝袜，可滴几滴食醋在温水里，将洗净的丝袜浸泡片刻后再取出晒干，这样可使尼龙丝袜更坚韧耐穿，同时还可去除袜子的异味。

75　伴君走天涯的鞋履

“千里之行，始于足下”，这是人人皆知的成语，出自春秋末李聃所著《老子》六十一章，用来比喻大的事情要从第一步做起，事情的成功都是由小到大逐渐积累的。鞋是人们为了保护脚部免受带棱带刺的硬物伤害，便于行走和御寒防冻而穿用的，兼有装饰功能、卫生功能的足装。鞋子虽然只占服饰的很小部分，而且处于不受人注目的“最下层”，但其作用非同小可。因为人要走路，必须要穿鞋。意大利建筑师卢西安诺·卡罗索曾这样描述鞋子产生的意义：“鞋的使用是一次革命，同时也是人类的需求，使人类与动物区分开来。”鞋在人们日常生活中的重要性是不言而喻的。

鞋起源于何时，现已无从考证，但历史表明，我国不仅是服装文明古国，也是制造鞋的文明古国。大约在五千年前就出现了用骨针缝制的兽皮鞋子，新疆楼兰出土的一双羊皮女靴，距今已有四千年的历史，整双鞋由靴筒和靴底两大部分组成。三千多年前的《周易》上已出现了代表鞋的“履”字。鞋的实物出土和文献中出现“履”字，有着非凡的意义，无不显示着鞋已进入更高的发展阶段。

古时的鞋，又称舄、屦、履、靴、屐、屩、靸等，直到唐代，“鞋”这一称谓才统一了这些名称。这些不同称谓通常与鞋的样式有关。

“舄”，《周礼·天官·屦人》所云：“复下曰舄。”复下即两层底的鞋。崔豹《古今注》所云：“舄，以木置履下，干腊不畏泥湿也。”印证了“舄”的鞋底为两层，上层用麻或皮，下层为防潮的木制厚底，并在底上涂蜡，以防泥湿。舄面以皮、葛、丝帛为之，男女通用。舄面的颜色亦有很多，君王的舄为白、黑、赤三种颜色，以赤色为上服；王后的舄为赤、青、紫三种颜色，以紫色为上服，其次是青舄和赤舄。在重要的庆典仪式场合，君王穿赤舄，王后穿紫舄。

“屦”，《周礼·天官·屦人》所云：“单下曰屦。”单下即单层底的鞋，《诗经•魏风•葛屦》中有“纠纠葛屦，可以屦霜”的记载，《毛诗正义》中有“夏葛屦，冬皮屦”的记载。“葛屦”为草、麻、葛等编织而成，皮屦为兽皮制成。

“履”，是汉代以后取代“屦”对鞋的通称。这个字在先秦时期虽也是鞋的称谓，但一般用“屦”称谓鞋子，而它多作动词用，并引申为作训践、训禄和训礼之用。如上引《诗经》中有：“可以履霜”。又如《礼记·表记》中有：“履其位而不履其事。”汉代的履，制作材料有皮、丝、麻等，式样多趋翘首，称为“翘头履”，男性的多为方口翘头，女性的多为圆口翘头。讲究的履，履面有织纹和绣纹，称为“文履”。刘向《说苑·反质》所云“夫卫国虽贫，岂无文履，一奇以易十稷之绣哉”，反映出文履价格之昂贵。李尤《文履铭》所云“乃制兹履，文质武斌，允显明哲，卑以牧身，步此堤道，绝彼埃尘”，曹植《洛神赋》所云“践远游之文履，曳雾绡之轻裾”，反映出文履之精美，文人、武士穿了都会显得彬彬有礼、潇洒非凡。

屩，是草编的鞋。东汉刘熙《释名·释衣服》记载：“屩，草履也。出行著之，屩屩轻便，因以为名也。”因是屩草编，不耐穿，又不耐泥水浸泡，为一般士人或百姓所着。

屐，也是鞋子的一种，通常指木底，或有齿，或无齿，也有草制或帛制的。《释名·释衣服》记载：“帛屐，以帛作之，如屩之。不曰帛屩者，屩不可践泥也，屐可以践泥也。此亦可以步泥而滚之，故谓之屐也。”屐虽在原始社会就已经出现，但在魏晋南北朝时期最为盛行。其时，上至天子，下至文人、士庶都爱穿用，穿着木屐四处出游更是名士阶层放荡不羁的行为表现之一。如《南史·谢灵运传》记载，谢灵运好游山越岭，“登蹑常著木屐，上山则去前齿，下山去其后齿”。谢灵运是南北朝时期杰出的诗人，诗与颜延之齐名，并称“颜谢”，开创了中国文学史上的山水诗派，他创制的可根据需要拆卸前、后齿的木屐，人称“谢公屐”，享誉后世。唐朝大诗人李白在《梦游天姥吟留别》一诗中就提到了“谢公屐”。诗云：“脚着谢公屐，身登青云梯。半壁见海日，空中闻天鸣。”生动地描绘了诗人梦中脚着谢公屐登临天姥山的乐趣。木屐之所以能广为各阶层人士青睐，其原因一是凉爽，行走硬朗，二是为了防湿，尤其是在潮湿阴雨的南方，常把木屐作为雨鞋穿用。

靴，是一种穿着于脚上并最少掩盖脚掌、足踝，可伸展至小腿甚至膝盖的鞋。特点是保温性强，可在泥土、沼泽中行走，便于骑马等，是随胡服的传入才逐渐普及的。秦始皇兵马俑中的将军俑所穿军鞋，即为短筒革靴，亦即胡靴，这也是骑士用军鞋，在短革靴靿处盖以皮革甲片与胫甲相接，以保护髁和脚。汉代以后，北方地区着靴的人越来越多。《晋书·刘兆传》记载：“尝有人著靴骑驴，至兆门外。”《北堂书钞》亦记载：“石虎皇后出，女骑千人，脚皆着五色靴也。”而文献中更有以靴为礼相赠，或因丢靴而诉讼官府之记载，可见当时北方穿靴之尚俗。

靸，又名“靸鞋”。前帮深而覆脚，无后帮，形制与之类似的拖鞋也称“靸”。《急就篇》记载：“靸鞮卬角褐袜巾。”颜师古注：“靸谓韦履，头深而兑，平底者也。今俗呼谓跣子。”《辍耕录》记载：“西浙之人，以草为履而无跟名曰靸鞋。妇女非缠足者通曳之。”这种式样的鞋，男女通穿，宫内嫔妃尤喜着之。先秦以前均以皮为之，自始皇二年遂以蒲为之，名曰靸鞋。秦二世时，有鞋面上加凤首者，不过仍以蒲为之，西晋永嘉元年才开始用黄草为之。因靸鞋穿着随意，宋代有“尚书以下不得靸鞋过都堂门”的规定。

鞋是足装，虽然只占人们服饰的很小部分，而且处于不受人注目的“最下层”，但是，鞋子的设计是否合理，造型是否美观，穿着是否舒适，不仅关系到人的仪表和风度，而且也影响到人的步履和健康。因此，鞋子在人们的服饰中具有“举足轻重”的作用。据医学研究资料，人脚共有 26 块骨头、100 条韧带、20 条肌肉和 33 个关节。人从早晨到黄昏，双脚要肿胀 5%～10%，通过两种汗腺来排泄汗水。若从人脚上减轻 1g 重量，就相当于人的背部减去 6g 重量。另由人体生理学可知，人体足部的汗腺分布相当密集，对调节人体温度的作用很大。足部感到最舒适的温度是 28～33℃，如果温度低于 22℃时就会影响到血液的正常循环，使人产生非常不舒适感。由于足部汗腺多，脚的皮肤在鞋中散发的湿气量可达 1.7～4.2g/h，湿气的散发将会带走一部分热量，而且脚越湿，热量散失就越多，则脚部湿度越低，极容易导致感冒，尤其是耳、鼻、喉和尿道受影响更甚。此外，研究表明，脚与人体全身的血液循环有着十分密切的关系，在医学上常被称为人的“第二心脏”。脚掌与上呼吸道及内脏之间有着密切的经络关系。中医理论认为，如果足部受寒，势必影响到呼吸道和内脏，容易引起胃疼、腰腿疼、男子阳痿、女子行经腹痛、月经不调等病症。西医理论认为，人体的温度主要来自食物在体内氧化分解而释放出的热量和人体各组织、器官在机能活动中产生的热量，这些由体内所产生的内热量是通过心脏的收缩作用，靠血液循环携带到全身。而脚特别是脚趾，远离心脏，是血管分布的末梢，待血液流至脚上，其热量已很少了，加之脚部皮下脂肪薄，保温能力较差，热量也易散失。根据测定，脚趾尖的皮温只有25℃左右。因此，特别是在寒冬腊月，鞋袜对保持脚部温度起到了“举足轻重”的作用。鞋对人体健康的影响很大，鞋子不合脚将会在一定程度上影响到人的工作情绪和工作效率，穿上合适的鞋不仅美观，而且对脚部的肌肉和脚弓发育有益处。为此，近年来鞋业生产者运用人体工程学和现代运动生理学的原理，设计生产出品种繁多、造型别致、结构科学合理、穿着轻便舒适、行走方便的各种保健鞋和运动鞋，如磁性保健鞋、充气运动鞋、保健舒适鞋、空气调节鞋、新鲜空气鞋、脱臭鞋、水上行走鞋、夜光鞋、高速鞋、慢跑鞋、防寒鞋等。

说起鞋与健康，需特别值得一提的是近年来青年妇女追求的时髦鞋——松糕鞋。所谓松糕鞋是鞋底像发糕一样厚的鞋。从外形上看，松糕鞋确实很“美”，突出了个性化，看上去很卡通，或是圆头圆脑，或是方头方脑，或是愣愣怔怔，犹如酥软多层的大发糕，令人喜爱，深受青年女性的青睐。实际上，时尚忠实的追逐者不得不付出痛苦和健康的代价来换取“美丽”，特别是那些身材较矮小的女性借助于10cm高的松糕鞋，达到在视觉上修长而美丽的效果。有人称松糕鞋为“死亡之鞋”也不是没有道理的，因为穿上这种鞋增加了脚掌与地面的距离，脚掌对地面高低不平的感知相对减少，身体重心上移，身体保持平衡的能力也明显降低，完全没有脚踏实地的感觉，在高低不平的地面上行走时，一不小心就会失去重心，容易摔倒，发生踝关节扭伤，这是由于鞋底没有足弓，行走时脚趾不能自由地伸展，起不到缓冲的作用。从人们行走时的力学分析来看，两点支撑的平稳性要比四点支撑差得多，这也是穿松糕鞋行走不稳的原因所在。长期穿松糕鞋，还会对膝关节、脊椎带来不良影响，造成这些部位骨质增生或腰椎间盘突出。为了便于平稳地行走，鞋跟高度不能超过3cm。

在“鞋的王国”里，鞋的品种和款式繁多。按用途分，有生活用鞋、劳动保护用鞋、运动用鞋和舞台用鞋等；按穿着季节的不同分，有凉鞋、单鞋、夹鞋和棉鞋等；按穿着对象的不同分，有男鞋、女鞋和童鞋；按制鞋原料的不同分，有胶鞋类、塑料鞋类、皮鞋类和布鞋类等。目前，世界上鞋的种类已逾千种，且有增无减。许多有特殊用途的鞋也被陆续发明出来。如日本广岛大学发明的“水鞋”，人穿上后可在水上行走。美国一家公司研制的调温鞋，穿上后可根据需要来调节温度。还有一种微电脑运动鞋，将微型信息处理装置嵌在鞋底里，可用来记录运动员脚的冲力、跨度、消耗的热量和体重。前苏联研制在靴底上加装喷射动力装置，可加快行走速度。意大利米兰的广告靴是世界上最大的鞋，高达数十米。而西欧一名鞋匠制作的三只精美小靴子只能套在手指头上，是世界上最小的鞋。另据资料报道，全世界每人平均拥有5双鞋，每年全世界消耗的鞋、靴达78亿双。

因鞋的品种和款式太过繁多，下面仅以分类最细的运动鞋中的几种球类鞋为例进行简述，期望能达到以点带面的效果。

运动鞋一般是指人们参加竞技运动、健身运动、休闲运动或娱乐运动时所穿的鞋。广义概念为：竞技运动、健身运动、休闲运动和娱乐运动的训练过程及其正式比赛运动所使用的鞋种。它包括旅游鞋、皮面运动鞋、胶鞋、布鞋和拖鞋等。狭义概念为：专门为专业运动员设计和生产的、供专业运动员参加竞技体育训练和正式竞赛使用的鞋类。这种鞋不仅要求具有一般运动鞋的舒适、保护、美观等特性，更加注重如何避免运动伤害、增强运动功能、提高运动成绩。运动鞋的设计，除要求防滑、舒适、保温、透气和美观外，还要求具有弹性、能量回归、减震、控制脚部的翻转、运动保护、符合运动生理卫生要求、提高运动成绩等。

按运动的类别来分类，可分为球类运动鞋、跑步类运动鞋、滑行类运动鞋、野外运动鞋、水上运动鞋、特种运动鞋和非剧烈性运动项目用运动鞋。球类运动鞋有篮球鞋、足球鞋、网球鞋、排球鞋、保龄球鞋、乒乓球鞋、橄榄球鞋、垒球鞋、高尔夫球鞋等。跑步类运动鞋有慢跑鞋、短跑鞋、长跑鞋、马拉松鞋等。滑行类运动鞋有溜冰鞋、旱冰鞋、滑板鞋、滑雪鞋等。野外运动鞋有登山鞋、旅游鞋、打猎鞋、钓鱼鞋等。水上运动鞋有冲浪鞋、赛艇鞋等。特种运动鞋有跳伞鞋、体操鞋等。非剧烈性运动项目用运动鞋有芭蕾舞鞋、舞蹈鞋、艺术体操鞋等，这些项目需要专门的鞋来满足特殊性能需要。其中球类运动鞋里的篮球鞋、足球鞋和网球鞋有如下特点。

足球鞋是指从事足球运动时所穿的鞋子。足球鞋不但采用轻量化设计，还要提供球员瞬间加速的弹性与抓地技术，同时对穿用者的脚能够起到保护作用。足球鞋具有很强的专业性，只适合在踢足球时使用。

据说最早的一双“足球鞋”诞生于 1526 年。当然在那个年代是没有人会为了踢球而专门准备足球鞋的，之所以能够被载入史册，是因为这双鞋的主人是英国都铎王朝的第二位国王亨利八世，他用 8 先令（当时的货币单位）打造的这双具有里程碑意义的足球鞋，开启了“足球鞋”这个词的专门属性。1904 年，国际足联成立，足球运动在全球范围开始建立统一的规则，足球鞋的发展也同步开始。进入到 20 世纪初期，开始有了规模化生产的足球鞋，最早的足球鞋批量生产品牌是 Gola、Valsport、Hummel，Gola 于 1905 年生产出了世界上第一双全手工的皮制足球鞋。20 世纪的上半叶，是足球运动员真正接触和感受专业足球鞋的开始。20 世纪中期，达斯勒兄弟（Adidas 和 Puma 的前身）创造了可替换式鞋钉，把足球鞋的鞋身和鞋钉分开，鞋钉可以旋入鞋身拧紧，使球员在比赛中可以根据不同的场地条件来更换恰当长度和材质的鞋钉。1954 年，Adidas 公司设计出了历史上第一双低腰、柔软、轻便的足球鞋，它带有尼龙材质的旋转嵌入式鞋钉，这种足球鞋成为了足球鞋历史上具有革命性意义的一次重大突破。自此，足球鞋的外观基本定型，一直到现在，市场上的最新款足球鞋也大都是以这种模式来进行改造。1978 年，Nike 公司首次将充气气垫运用于制鞋业，第一次将减震技术引用到足球鞋中。1994 年，Adidas predator（猎鹰）系列足球鞋面世，鞋面隆起的粗大橡胶摩擦条成为前几代猎鹰足球鞋最有代表性的外形标志，猎鹰系列是迄今为止最具代表性的足球鞋。1998 年，Adidas 公司引入了不对称鞋面即天足技术，一直沿用至今。根据足球运动的要求，足球鞋必须具备踝部支撑、抓地力、舒适度、反应性和重量等主要功能。

如今，足球鞋有了很大的发展，采用了以下多项先进技术：袋鼠皮，几乎所有品牌的旗舰款足球鞋都采用柔软、质轻而有质感的袋鼠皮作为鞋身材料；不规则鞋钉，Adidas 的“奇钉”设计理念带来了足球鞋鞋底设计的革命，Nike、Diadora 更是将这种符合人体工程力学的设计发展到了极高的水平；减震技术，Nike 首先引入了具有自主知识产权的减震技术——zoom，以减震胶的形式出现在鞋垫的前、后掌上，Puma 也将自己的 cell 减震技术嵌入到球鞋中；隐藏式鞋带设计和不对称鞋身，这两项创新设计使球员脚面接触球时更加稳定；PEBAX 材质使用，这种一次铸模形成的鞋底非常耐磨、坚韧和轻质，常应用于 FG 和 HG 的鞋上；添加新零件，例如猎鹰系列非常著名的 power pulse 技术，用来增强对足球的摩擦，又如刺客、Total90 等系列鞋身表面有一层亮物质，用来快速锁定足球。

篮球鞋是指从事篮球运动时所穿的鞋子。它具有良好的耐久性、支撑性、稳定性、屈挠性、减震性、弹性和摩擦作用，以适应运动员在运动场上的启动、急停、起跳、垂直跳跃和迅速左右移动等动作。篮球鞋能够增加与地面的摩擦力，帮助球员快速灵活地运动；保护脚踝，支持肌腱的限制作用，保护运动员不受伤害；跟随脚部的形变，来使脚部运动更加舒适。

现今的篮球鞋已不仅仅是打篮球时穿用，随着人们运动休闲意识的增强，篮球鞋已走在了运动时装化的前列，注重款式格调的设计，在功能性方面也日益丰富。篮球鞋的款式一般为高帮、半高帮，能有效地保护脚踝，避免运动伤害，运动及平时均可穿着。

篮球鞋按照鞋帮的不同，可分为高帮篮球鞋、中帮篮球鞋和低帮篮球鞋三种；按照使用者来分类，有男式篮球鞋和女式篮球鞋两种。篮球鞋的结构主要包括鞋面、中底和外底三部分。鞋面是鞋子上的柔软部分，使脚在打球过程中感觉舒适、安全。鞋面的材料以加厚的柔软牛皮或同等物性的 PU 革、超纤革为主，使其坚固、柔韧，有效承受冲击（耐久性）并令穿着舒适，部分款辅以小面积网布，以适应运动时尚对此类鞋的要求。良好的抱脚结构使鞋在运动员突然起跳或急停、频繁跑动和迅速转身时更为抱脚，不易松开。鞋带能增强鞋的稳定性，好的系带结构可以达到合适的舒适度，不会过松或过紧，在运动中更稳固、更抱脚。中底是鞋面和外底之间较柔软且具有一定减震作用的一层材料，是篮球鞋中最重要的一部分。中底材料一般是 EVA、压缩 EVA、PU、优质 MD 或由这几种材料混合制成。外底一般是橡胶底。采用高碳素耐磨橡胶，通常为人字形、波浪形底面，提高运动时的摩擦力；后跟扁平（也有两瓣式设计）有效稳定双脚；宽大的前掌带有深弯凹槽（与中底弯曲槽共同增强屈挠性），并增大与地面的接触面积，提高稳定效果。篮球鞋的外底需要足够平和适当的宽度，以防止扭伤脚踝。

网球鞋是指从事网球运动时所穿的鞋子。网球运动剧烈，用力大，方向多变，因此要求网球鞋耐冲击、稳定性佳、减震性好、止滑性也要好。网球鞋主要起到防滑、耐磨的作用，所以，强度与运动保护成为网球鞋最大的设计要求，以此来适应网球运动中快速启动、不断变向以及较长时间和较长距离的跑动。

网球鞋按照鞋帮的不同，可分为高帮网球鞋、中帮网球鞋和低帮网球鞋；按照不同场地表面的性能，可分为室内网球鞋和室外网球鞋、硬地网球鞋和沙地网球鞋。专业网球运动员穿的鞋，大部分为中低帮款型。特点是鞋底厚，护踝处短便于奔跑，散热好。鞋面一般选用帆布；鞋底采用橡胶或树脂材料，无跟并刻有防滑纹，以防起跑或急停时滑倒。以白色为主，多为系带式。

网球运动一般分为硬地、红土、泥地和草地四种。网球鞋是根据网球场地的摩擦来设计鞋底的，因为左右移动的次数比较多，网球鞋的中间部分比较窄，更加紧贴脚部。

网球鞋的造型是前头橡胶上包较充分，尤其是两侧延伸很长，有利于快速“刹车”，即时定位；前掌两侧厚实强壮，有利于在横向快速移动时，加强稳定性，即时止滑，后半段较小巧，有利于快速后退和提高脚步灵活性。鞋面大面积使用真皮或合成革，内加一层里布，以提高鞋面强度和柔韧性，鞋头内侧及脚趾处以耐磨材料补强，防止过早磨损，同时增强运动稳定性。衬里较厚且柔软，以便吸汗，设计层次丰富、线条流畅，造型体现专业网球运动色彩。网球鞋的鞋底性能与脚掌的运动功能相一致，鞋底有一定的弹性，用来辅助脚掌的肌肉功能，同时有一定的硬度，以保护脚弓；还有一定的弯曲度，可以发挥脚掌的柔韧性。外底多由耐磨橡胶制成，前后段边墙较长，以耐摩擦。外底整体较平，花纹细碎，且方向性复杂，从而适应网球运动频繁的各方向动作，达到防滑、耐磨的运动要求。中底后跟的加厚避震设计能够提高稳定性能，以适应运动中的较多跳跃和吸震的要求，部分高档产品还加装其他特殊吸震材料。很多网球鞋鞋底都设计了各种气垫，有内置与外置、前置与后置等，这主要是为了提高鞋底的弹性和减震性，减轻运动时体重对脚的负担，降低损伤，提高运动效率。

特殊服装篇

服装的主要功能有保护性、美饰性、遮羞性、调节性、舒适性和标识性等，这是当今社会人们在选购服装时必须考虑的内容，而特殊服装除了要满足上述这些功能以外，还特别强调其中某些核心功能。如军用服装、航天员服装等，特别注重保护性；职业服特别强调标识性；演出服除了关注标识性外，还注重美饰性。也就是说，特殊服装除了要满足普通服装的功能性外，还要特别强调和关注某一方面的功能，它是供特殊或从事某种职业人群穿着的专业服装。

76 威风凛凛的军装

军服，又称军队制服，是指军人及其他纪律部队穿用的制式服装。由于军人带有独特的职业风格，军服也由此增添了几分神秘色彩。军装采用的是一种制式服装，透过一个国家、一个时期军服的质地、颜色和款式，不仅可以映射出时代的审美，同时可以读出政治、军事、经济、科技等方面的内容。它们主要包括军上衣、军裤、衬衣、军帽（头盔）、大衣、军鞋、标志号等。其特点是国家规定统一的颜色和款式，军官服和士兵服有所区别，整体显示出庄重、整齐、划一的风貌。

纵观中国历代军服的历史，军服虽然与常装在风格上存在着一致性，但是由于功能的特殊要求，其衣、帽以及所有装饰，形成了极具特色的以“甲胄”为主的服饰体系。所谓“甲”，是指以绳组相缀甲片编缀而成的甲衣，属于功能性极强的自卫防御服装。甲片的主要原料有金属、犀牛皮和野牛皮，但也有用鲛鱼皮作甲者。而用金属制作的甲，也称铠。所谓“胄”，即是“盔”，均以金属制造而成。殷商时期的盔为铜质，周代时为青铜盔，自秦以后多为铁盔。这种变化是与该年代的冶铁业、手工加工业、服装服饰业的发展状况及经济水平息息相关的。

周代的军服，据文献记载和出土文物资料，有戎衣、胸铠、腹铠和披膊四个部分，也就是深衣、胸甲、腹甲和两肩上的披膊。由专门的官员掌管甲衣生产。甲的种类则分为犀甲、兕甲和合甲三种。犀甲用犀革制造，将犀革分割成长方块甲片，以带絛穿连，每一单元称为“一属”。然后将甲片单元一属接一属排叠，以带絛穿连成甲衣，犀甲用七属即够甲衣的长度。兕甲比犀甲坚固，切块较犀甲大，用六属即够甲衣的长度。合甲是两层兽皮的厚革，特别坚固，用五属即够甲衣的长度。质地的坚硬程度以合甲为最。为了提振军威，标识各军阵营和身份，此时已开始在甲片上涂上各种颜色。《吴越春秋》记载：“吴师皆文犀长盾，扁诸之剑，方阵而行。中校之军皆白裳、白髦、素甲、素羽之矰，王亲秉钺，戴旗以阵而立。左军皆赤裳、赤髦、丹甲、朱羽之矰，望之若火。右军皆玄裳、玄舆、黑甲、乌羽之矰，望之如墨。带甲三万六千鸡鸣而定阵。”文中所说的素甲、丹甲、墨甲，显示出当时的甲片上髹饰着或素、或丹、或黑等色彩，以彰显凝重和威武。而穿在铠甲内的深衣，是一种上衣与下裳连为一体的服装。由于其在形制“短毋见肤，长毋被土”的诸多特点，为中国服饰史上赵武灵王胡服骑射的变革埋下了伏笔。

赵武灵王名赵雍，是战国中后期的赵国君主。赵武灵王即位时，赵国国力不强，受中原大国欺侮。林胡、楼烦等游牧民族也不时骚扰，邻境较小的中山国也时常进犯。赵武灵王二十四年（公元前302年）颁布命令，推行“胡服骑射”政策，改革军事装备和作战方法，赵国因而得以强盛。所谓的“胡服”，是指类似于西北戎狄之衣短袖窄的服装，同中原华夏族人的宽衣博带长袖大不相同，所以俗称“胡服”；“骑射”是指周边游牧部族的“马射”（骑在马上射箭），有别于中原地区传统的“步射”（徒步射箭）。从此，赵国军队中宽袖长衣的军装，逐渐改进为后来的衣短袖窄的装备。这是中国军队中最早的正规军装。由于赵国推行“胡服骑射”政策后国力大增，不仅对军队历史的发展演化进程产生了重大影响，而且奠定了中原华夏民族与北方游牧民族服饰融合的基础，对我国整体服饰变化的影响极为深远。

到了秦汉时期，由于冷兵器中威力远胜弓箭的强弩机大量使用，甲胄在原有的基础上有了更进一步的改进。秦朝的军戎服饰的风貌在秦始皇陵出土的大量兵马俑实物中得到翔实反映。出土的兵马俑可分为军吏俑、骑士俑、步兵俑和驭手俑等。其上的甲衣可分为两种基本类型：一种是护甲，由整片皮革或其他材料制成，上嵌金属或犀皮甲片，四周留有阔边，这类甲式似为军队中指挥人员的装束；另一种是铠甲，均由正方形或长方形甲片编缀而成，穿时从上套下，再用带钩扣住，并在里面衬以战袍，大多为普通士兵的装束。首服有帻、冠、帽及发髻等；履有高筒靴、方口翘尖靴、方口翘尖履和方口齐头履等。这些实物不仅展示了军戎服饰森严的等级制度，也体现了军戎服饰分明的兵种制度。汉朝军戎服饰基本沿袭秦制，但铁制铠甲已经成为军队中主要装备，皮甲退居其次，并出现了一种软甲的絮衣。铠甲的主体样式为采用长方形甲片，胸背两甲在肩部用带系连，有的还加披膊。软甲絮衣则是用丝、麻原料做面衣，内夹预湿后再捶打的丝絮，以软弹作用来防御弓弩刀枪。常用的絮衣为赤黄色，戎裤则为红色。

魏晋南北朝时期，比较典型的铠甲有三种。一是“筒袖铠”。这种铠甲一般都用鱼鳞纹甲片或龟背纹甲片，前后连属，肩装筒袖。头上的兜鍪，两侧都有护耳，并在前额下中部位向下突出，与眉心相交，盔顶上大多饰有长缨。史载，质量上乘的筒袖铠产于蜀地，号“诸葛亮筒袖铠”，二十五石弩射之不能入，宋太祖赵匡胤曾将此种铠甲赐予战功卓著的大将。二是“两裆铠”。所谓“两裆”，文献的解释是：“其一当胸，其一当背，因以名之也。”实际上这种铠甲样式与当时男女广为穿用的“两裆衫”样式相同，只是材质改为皮革或铁片。通常由胸甲和背甲两片组成，肩部用皮搭襟相连。凡穿两裆铠者，除头戴兜鍪外，身上必穿紫衫或绛衫，并与较大的裤褶（穿裤腿，膝下用带结）相配。三是“明光铠”。这种铠的特点是在前胸和后背端装有两块圆形或椭圆形金属护镜，并因护镜在阳光照耀下闪闪发光而得名。穿用时往往以宽体缚裤相配，以宽革带束之。

隋唐两代，章服多沿袭南北朝旧制，甲衣仍以“两裆铠”和“明光铠”为主，但样式稍有变化。此时两裆铠的甲身长度已延伸至腹部，原来的皮革制甲裙被废止；而明光铠的前身分为左右片，每片在胸口部位装有圆形护镜，背部则连成一片。前后两甲在肩部扣联，两肩披膊作两重，上层作虎头状，虎口吐露出下层披膊。据《唐六典》记载，甲衣上缀联甲片的制式有十三种：“一曰明光甲，二曰光要甲，三曰细鳞甲，四曰山文甲，五曰乌锤甲，六曰白布甲，七曰皂绢甲，八曰布背甲，九曰步兵甲，十曰皮甲，十有一曰木甲，十有二曰锁子甲，十有三曰马甲。”又记载：“明光、光要、细鳞、山文、乌锤、锁子，皆铁甲也。皮甲以犀兕为之，其余皆因所用物名焉。”文中的“白布甲”和“皂绢甲”，为武将们仪仗检阅或平时服用，虽然外观威武大方，但无实际的防御作用。铁甲和皮甲则不同，非常实用，以“锁子甲”为例，其形制是以任何一环为中心，周边皆扣四环，倘一环承受箭镞，借其穿透的拉力，余四环皆簇拥拱护，设计甚为科学而巧妙。另据记载，其时将帅着五色战袍（青袍、绯袍、黄袍、白袍、皂袍），军士着花袄（黄云花袄、白地花袄等）。

到了宋代，军服更加规范化，形制大致分为实战和常服两类。实战类的头盔和铠甲，材质有皮制和铁制两种。一套铠甲里有兜鍪、顿项、拨膊、身甲、胸甲等。身甲又包括甲裙和吊腿等。初时铠甲里面没有加衬，后因服用时与皮肤接触易损伤肌体，便一律加绢布作衬里。当时生产铠甲的作坊，既有官办的，也有民办的，以官办的为主，生产出的各类铠甲需达到一定的质量标准方能被军队采用。史载，宋代铠甲的制造过程有 51 道工序，其中铁甲片需采用冷锻法工艺制作，各个部件的甲片叶数和重量都应符合规定，而且要求五十步外用强弩射之不能穿透。此外，其时不仅有铁甲，还有一种用极柔韧的纸做的纸甲。这种甲的制作方法是将纸经过鞣制做软，并一层层叠放钉牢做成甲衣，再用水浸湿，靠纸的韧性使箭很难穿透。因该甲质轻易于携带，在宋军中使用也很普遍。而常服类用甲，则是以布为里，黄色的絁（粗绸）表之，青、绿颜色画出甲片形状，并以红色的锦褖边，青色的絁为下裙，长短至膝，前胸通常绘有人面二目，自后背到胸前，缠以锦带。当军队参加郊祀朝会大礼，金吾卫（皇城守卫）及诸卫将军导驾及押仗时，服不同绣文的绣袍，兵士服不同颜色的画衣。对此，《宋史·仪卫志》有如是记载：“金吾以辟邪，左右卫以瑞马，骁卫以雕虎，威卫以赤豹，武卫以瑞鹰，领军卫以白泽，监门卫以狮子，千牛卫以犀牛，六军以孔雀为文。旧执仗军士悉衣五色画衣，随人数给之，无有准式，请以五行相生之色为次，黑衣先之，青衣次之，赤黄白又次之。”

元朝时期，元军之所以能够四处征战挞伐，称霸欧、亚两洲，除了管理、战略上的优势外，还与其精良实用的防身护体甲胄不无关系。史载，元军所用甲胄质料有皮和铁两种，甲有柳叶甲、铁罗圈甲、鱼鳞甲、蛟鱼皮甲和翎根甲等。皮胄上一般加附钢铁饰物，胄顶有插缨饰的筒套。铁胄上面通常也雕铸各种花纹，有的还错金银。但无论皮胄还是铁胄，前脸都有一个称为眉庇的遮护眼睛部分。

明代的铠甲仍是由铁盔、身甲、遮臂及下裙、卫足几个部分组成，材质多为铁或钢。其中盔式有三种：第一种是小盔，如便帽式而下连长网；第二种是钵形式，用锦丝织物护项，盔体较高，并在顶的中轴插一羽翎，盔无眉庇；第三种为高钵式，并有大眉庇，盔式如尖塔，顶亦有中轴。上体甲式有两种：一种为直领对襟，制式近似于清代的马褂式；另一种为圆领，制式与“贯头衫”相似。甲以其长短、甲片形式而有齐腰甲、柳叶甲、长身甲、鱼鳞甲、曳撒甲、圆领甲等。有的甲片摒弃了单纯的薄片形，而成为有棱有角、中间凸出的甲泡，并用甲钉钉在甲衬上，大大加强了甲片乃至铠甲的防护强度。军队参加朝贺时，侍卫官皆身着凤翅盔、锁子甲，锦衣卫将军着金盔甲，上下缠腰。各军军官及锦衣卫等都腰悬金牌、佩刀，手执金瓜、叉、枪等武器。战衣的颜色，明初时有红、紫、青、黄四色，下着有撑的裤。正德时诸军都着黄罩甲（一种对襟式半臂衣）。明末时兵勇都穿大袖布衣，并在衣外面套上黄布背心，称为号衣。一般的力士、校尉、旗军等还常戴头巾或五色布包覆的扎巾。

清代的战服，虽大体继承了前代上衣下裳的传统形制，但在轻便、易运动、防护性强、装饰性好等方面有了较大发展。其中胄有铁制、皮制和布制，均设有护项、护耳、护颈、护眉，胄顶竖有一根铜管，周围垂貂尾、獭尾、朱牦等，以区分等级。甲衣为无领对襟式，分有袖和无袖两种。左右有两块用带联系的护肩，护肩下有护腋，前胸和后背处各佩有一枚金属护心镜，镜下底襟边有护腹一块，称为前裆，左边缝上同样一块左裆。右侧不佩裆，留作佩弓箭囊等用。前裆、左裆均用纽扣与衣身相连。下身的裳分左右两幅，采用围穿的形式。在围裳的中间，覆有质料相同的虎头襞膝。穿时从下而上，先穿围裳，再穿甲衣和戴盔帽。甲的材质有铁和棉两类。铁甲用绸缎做表里，中敷铁叶，外钉金属钉，主要供王公贵族穿用。棉甲用布做表里，内敷棉花，外钉铁钉，主要供一般官兵穿用。在清代实施新军服前，军队编制以旗为号，分正黄、正白、正红、正蓝、镶黄、镶白、镶红、镶蓝八旗，各旗士兵依旗号穿用不同颜色的背心以示区别。到了1907年（光绪三十三年），陆军和禁卫军开始陆续穿用新式军服。其时陆军服制分军礼服、常服，戴军帽，衣服都用开襟式结以纽扣，长及两胯。礼服上衣为蓝色、裤子是黑色，冬夏常服均为青灰色。禁卫军服装，夏季为黄布料，冬季为瓦灰呢料。官及骑兵用皮靴，步兵用宽紧皮鞋，麻布裹腿。在领章、袖章、军帽、军裤上均缀有彰显等级的蟒纹及辫道。

中国人民解放军自1927年“八一”南昌起义至今，军服经过多次改革演变，成为现在的款式。第一代军装是缀布质红领章的灰色粗布中山装和缀布质红五星帽徽的八角帽。1946年10月，中国人民解放军各部队分别佩戴标有番号的臂章或胸章。1949年6月，军委后勤部规定了全军统一的服装样式。军服为土黄色棉平布中山装，胸前佩戴长方形布胸章，印有“中国人民解放军”字样，头戴解放帽，帽徽为“八一”红五角星。1949年10月参加开国典礼阅兵式的部队穿的就是这种军服。20世纪50年代，解放军由原来的单一军种发展为陆、海、空三大军种，从此时开始，解放军的服装发生了一系列的变化，第一次出现了大檐帽、士兵套头衫和女军人连衣裙以及“列宁装”。海军则出现了海魂衫和套头军服，无檐帽上缀有两根辨风向的飘带。迄今为止，解放军军服经历过多次改革和调整，出现了五零式军服、五五式军服、六五式军服、八五式军服、八七式军服、九七式军服和零七式军服等。通过多次改革和调整，增加了军服的识别功能，强化了军服的美感，体现了军人的荣誉，既符合中华民族的传统，又能体现军人的威严。

现代军服（包括帽、内衣、鞋和军衔）按用途进行分类，称为系列军服或多系列军服，即军服是由多个系列组成。例如，俄罗斯和美国的军服分为礼服、常规服、野战服和工作服四个系列。1955年，我国实行军衔制度，首次把军服分为礼服和常规服两个系列；1988年10月1日实行新的军衔制度，将军服分为礼服、常规服和作训服三个系列。

礼服是指军人于盛大节日、典礼和重要外事活动等社交礼仪场合穿用的制式服装。其特点是优雅、华贵、庄重并具有正统感，要求选料高档（或中档）、做工精致、着装配饰统一、形象完整，能充分体现军人气质。按穿着场合分，有节日礼服和宴会礼服等。

常规服，又称常服，是指军人在平时和一般礼仪场合穿着的制式服装。其特点是庄重大方、合体、舒适等。有些国家将常规服分为两种：一种是在军营里穿着，称为队列常规服；另一种是在外出时穿着，称为非队列常规服。解放军的常规服分为陆军常规服、海军常规服和空军常规服三类。根据季节又可分为夏季常规服和冬季常规服两制，并有军官常规服和士兵常规服的区别。

军官夏季常规服的款式，上衣为小翻领、单排4粒金属扣、2个上贴袋、2个下挖袋，西式裤，配白衬衫，系藏青色领带。女军官上衣为单排3粒扣、2个下挖袋，系玫瑰红色领带。面料为将官纯毛凡立丁、校尉官毛涤凡立丁。颜色为陆军棕绿色、海军上白色下藏青色、空军上棕绿色下藏青色。另有制式衬衫，猎装式，开领、短袖、4 粒扣、4 个贴袋（女军官是 2 个下贴袋），面料为精梳涤棉纱卡，颜色为陆军米黄色、海军漂白色、空军月白色。夏帽为大檐帽，饰圆形八一军徽图案的帽徽，颜色为陆军正红色、海军黑色、空军天蓝色；帽墙外饰人造丝带，将官金黄色、校尉官银灰色。

军官冬季常规服的款式，上衣为立翻领、单排 5 粒扣、4 个挖袋。女军官上衣为开领、双排 6 粒扣、2 个斜挖袋，配西式裤。面料为将官纯毛马裤呢、校官毛涤马裤呢、尉官涤棉卡其。颜色为将校官陆军棕绿色、海军上白色下藏青色、空军上棕绿色下藏青色，尉官陆军草绿色、海军藏蓝色、空军上草绿色下藏蓝色。另有制式大衣，双排 6 粒扣，2 个挖袋，有后腰带，后下开衩，面料为马裤呢。冬帽是棕色三块瓦式栽绒帽和皮帽。

士兵夏季常规服的款式，上衣为开领、4 个贴袋（女士兵与女军官夏季常规服款式相同），面料为涤棉平布，颜色同尉官冬季常规服。配制式衬衫，戴大檐帽。海军士兵夏季常规服上衣为套头无领式，带披肩，上面有 4 条白杠象征四大领海；下穿水兵裤，裤脚外侧开口，便于在舰艇上工作以及下海救援；戴无檐帽，帽后边附着飘带，颜色为上漂白色下藏蓝色。

士兵冬季常规服的款式略同于军官冬季常规服，上衣口袋改为 4 个贴袋。面料为涤棉卡其，颜色同尉官冬季常规服，戴绒帽或皮帽。

作训服，又称作战服，是指军人在作战、训练、劳动和执勤时穿着的制式服装。也有的国家称军人执行军事任务时所穿的制式服装为工作服，称特种勤务人员的专用工作服为特种工作服。作训服的特点是防护性能好，轻便耐用，适应作战需要。目前，世界上的作训服已达 100 多种，为适应野战环境，一般将作训服按保护色分为单色普通作训服和多色组合迷彩作训服，通常是官兵通用。我国军人所穿的作训服分为普通作训服和伪装服两种，每种作训服又有冬夏之分。其中普通作训服的颜色为陆军草绿色、海军藏青色、空军藏蓝色。夏季作训服的面料为涤棉平布，款式分为军官和士兵两种式样。军官夏季作训服与尉官夏季常规服相同。士兵夏季作训服为夹克式上衣，暗排 5 粒扣，2 个上贴袋、2 个下斜挖袋，有臂袋，裤脚有扣襻；作训帽为软体立帽墙，两侧各有 2 粒装饰扣，采用软塑料帽徽，易于戴钢盔，女军人为无檐军帽。冬季作训服又称防寒服，其面料为涤棉卡其。上衣为开关两用领、暗排 7 粒扣、4 个挖袋，左臂有臂袋，中腰、下摆和裤脚有抽带，戴绒帽或皮帽。目前，世界上流行的冬季作训服具有四大特点：一是结构上采用宽松式，既穿脱方便，又充分发挥材料的保暖性能；二是配套上实行多层次结构，既利于发挥各单件服装的保暖潜力，又利于调节保暖量；三是保暖材料大多采用轻质化纤材料，既减轻了重量，又方便洗涤，提高了卫生性能；四是面料大多是迷彩色，有伪装效果，且经防燃、防水处理。

77　适应各种环境颜色的伪装服

伪装服，又称作训服，它包括迷彩服和变色服，其功能都是有效地隐蔽自己，降低敌方侦察监视效果，不为敌军发现，对取得战斗的胜利具有重要的作用。

迷彩服是一种利用颜色色块使士兵形体融汇于背景色的伪装性军服，如图38所示。起源于第二次世界大战末期德国军队，当时的迷彩服只有两三种颜色，今天已发展到五六种颜色，并由单一伪装服发展为作训服和野战服。迷彩服的设计有三大要素：迷彩图案、迷彩色斑和服装本身的设计。各国的迷彩服设计人员都在围绕这三大要素大做文章，其目标只有一个，就是要使迷彩服穿着者与所处背景之间的光谱反射曲线尽可能一致，在近红外夜视仪、激光夜视仪、电子形象增强器、黑白胶片、彩色胶片等器材和侦视技术面前，混为一体，不易为敌方识破，起到隐蔽自己、迷惑敌人的作用。迷彩图案根据穿着者所处的背景和穿着现场的植被、土壤分布状态等来设计。主要有林地型、荒漠型、雪地型、城镇型、山地型和海洋型等数种。色彩有多种搭配，四色、五色、六色都有。面料一般为棉与涤纶混纺布料或棉与锦纶混纺布料，取棉花的吸湿、舒适之长，取涤纶和锦纶的结实、耐磨之长。也有采用纯棉织物或经过特殊工艺处理过的纯化纤织物制成。

图38　迷彩服

美军于 1981 年开始全面装备迷彩服，布质为棉和锦纶混纺织物，通用图案为林地型，还有荒漠型和雪地型等，具有很好的防微光夜视和防近红外侦视的性能。英军 20 世纪 80 年代的温区、热区作战服和雨衣全是迷彩色的，体现了一服多用的特点，反映出国际上作战服装的发展趋势。俄罗斯军队的迷彩伪装服分为春、夏、秋季型联合伪装服和冬季伪装服两大类，采用棉质面料。英军的温区、热区作战服，材料分别为棉缎纹布和涤棉混纺织物。德军于 20 世纪 80 年代中期开始装备迷彩作训服，这种迷彩服在远、近距离上都能获得较好的伪装效果，还具有设计图案程序简化、成本低、工艺简单等优点。解放军迷彩服的研制工作起步于 20 世纪 70 年代，现有林地型（又称丛林型，属于通用迷彩，绿、褐、黑、黄相间，用于陆军夏季作训服）、荒漠型（比林地型颜色偏黄，用于陆军冬作训服）、城镇型（又称城市型，黑、灰、白相间，用于空降兵）、海洋型（蓝、黑、草绿、白相间，用于海军陆战队）、山地型（又称高原荒漠型，绿、褐、黑等斑点，是最新式样，用于高原部队）等品种。目前在全军广泛装备的是林地型，用料是涤棉混纺织物，一般还要经过阻燃处理，为亮绿、绿、棕、黑四色迷彩。在研制过程中，重点突破了两个技术关键。一是根据应用概率统计理论和现代颜色理论，建立了一整套迷彩伪装理论。在国内首次设计采用了“伪装面图案设计与效果评估计算机智能系统”。借助于该系统完成了背景分析调查，建立了背景数据库，确定了单色样卡，对各种光谱反射、色度坐标、亮度因素等提出了复制技术指标，确定了迷彩服的颜色配比、斑点大小、形状及面积配比等设计参数，对伪装性能给出了定量和定性的评价方法，提出了近红外亮度层次配置的设想，适合我国的植被条件。二是运用现代量子理论，提出“伪装染料红外荧光发色理论”，为伪装染料的合成提供了科学依据。在染色选择合成上，突破了模拟叶绿素的高反射拼绿染料和模拟阴影的低反射黑色染料的技术难题。解决了迷彩作训服专用系列伪装染料和系列伪装涂料，研制成功军工蓝（CVB）、军工黑（COK）两种伪装染料。它所模拟的颜色与相应背景的颜色间存在的光谱差异，在异谱同色检查的允许范围内，符合可见光、近红外波段相互兼容的要求。

变色服是一种能随着周围环境温度和光线的变化而自动变色的军服，这是近年来开发的一种作训服。变色服的变色方式有感温变色、感光变色、遇水变色、红外变色、紫外变色等。其中，感温变色是当温度达到变色临界点的时候，产生颜色的变化，有无色变有色、一色变另一色、有色变无色。感光变色是根据阳光的强弱产生颜色变化，当阳光强的时候颜色比较深，也分为无色变有色、有色变无色。遇水变色是在干燥的时候是一个颜色，当遇到水的情况下是另外一个颜色。变色服是受“变色龙”能自动变色的启发。变色龙又称石龙子，栖息于树上，它有一种奇特的本领，为防止被其他动物伤害和便于捕杀比它更弱的动物，它能随环境的变化而自动变色来隐蔽自己。这是因为变色龙的多层皮肤的细胞内含有绿色素，绿色素在每一个细胞内可以移动，有时聚成一点，有时散开，这样便改变了体色。目前借助于高新技术，已初步研制出一种能自动变色的化学纤维。当这种纤维采用光色性染料进行染色后，便能随着周围环境的光色变化而改变颜色。当然，可变范围是指大致同类型的颜色。也有些科学家正试图采用仿生学技术，研究开发类似变色龙皮肤细胞内所含绿色素的有机变色素来制成能自动变色的军服。

自动变色的新技术研究成功，将为部队的伪装和隐蔽提供极大的方便。采用变色纤维制作的伪装服，可随地貌环境的变化而交替变换不同的颜色，这真是：地貌换颜，服装变色，功能奇特，易藏易打，主动袭击，胜券在握。如将这种光学纤维用于民用服装，也将会大放异彩，可获得更为奇特的效果。国外有的科学家根据变色军服的原理，研制了一种新的化学纤维，它并不是随着环境的变化而马上改变颜色，而是有一定时间的稳定性和变色的滞后性。这种变色纤维在受到一定光照改变颜色后，可保持 24h 不改变。这样，当人们每天外出前，可按照自己喜爱的色彩改变一下服装的颜色，每天换一次颜色犹如每天穿一件新衣服，这对那些爱美、爱时髦的俊男靓女来说，买上一件这样的衣服，能顶上好几件衣服，岂不美哉！

纵观军服发展史，从单一色军服发展到迷彩服，到动感伪装的变色服出现，军服伪装性能的发展经过了许多次质的飞跃，但变色服也并非是最高境界，有矛就有盾，还有功能更为强大的智能伪装服等待我们去开发。

78　防生化武器的三防服

三防服是指具有防核武器、化学武器、生物武器的综合性的作战服，是由上衣、裤子、护目镜和防毒面具等部分组成，如图 39 所示。三防服是随着军事科学的发展而逐步完善的。早在 20 世纪 40 年代就研制成功了丁基橡胶等材料的防护服，由于不透气，阻碍了皮肤上汗气的弥散蒸发，严重地影响了穿着的舒适性，只能供化学、生物和放射性污染较严重区域的工作人员穿用，不适应机动性作战人员使用。在 50 年代末期，开始采用氯胺浸渍服，虽然透气散热性能较好，但对毒剂防护有选择性。对糜烂性毒剂和 V 类毒剂具有防护能力，但对 G 类毒剂的防护能力却很差。另外，氯胺本身对人体皮肤有一定的刺激作用。进入 60 年代，由于纺织纤维制造技术的突破，研制成功一种含氟防水、防油表面活性剂和耐高温纤维，从而研制出一种技术含量很高的新材料、新技术与新工艺结合的新型三防服。这种新型三防服分为内外两层：外层由特殊的耐火材料制成；内层是在轻薄的非织造布上浸以活性炭，再经防水、防油、防火等防护剂处理，可防止毒剂液滴和蒸气、细菌和放射性污染，在一定程度上也可防光辐射。

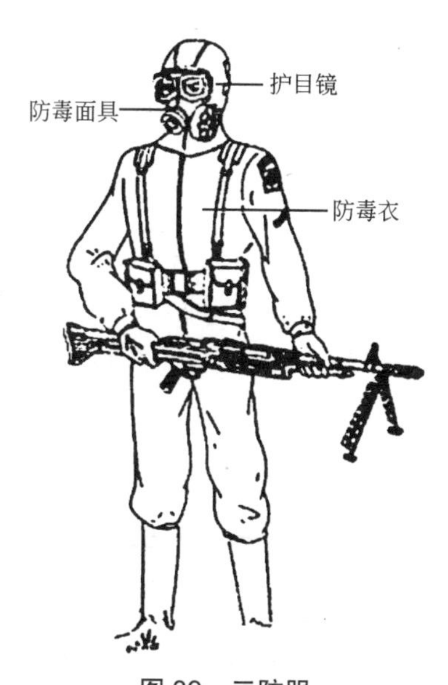

图 39　三防服

目前，英军装备的 MK-3 型（马克-3 型）三防服，被认为是世界上性能最好、最先进的三防服。它由上衣、裤子、护目镜、丁基橡胶靴、氯丁橡胶手套和防毒面具组成。衣裤分为内外两层：外层是第一道防线，这层布是用阻燃尼龙和变性聚丙烯腈纤维制成，具有很高的耐光辐射性，并且表面极为光滑，散落在三防服上的毒剂会很快地散布开来被蒸发掉，在一定距离内，光辐射一般也不会透过这层布；内层是经过化学剂浸渍后再涂了碳的特殊织物，组成第二道防线，当敌人使用化学制剂及生物制剂的时候，它可阻止化学毒剂及有害微生物侵入人体，还能防雨、透气排汗，并可在 10min 内更换填充物，更换一次可防护 24h。该三防服具有防雨的性能，用过后还可以洗涤，连穿数日也没有不舒适的感觉。防毒面具既可以保护头部（包括呼吸器官、眼睛和面部）安全，又可滤除空气中的毒剂，使人能呼吸到新鲜空气，防止放射性灰尘和细菌进入人体。而护目镜则是专门用来保护眼睛的，它具有自动变色的特殊功能。当核弹爆炸后产生几十万摄氏度的高温，同时发出耀眼闪光，在几十公里外看，闪光的亮度要比夏天中午的太阳光还要强数百倍，这种光直射人眼，会烧伤视网膜，造成闪光盲。而这种用特殊材料制成的护目镜，在核闪光突然来临的时候，会做出快速的反应，镜片可在 100μs 的时间内由透明的颜色转瞬间变为黑色，使眼睛处于安全的环境中，当闪光过后，光亮强度降到安全值后约半秒钟，镜片又自动恢复透明，它既不妨碍视线，又能保护眼睛。这种护目镜曾在 20 世纪 90 年代海湾战争中使用过。穿着这样一套三防服，就可以对付敌人的核武器、化学武器和生物武器的突然袭击，在极其复杂险恶的环境中执行特殊的作战任务。

20 世纪 90 年代的海湾战争中，法军装备的三防服是连体式的。它由内外两层构成：其外层是经防油处理的涤棉织物，毒气碰到衣服会变成油滴流下来；内层是在轻薄非织造布上浸满活性炭的泡沫层，再经防水、防油、防火等防护剂处理，可以把渗透到服装内的毒气吸附住，有效时间为 24h 以上，总重量不足 2kg。美军的三防服分为上衣和裤子两节式，外层是经防水、防油、阻燃处理的棉锦混纺斜纹布，内层是黏胶活性炭织物，对毒剂蒸气和液滴的防毒时间可达 24h。

需要指出的是，三防服对核武器的防护性能主要是指在一定距离上对光辐射及放射性沾染的防护能力，而对核武器的其他杀伤因素，如冲击波、贯穿辐射，它的防护性就差多了，有待进一步研究开发。

79 单兵防护军服——防弹服

防弹服是指一种能在枪林弹雨中防止枪弹和炮弹碎片穿透的军服，以使人体躯干免受伤害，这就是我们常说的防弹衣，也称防弹背心，如图 40 所示。它的问世已经有 100 多年的历史了，有连体式和分体式多种式样。保护从喉部到裆部的要害部位，也有些国家装备了护腿。它是在铠甲的基础上发展起来的。

图 40 防弹服

防弹服的防弹效果是十分显著的。在第一次世界大战中，英国军队调查表明，战场上死亡总数的 80%是由中速流弹和碎弹片造成的。他们运用钢盔的原理研制出胸甲或防弹衣，重量约 9kg。虽然重些，但可有效地阻挡流弹和碎弹片，伤亡率降低 58%。其中胸部受伤造成的死亡率从 36%降到 8%，腹部受伤造成的死亡率从 39%降到 7%，受保护部位负伤率降低了 74%。在第二次世界大战中，碎弹片造成的伤亡仍约占 60%，人们对防弹服的研制越来越重视，20 世纪 40

年代初，美国和西欧一些国家开始研制合金钢、铝合金、钛合金、玻璃钢、陶瓷、尼龙等材料的防弹服，并用于战场。根据使用的材料，防弹衣可分为软体、硬体和软硬复合体三种。其中，软体防弹衣的材料主要以高弹性能纺织纤维（如尼龙、凯夫拉等）为主，这些高性能纤维远高于一般材料的能量吸收能力，赋予防弹衣防弹功能，并且由于这种防弹衣一般采用纺织品的结构，因而具有很好的柔软性，称为软体防弹衣。硬体防弹衣则是以特种钢板、超强铝合金等金属材料或者氧化铝、碳化硅等硬质非金属材料为主体防弹材料，由此制成的防弹衣一般不具备柔软性。软硬复合体防弹衣柔软性介于上述两种类型之间，它以软质材料为内衬，以硬质材料作为面板和增强材料，是一种复合型防弹衣。作为一种防护用品，防弹衣首先应具备的核心性能是防弹性能，使弹头、弹片弹开或嵌住，并消释冲击动能，起到防护作用。同时作为一种功能性服装，它还应具备一定的服用性能。

防弹衣的品种、型号较多。从防护等级分，可以分为防弹片、防低速子弹、防高速子弹三级；从式样上分，有背心式、夹克式、套头式三种；从使用对象分，有地面部队人员防弹系统防碎弹片背心、战车乘员防弹系统防碎弹片防弹衣、空勤人员防小型武器（手枪）防弹衣、警察防弹衣、保安防弹衣、要人防弹衣等多个品种。而且每一个品种又由于穿着对象不同，因此设计式样、防弹衣材料的使用都不一样。以要人为例，要人防弹衣是国家领导人和政界要人进行公开活动时为防止敌对分子的杀害而穿着的装备，既要求高防弹性能，又不能太显眼。一般设计成西服式样，防弹层多用软性材料制成。

防弹衣的结构主要由衣套和防弹层两部分组成。衣套常用化纤织物制作，起覆盖和保护防弹层的作用，有的衣套也有一定的防弹作用。防弹层用金属、玻璃钢、陶瓷、尼龙、凯夫拉（芳纶）等硬质和软质材料单一或复合制作，使弹头、弹片弹开或嵌住，并消释子弹、弹片的冲击动能，对人体起到保护作用。衣套由过去单一的覆盖防弹层的作用，发展到今天的具有防火、防水、伪装等功能的高性能防弹衣套。防弹层的厚度，根据不同使用对象，以防护性能与穿着舒适之间的最佳平衡来确定。防护层的结构有单一的，也有复合的。复合的有多种防弹材料的复合，也有防弹材料与减震材料的复合。防弹材料有的做成整体，也有的做成片状再一片一片搭接起来。整体的活动不便，目前刚性材料一般做成片状，穿在身上活动度大，软性防弹材料一般都做成整体性的。

防弹材料的发展经历了一个漫长的历史过程。从简单的钢材到合金钢，从金属材料到玻璃钢，从普通化纤到芳纶（凯夫拉），从单一材料到复合材料。每走一步，都使防弹衣的性能提高一大步。尽管防弹材料五花八门，品种繁多，但归纳起来，只有金属（包括合金材料）、玻璃钢、陶瓷、尼龙、碳化硅和凯夫拉六大类。

现将后三种介绍如下。

尼龙是软性防弹材料，采用多层高强尼龙布，可有效防御手枪子弹和冲锋枪子弹，重量较轻。

碳化硅纤维是无机纤维品种之一，它具有特别高的弹性模量，受到冲击时产生撕裂而吸收弹片的能量，削弱碎弹片对人体的伤害。

凯夫拉（Kevlar）即芳香族聚酰胺纤维，具有高强度、高模量和耐高温的特性，其强度是钢的5倍。用这种材料制作的防弹衣，防弹效果较好，穿着较舒适。为了提高防弹效果，还可在这种软性防弹材料的适当部位插装陶瓷或积层凯夫拉防弹板，在最里层加衬减伤垫。目前凯夫拉已经形成系列产品，性能越来越高。当子弹或碎弹片射到凯夫拉层的时候，它的高强度挡住子弹，纤维本身受力变形，消耗掉子弹或弹片的动能，从而保护了穿用者的安全。最近几年来，超高分子量聚乙烯纤维开始用于防弹层。

尼龙、凯夫拉、超高分子量聚乙烯纤维均是以其柔软的织物或者是浸渍了树脂类化学物质的织物制作防弹层，其防弹的机理是一样的：利用它们的强度抵御子弹或碎弹片，抵御不了时，纤维扭曲变形嵌住子弹或碎弹片，第一层挡不住，还有第二层，颇有一点前仆后继的味道。决定其防弹性能的是织物重量和厚度与结构；其次是制成防弹背心材料的组织结构。试验表明，200g/m^{2}的平纹致密结构织物具有最佳防弹效果。用三层这样的织物绗缝在一起就足以防御步枪子弹。美军地面部队防弹衣的防弹层是采用475g/m^{2}的13层凯夫拉布，衣套是橄榄绿布。纤维的线密度是156tex（1500den）。防弹衣套的外层是272g/m^{2}的防弹尼龙布，经拒水处理，四色丛林迷彩绿色；内层也是272g/m^{2}的防弹尼龙布，经拒水处理，橄榄绿色。防弹衣的三层，即防弹层和衣套的内、外层，都具有防弹作用。

80 探索空间的必要装备——宇航服

宇航服，又称航天服、太空服、宇宙服，是人类进入太空保障航天员生命活动和工作能力的个人密闭装备。具有特殊而复杂的功能，可防护空间的真空、高低温、太阳辐射和微流星等环境因素对人体的危害，是人类在大气层外宇宙航天时穿着的服装总称，被称为太空生命的“保护神”，也是纺织工业和服装工业高科技的象征，如图41所示。

世界上第一个使用航天服装备的人是美国冒险家威利·波斯特。1937年，他驾驶“温尼妹号”单座机在向横越北美大陆飞行的挑战中，将飞机上升到同温层。当时波斯特身穿的高空飞行压力服，是用发动机的供压装置送出的空气压吹起来的气囊。第一个使用航天服进入太空的人是前苏联航天员加加林。1961年4月12日，莫斯科时间上午9时7分，他乘坐东方1号宇宙飞船从拜克努尔发射场起航，在最大高度为301km的轨道上绕地球一周，历时1小时48分钟，于上午10时55分安全返回，降落在萨拉托夫州斯梅洛夫卡村地区，完成了世界上首次载人宇宙飞行，实现了人类进入太空的愿望，并由此揭开了载人航天时代的序幕。

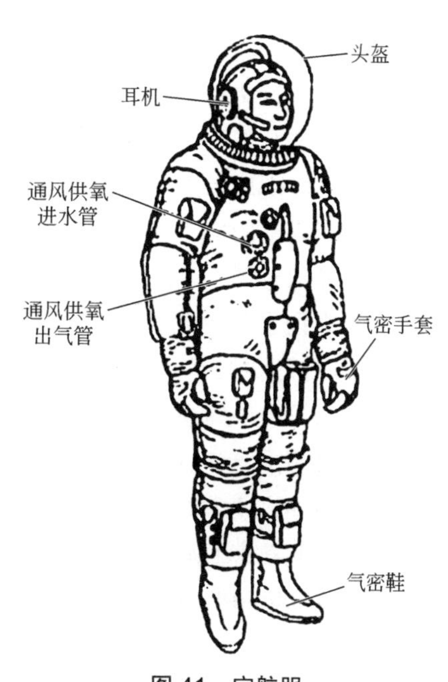

图41　宇航服

宇航服作为探索太空的必要装备，科技含量极高，目前世界上研制和开发宇航服获得了成功的仅有美国、前苏联以及我国等少数几个国家。每个成功的国家都经历了几个阶段。例如，美国国家航空航天局在1959—1963年进行的航天载人飞行“水星计划”期间，阿仑·谢泼德第一个成功地进行了美国最早的载人航天飞船的亚轨道飞行，所穿的Navy Mark V型水星宇航服，是由当时美国海军的高性能战斗机飞行员穿着的MK-4型压力服加以改进的。由氯丁橡胶涂在布上的防护层和经过氧化铝处理的强化尼龙的内绝热层叠合而成，肘和膝关节部分缝入了金属链，容易弯曲。但是，当内压提高时，航天员难以活动身体。这种宇航服可视作美国第一代宇航服。在1963—1966年进行的航天载人飞行“双子座计划”期间，美国又开发了第二代航天服。这种航天服在封入空气压的压力囊外蒙上了一层用特氟纶混纺材料织成的网，即使空气压使航天服整体膨胀也容易弯曲。由于“双子座计划”要求航天员进入太空在轨道上作会合或入坞的活动，所以这种航天服具有极佳的运动性。在1968—1975年进行的航天载人飞行“阿波罗计划”期间，又根据月球特定地形和温度等各种环境情况，研制出第三代宇航服。与过去的航天服相比，根本的差别是采用了便携式生命保障系统，即将生命保障系统固定在背上，以进行供氧、二氧化碳的净化和排除体热，并在关节周围制成伸缩自如的褶皱，大大提高了运动性能。1981—1993年，美国一共有5架航天飞机进行了79次飞行，机上航天员所穿可以说是第四代航天服了。与前几代相比又有了较大的改进，其中最大的变化是此之前都是定做的，一件航天服只能用一次，每件开发和制作上都要耗费巨资和时间。而这种航天服不是定做的，它是根据人体的造型把航天服分成几部分，分别被规格化为“特大”到“特小”几种尺寸，然后成批生产，加工成现成的服装。航天员只要从中选择合身的各部分，重新加以组合就可得到一套满意的航天服。使用后，也不像过去那样送进博物馆，而是把航天服再分解，各部分清扫后再次使用，计划使用寿命是15年以上。

航天服为了解决人类在太空活动时因缺氧失重、冷热剧烈变化、宇宙微尘和辐射袭击、降落时的气流冲击和水中溅落等一系列的航天防护问题，一般来说，必须具有以下一些特殊的基本功能。

根据相关研究提供的数据，人体在地球上所受到的安全辐射剂量，在30年中只有5rad（1rad=10mGy）；而在太空中，一次大的太阳耀斑（即“色球爆发”，日面或边缘上局部区域亮度突增的现象，寿命由几分钟到几小时）就可产生高达1000rad的辐射剂量，当宇航员一旦暴露在如此强烈的辐射之中，至多只能活五六天。而宇航员穿上宇航服后在太空中则安然无恙，全靠宇航服的阻挡作用。

太空中的温度变化无常，温差特别大。以月球为例，上面既无大气也无水，高温达120℃，而低温却只有-140℃，温差竟达到260℃，宇航员穿上宇航服后，既不感到热也不感到冷，这是宇航服的隔热保暖作用。

当宇航员穿上宇航服进入太空或其他星球后，犹如把自己封闭在一个几乎没有什么空间的内壳中。但是，人是要流汗散热、进行呼吸的，否则生命就会停止。因此，必须要求宇航服具有通风换气、提供氧气的功能。

在太空中，不仅会碰上陨石流，而且还有许多“太空垃圾”，如人造卫星残骸等。如果宇航服没有一种“柔中有刚”的防撞击能力，一经被太空中小小的尘埃击穿，那么在不到1min的时间内，宇航服内的压力就会骤降，维持宇航员生命所需的空气将会漏光，宇航员便会在瞬间因缺氧而死亡。因此，宇航服必须具有抵御外来物撞击的性能。

宇航服还必须具有通信联络、电视摄影、照相、电子报警等功能。一方面是为了及时与地面取得联络，保护宇航员的安全，另一方面也是为了科学研究，收集各种有关数据和资料。因此，宇航服是一种利用工艺学、电子学、材料学、物理学、化学等领域中最新技术成果的、具有多种综合功能的“生命服”。

宇航服的结构除上衣下裳外，还有头盔、手套和靴子。头盔由透明外壳、颈圈、通气垫、排泄阀和可调节装置组成。通过颈圈与上衣相连接，具有面窗与开启机构、进食嘴等装置。在头盔上装配有太阳护目镜罩壳，护目镜上的防光玻璃可以衰减光和热，保护受宇宙微尘的冲击作用和意外冲击伤害，并防止受太阳的辐射以保护视网膜。护目镜上有专门的涂层使其具有类似于双向镜的光学特性，反射太阳的光和热，但可以看到太阳，还有调节的挡光板。头盔采用耐恶劣气候、耐冲击的聚碳酸酯制成。在聚碳酸酯罩壳的后面有通气组件将通入的气体散布到宇航员的脸部。在头盔内还有通信头罩，由聚四氟乙烯和锦纶或氨纶织物制成，它与通信线路相连接，包括送话器和耳机。手套由减震器和软外层组成，与衣袖通过腕部连接器相连接，使手腕灵活转动，并保护腕部和手。腕部与臂部可拆开和连接，手腕可转动，也能屈曲或伸展。拇指和四指用织物制成的接头连接，有保护太空中极热极冷条件的热垫，还有可以由宇航员控制的指尖加热器。靴子一般有三种形式：一种是靴子与下裳连成一体；另外一种是通过连接器相连接；还有一种是套靴的穿着方式。整套宇航服由里到外共分为 6 层结构。

第一层是贴身层，又称内衣舒适层。选用质地柔软、吸湿性和透气性良好的棉针织物制成。

第二层是代谢层，又称保温层。负责排除人体产生的汗液与浊气，散热通气，保证宇航员所需的新鲜空气，调节湿度和温度。选用保暖性好、轻软的材料如合成纤维絮片、羊毛、丝绵、太空棉等制成。

第三层是防热层，又称通风水冷层。由通风服和水冷服组成。选用抗压、耐用、柔软的塑料管和塑料薄膜，制成由 7～8 层轻而隔热的屏蔽板，板间抽成真空以防止外热源的导入。

第四层是气密层，又称气密限制层。防止服装内压力泄漏，保持人体需求的适度压力。气密层采用气密性好的涂氯丁橡胶锦纶布等材料制成；限制层选用强度高、伸长率低的涤纶织物等制成。

第五层是隔热层。采用多层涂铝的聚酰亚胺薄膜或聚酯薄膜中衬非织造布制成。

第六层是外罩防护层，又称反射层。具有防火、强反射能力，阻挡太阳辐射热。多用镀铝织物制成。

航天服按其功能一般分为舱内服和舱外服两种。从服装内压上看，有低压航天服和高压航天服之分；从其结构上看，可分为软式航天服、硬式航天服和软硬结合航天服。舱内服是宇航员在载人航天器座舱内穿着的，通常是在发射时和返回地球时穿用，一旦座舱发生气体泄漏和气压突然变低时，舱内服迅速充气，起到保护宇航员的作用。舱外服是宇航员出舱活动、进行太空漫步时穿着。其结构尤为复杂，不仅具有加压、充气、防御宇航射线和微陨星袭击等功能，还安装有通信系统、生命保障等系统。飞船在轨道飞行时，航天员一般不穿航天服。

81 飞行员的个体防护服

飞行员的个体防护服主要是指飞行员在航空环境下的功能性服装，如抗荷服、代偿服、抗浸服等，以用于应急状态时保证飞行员的安全。其所选用材料均具有较小的相对密度、较高的强度、一定的伸长率、耐寒、耐热、阻燃、材质柔软、穿着舒适、较好的稳定性等特性。

抗荷服是指向飞行员腹部和下肢加压以提高抗正过载能力的个体防护装备，又称抗荷裤。20 世纪 70 年代以来，抗荷调压器采用在正加速度发生前给服装预充压的方法，从而提高了抗荷服的抗过载性能，如图 42 所示。

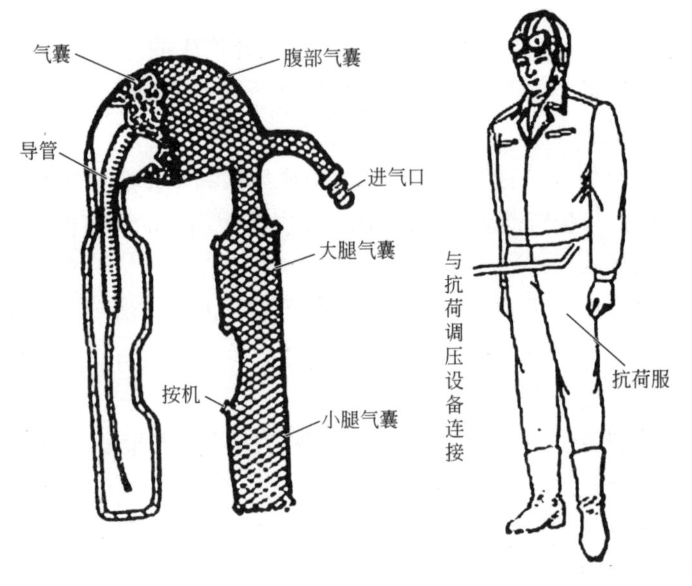

图 42 抗荷服

飞行器在高速飞行时，当飞机速度变化引起的加速度将会对人体产生致命的作用力。当驾驶员为坐姿时，加速度产生的反作用力使血液产生非正常的流动，血液从头部向下肢流动，造成头部脑缺血，使眼球中视网膜贫血、体内各部位血液分配失调，此时飞行员将会出现灰视（视觉发暗）、黑视（视觉消失）和意识丧失的昏厥现象，严重影响到飞行员的正常工作和生命安全。抗荷服就是给人体下身施加压力，以对抗血液向下肢流动的一种飞行员个体防护救生的装备，它是利用人体局部加压的方法来提高人体的加速度耐力。它由压力调节器和侧管组成，当加速度产生时，调节器把压缩空气释放到抗荷服里，压迫下肢及腹部，对抗血液的惯性下涌以防止内脏器官的移位，并能使迅速涌向下肢的血液返回心脏，确保大脑的血液供应。由于抗荷服的过载性能与纺织材料的性能有着密切的关系，故要求纺织材料具有较高的强度、较小的伸长率和摩擦系数、较好的阻燃性、耐磨性和穿着性。

目前，我国仍采用锦纶丝作抗荷服的面料，采用斜纹组织织造。这种材料的缺点是伸长率较大（高达 38%），阻燃性也不够理想。国外普遍采用阻燃纤维制作。近些年来，已开发出芳纶 1414（Kevlar）作原料，其强力为锦纶的 3～4 倍，伸长率仅有 4%，耐燃烧，是制作抗荷服的一种较理想的材料。

代偿服，又称高空代偿服、加压服，如图 43 所示。当飞机在 12～15km 的高空飞行或以 900km/h 的速度正常飞行时，代偿服不工作。若飞行器气密座舱被破

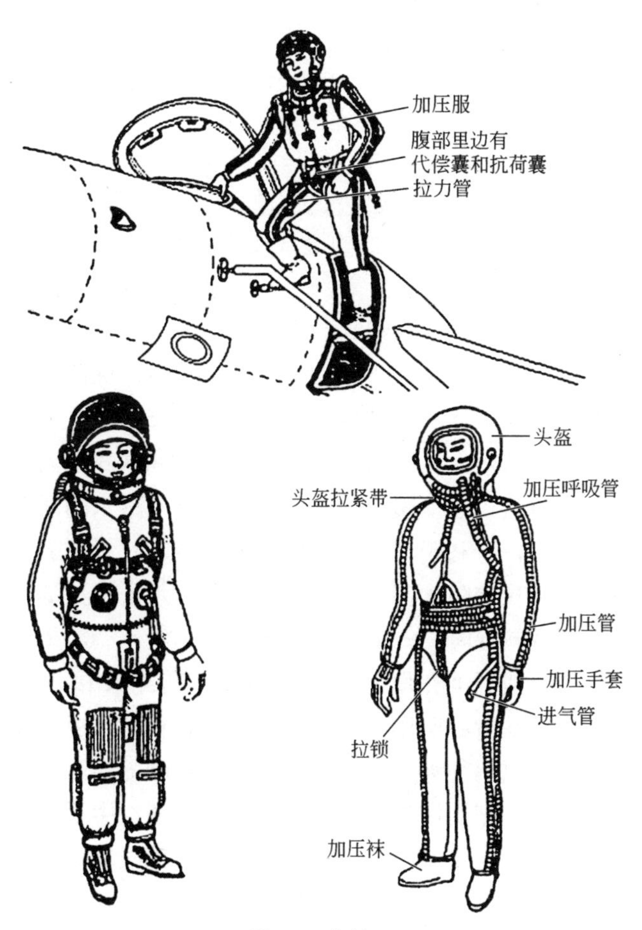

图 43　代偿服

坏，可能产生致命的低气压。由于人体的内外压力平衡遭到破坏，飞行员将面临着各种病症的严重威胁。如果飞行高度上升到 18.5km 时，则会引起致命的呼吸困难和体液汽化沸腾，使飞行员迅速丧失意识，甚至死亡。因此，代偿服就是一种具有保障飞行员生命安全功能的飞行服，它是采用给飞行员的体表施加机械压力，以保持人体内外压力平衡的一种个人防护救生装备，又称部分压力服。它与飞机供氧系统配合使用，同它配套的设备还有密闭头盔或加压面罩。全套服装由气密头盔、气密背心和肢体拉紧系统三部分组成。高空代偿服是 20 世纪 50 年代在代偿背心的基础上研制成功的。当座舱失去气密性（即高空压力突然降低）或飞行员应急离机时，代偿服的加压供氧系统开始向头盔和服装内加压，此时四肢拉力管同步动作。四肢拉力管充气后通过绳索拉紧服装，使服装紧紧压迫身体，从而产生与人体肺内相等的气压，以保持人体内外压力平衡，避免“炸肺”的危险。还有一种全封闭的代偿服，由头盔、气密服装、代偿手套和代偿靴子组成。密封的服装与供氧装置组成一个封闭空间，服装内的压力要随高度变化随时调节，自动补偿外界压力，使人感觉不到压力的变化。

代偿服作为高空飞行的救生设备，对其技术性能要求除在结构上考虑外，主要由各种纺织材料来保证，要求织物有较高的强力和适当的伸长率，重量要轻（3kg 左右），织物外观质量要好，有较良好的透气性和吸湿性，要进行防灼、阻燃和防老化处理，使其具有一定的弹性，穿着舒适，重量轻。目前我国使用的代偿服是用锦纶丝作原料，采用假罗纹组织织制的面料制作的。

抗浸服，又称救生衣，是海上飞行的一种救生装备，保证人员落水后防止体热在短时间内大量散失的个体防护装备。抗浸服内装有各种救生物品，其功用是通过防水浸和保暖延长落水人员在水中的存活时间。其款式多为背心式，由抗浸层和保暖层组成，抗浸层罩在保暖层的外面，用透气不透水的面料制成。这种布料在干燥时可透过空气，有利于汗液的挥发，与水接触时纤维膨胀形成防水层。抗浸服在颈部和腕部有橡胶防水圈，胸前开口处用防水密封拉链封口。抗浸服的隔热效果欠佳，保暖依赖保暖层。保暖层面料采用锦纶丝绸，里面用羽绒、木棉或其他保暖性能好的合成纤维充填。抗浸服能保证溅落冷水中的人员在 2h 内不致冻到无法救治的程度。在背心胸围处设有 4 个保暖材料的浮囊，飞行员落水后可利用吹气管自行吹气，以增加浮力。背心中有救生物品，当落水后飞行员可从物品袋中取出海水染色剂，把周围海水染红，便于飞机从空中寻找。在夜晚可用抗风火柴点燃照明。当遭到鲨鱼袭击时，还可取出防鲨剂防鲨。另外，还有海水淡化剂与口粮，用以维持生命。背心上的无线电信标机会自动发出求救信号，报告落水位置。这种服装不仅能防止寒冷的海水浸入身体，而且还能增加人体在海上的漂浮能力。

抗浸服的面料一般选用棉纤维，因棉纤维有较多的羟基，与防水剂反应可达到耐久性的防水效果，还可保持天然纤维的特性，通常采用较细的长绒棉纺制细度较细的低捻纱、用纬重平组织织制高密度织物，并经烧毛、煮练、丝光处理，染色后再经防水整理。

82 保护头部的装具——头盔

头和胸部是人体的要害部位。从某种意义上讲，头部比胸部更为重要，因而遇到险情时首先是保护头，这几乎成了人的一种本能，于是就出现了保护头部的头盔。现在不仅军队装配头盔，在交通、建筑、采矿和运动中，头盔也是必备的器具。

头盔的历史可以追溯到远古时代。原始人为追捕野兽和格斗，用椰子壳等纤维质或大乌龟壳等来保护自己的头部，以阻挡袭击。后来，随着冶金技术的发展和战争的需要，又发明了金属头盔。在距今大约已有三千多年的我国安阳殷墟，曾出土正面铸有兽面纹、左右和后边可遮住人的耳朵和颈部的铜盔，这是迄今能见到的世界上最早的金属头盔。随着冷兵器的消亡，它和铠甲一起离开了战场。今天使用的头盔是在第一次世界大战中发展起来，由法国亚得里安将军于 1914 年发明，采用哈特非钢制造，被称为“亚得里安钢盔”。这是现代头盔的雏形。第二次世界大战中，因武器杀伤威力不断地增大，美国研制出 M1 等锰钢头盔，使头盔防护能力有了较大提高。20 世纪 70 年代后，又陆续出现了凯夫拉头盔、尼龙头盔、改性聚丙烯头盔、超高分子量聚乙烯头盔和钢盔，使头盔的发展有了新的突破，并成为现代热兵器时代单兵防护必备的高技术装备产品之一。

头盔的作用在于保护头部、太阳穴、耳朵和颈部免遭碎弹片的伤害。头盔多呈半圆形，主要由外壳、衬里和悬挂装置三部分组成。外壳分别采用特种钢、玻璃钢、增强塑料、皮革、尼龙等材料制作，以抵御弹头、弹片和其他打击物对头部的伤害。现在的头盔外壳已不再采用钢质，而采用高性能纤维芳纶增强复合材料代替钢，不仅重量可减轻 20%～30%，而且抗弹性能提高了 20%～35%，一般采用环氧树脂凯夫拉（Kevlar，即芳纶 1414）模压物，也有的头盔是 9 层凯夫拉，外涂 15%～18%的酚醛树脂和聚乙烯醇缩丁醛树脂。外壳的外沿是橡胶黏结剂，外壳涂以防化学剂涂层。衬里用棉纤维或尼龙、泡沫橡胶制作，起增强防护性能和戴着舒适的作用。悬挂装置采用皮革或塑料、纤维织物制成，固定在盔体上，起与头部连接的作用。

头盔的品种很多，按使用对象分，可分为步兵头盔、坦克乘员头盔、飞行员头盔、空降兵头盔、海军陆战队队员头盔、防爆头盔等。由于头盔的使用环境不同，因而具体结构和要求也不尽相同，但作用都是一样的。从第一次世界大战到现在近百年中，头盔发生了巨大的变化，主要表现在三方面：一是实现了由钢盔到无钢头盔的飞跃，大大减轻了头盔的重量；二是结构更为合理，防护面积加大，佩戴时稳定性更好；三是凯夫拉等高新技术材料的使用，进一步提高了防弹效果。

头盔在保护士兵头部免受伤害和提高战斗力方面起着重要的作用，是作战部队不可缺少的重要军事装备之一。随着科学技术的飞速发展，高新技术在军事装备中的应用也越来越广泛。因此，头盔今后的发展将是采用高新技术材料，盔形的改进，借以提高防弹性能，提高佩戴时稳定性和舒适性。其发展趋势如下。一是采用新材料，减轻盔体重量，提高防护能力。凯夫拉在头盔中的成功应用，引起世界各国的极大兴趣。最近，美国杜邦公司又研制成功了三种性能更好的凯夫拉（凯夫拉 777、凯夫拉 259 和凯夫拉 364）。经过表面处理的 777H-SHSLL 纤维制作的头盔防弹性能超过了目前使用的凯夫拉 259 纤维制作的头盔，比凯夫拉 259 和凯夫拉 364 的重量更轻，防弹性能更好。荷兰 DSM 公司研制成功一种名为迪那马系列的超高分子量聚乙烯纤维，具有超高强度，而且有柔软、耐水、耐光、耐老化、耐油、耐一般化学药品腐蚀等特点。二是改进盔形，扩大防护面积。三是发展整体头盔，提高舒适性和方便性。四是向高技术、多功能化方向发展，成为攻防兼备的士兵系统的分系统，有的国家已研制成兼备攻防两种功能的头盔枪和头盔式激光枪，既可防护，又可以发射无壳弹或激光弹。如德国军队最新装备的头盔枪可发射 9mm 无壳弹，初速为 580m/s，而且没有后坐力，射击精度优于步枪，如图 44 所示。这种头盔的优点是便于隐蔽，灵巧轻便，可先敌开火，首发命中。徒步、乘车或骑摩托车时使用，均能准确地命中目标。头盔枪采用自动发火装置，士兵双手可以解放出来，以携带和操作其他轻型武器及设备。

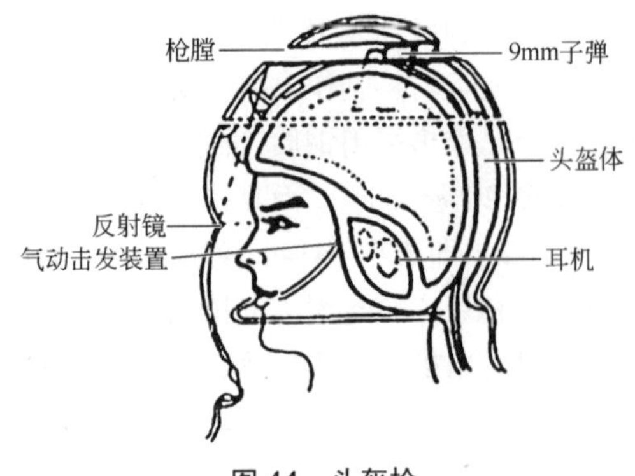

图 44　头盔枪

83　戏剧的行头——戏装

戏剧服装简称戏装，包括戏衣、盔头和戏鞋等。是塑造戏剧人物角色外部形象的艺术手段之一，用以体现人物角色的身份、年龄、性格、民族和职业特点，并显示剧中特定时代、特定情境和生活习俗等，故在中国传统戏剧中又称行头。它们的出现时间可追溯到宋元时期，当时戏曲艺术已趋于成熟，戏装逐渐程式化，并且具有相对稳定的穿戴规则，在制式上也由绘画服饰逐步演进为刺绣服饰，奠定了戏装的基础。清朝末年，戏装又在新颖、轻便和写实方面进行了更大改进和完善，成为现今所见戏台上的行头。

行头一般是根据戏剧故事和人物形象进行设计制作，是一种由生活化服装加工提炼而成的艺术化服装，在某种程度上它既类似于历史生活服装，但又有别于此，而妙在似与不似之间的意象化。它与传统戏剧表演程式性、虚拟性和假定性相匹配，以“为人物传神抒情”服务为最高的美学追求目标，具有程式美、律动美、装饰美和符号美的意蕴。由于戏剧表现的内容十分广泛，因此戏剧服装比其他专业服装更加丰富多样。一般而言，戏剧服装的设计注重塑造舞台人物形象和舞台效果，不讲究服装的保健性能及穿着舒适性。主要是强调色彩对比，突出纹样，并常采用各种彩色丝线和金银丝进行刺绣加工，以增强戏剧性和提高舞台效果。我国传统的戏剧服装经过长期的发展，遵循一定的规范和穿戴规则，并以服装的颜色和式样来显示角色的身份和在剧情中的地位。

戏衣包括蟒、靠、帔、褶等戏服。戏衣所用的织物有布、帛、绸缎，花纹有龙、云、凤、鸟，色彩有正副色等，因而构成了品种丰富、色彩绚丽的戏衣。

蟒，又称蟒袍，是帝王将相穿用的公服，满身布满纹绣，上为云龙，下为海水。文官多穿团龙蟒，武将则多穿大龙蟒。女蟒较男蟒稍短，胁下无摆，绣龙或凤，为后妃、贵妇、女将所穿，而皇帝穿黄蟒。

靠，又称甲，是武将戎装。可分为软靠和硬靠两种。硬靠在背后插三角形靠旗。

帔，一般为皇帝、文官的便服和士绅的常服。男帔及足，女帔及膝。

褶，又称褶子，在戏衣中用途最广泛。可分为花褶和素褶两大类。花褶有武生褶、小生褶。素褶多用于平民百姓，有青衣（妇女穿的滚蓝边的对襟衣）、穷衣（穷书生穿）、海青（又称院子衣）、紫花老斗衣（劳动者穿）、安安衣（儿童穿）等。

除此之外，戏衣还有官衣、大铠、箭衣、马褂、开氅、宫装、斗篷、坎肩、袄裤、裙、茶衣、八卦衣、太监衣、龙套衣等。戏衣中的蟒、帔、褶、官衣、开氅、宫装，一般都在袖口上缝一段白绸，称为水袖。特别适宜于舞蹈。

盔头专指戏剧中的冠、盔、巾、帽等。冠主要为帝王贵族所戴，有九龙冠、平天冠、紫金冠（太子盔）、凤冠、过翅等。盔为武官武士所戴，有师盔、草王盔、天子盔、倒缨盔、中军盔、八面威等。巾有皇巾、相巾、文生巾、武生巾、学士巾、八卦巾、员外巾等。帽有皇帽、侯帽、相貂、纱帽、毡帽、太监帽、皂隶帽、鬓帽、风帽等。

戏鞋是指戏装中演员穿的各种靴、鞋。主要有厚底靴，为生角、净角穿用；快靴，为武生穿用的半高鞠鞋；洒鞋，为渔民等穿用的矮鞠鞋，鞋面饰鱼鳞纹或其他花纹；彩鞋，为女用便鞋，在鞋上缀有小穗。

参考文献

[1] 陈维稷. 中国大百科全书(纺织卷)[M]. 北京: 中国大百科全书出版社, 1984.
[2] 季龙. 中国大百科全书(轻工卷)[M]. 北京: 中国大百科全书出版社, 1991.
[3] 季国标, 梅自强, 周翔, 邢声远. 黄道婆走进现代纺织大观园——纺织新技术、新工艺和新材料[M]. 北京: 清华大学出版社; 广州: 暨南大学出版社, 2002.
[4] 郁铭芳, 孙晋良, 邢声远, 季国标. 纺织新境界——纺织新原料与纺织品应用领域新发展[M]. 北京: 清华大学出版社; 广州: 暨南大学出版社, 2002.
[5] 邢声远. 常用纺织品手册[M]. 北京: 化学工业出版社, 2012.
[6] 邢声远. 如何打理你的衣物[M]. 北京: 化学工业出版社, 2009.
[7] 邢声远, 张建春, 岳素娟. 非织造布[M]. 北京: 化学工业出版社, 2003.
[8] 邢声远. 服装面料选用与维护保养[M]. 北京: 化学工业出版社, 2007.
[9] 邢声远, 郭凤芝. 服装面料与辅料手册[M]. 北京: 化学工业出版社, 2008.
[10] 邢声远. 服装面料简明手册[M]. 北京: 化学工业出版社, 2012.
[11] 邢声远. 服装服饰辅料简明手册[M]. 北京: 化学工业出版社, 2011.
[12] 邢声远. 服装基础知识手册[M]. 北京: 化学工业出版社, 2014.
[13] 王坤, 左砚苓, 梅谊, 苏健. 服装・服饰与保健[M]. 北京: 中国纺织出版社, 1994.
[14] 马华, 荆志刚. 服饰大观[M]. 北京: 科学普及出版社, 1986.
[15] 曾德福, 余建之. 纺织发明概览[M]. 北京: 纺织工业出版社, 1993.
[16] 李世荣. 古今中外服装珍闻趣话[M]. 北京: 纺织工业出版社, 1991.
[17] 鹿萌. 穿出你的健康美丽来[M]. 北京: 经济管理出版社, 2009.
[18] 孙世圃. 中国服装教程[M]. 北京: 中国纺织出版社, 1999.
[19] 上海纺织工业局. 纺织品大全[M]. 北京: 中国纺织出版社, 2006.
[20] 杨建峰. 细说趣说万物万事由来[M]. 西安: 西安电子科技大学出版社, 2015.
[21] 孙德君. 中国轻工业传统名产品列传[M]. 北京: 中国展望出版社, 1988.
[22] 赵翰生. 中国古代纺织与印染[M]. 北京: 商务印书馆, 1997.
[23] 赵翰生, 邢声远, 田方. 大众纺织技术史[M]. 济南: 山东科学技术出版社, 2015.